旅游景区规划原理与实务

主　编　任运伟　侯　琳

副主编　朱洪端　何琼盆　朱　娟

参　编　李　晖　庞小笑　黄　磊

北京理工大学出版社
BEIJING INSTITUTE OF TECHNOLOGY PRESS

图书在版编目（CIP）数据

旅游景区规划原理与实务 / 任运伟，侯琳主编 . —北京：北京理工大学出版社，2021.1
ISBN 978-7-5682-9463-8

Ⅰ.①旅… Ⅱ.①任…②侯… Ⅲ.①风景区规划 Ⅳ.①TU984.181

中国版本图书馆 CIP 数据核字（2021）第 012946 号

出版发行 / 北京理工大学出版社有限责任公司
社　　址 / 北京市海淀区中关村南大街 5 号
邮　　编 / 100081
电　　话 /（010）68914775（总编室）
　　　　　（010）82562903（教材售后服务热线）
　　　　　（010）68948351（其他图书服务热线）
网　　址 / http://www.bitpress.com.cn
经　　销 / 全国各地新华书店
印　　刷 / 北京佳创奇点彩色印刷有限公司
开　　本 / 787 毫米 × 1092 毫米　1/16
印　　张 / 14.5　　　　　　　　　　　　　　　　　　　　责任编辑 / 梁铜华
字　　数 / 340 千字　　　　　　　　　　　　　　　　　　文案编辑 / 杜　枝
版　　次 / 2021 年 1 月第 1 版　2021 年 1 月第 1 次印刷　　责任校对 / 刘亚男
定　　价 / 48.00 元　　　　　　　　　　　　　　　　　　责任印制 / 边心超

前　言

　　《国家职业教育改革实施方案》提出要促进产教融合校企双元育人，建设校企双元合作开发教材、倡导使用新型活页式、工作手册式教材并配套开发信息化资源。为适应"互联网＋职业教育"的发展需求，本书依据职业教育国家教学标准体系职业学校专业教学标准，采用创新的教学理念和编写模式；以"互联网＋"的模式为前提，运用现代信息技术；以书本为载体，以丰富的内容、具体实例为依托，以电子设备为工具；将相关知识点的图文、视频、在线答题、案例等融入教材，探索开发出了课程建设、教材编写、配套资源开发、信息技术应用统筹推进的新形态一体化教材。

　　本教材的特色及亮点如下：

　　（1）围绕深化教学改革和"互联网＋职业教育"发展需求，打破传统教材知识表达的单一性，尝试多方式、多渠道地将知识具体化、形象化呈现，强化学生的主动性和积极性，增强课堂的互动性和趣味性。

　　（2）结合旅游景区规划工作内容和流程设计教学大纲及内容，与中景旅联（北京）国际旅游规划设计院合作，以四川省乐山市犍为县嘉阳·桫椤湖景区旅游总体规划文本贯穿整本教材。

　　（3）严格依据《旅游规划通则》（GB/T 18971—2003）、《旅游资源分类、调查与评价》（GB/T 18972—2017）等最新国家标准，按照旅游规划工作的内容和流程逐一展开教学，注重基础性、实用性、科学性、专业性和先进性。

　　（4）重视实践和实训环节，采用项目任务驱动方式，设置实训操作环节，并明确各环节小组每位成员具体任务，且针对关键环节配合对应更多案例帮助理解，增强教材的实操性，使教材更易于学生对理论知识的理解和专业技能的掌握，做到了"寓乐于学，学以致用"，体现了职业教育的特点。

本教材分为基础原理篇和操作实务篇两大部分，共八章，由任运伟、侯琳任主编，朱洪端、何琼盆、朱娟任副主编，李晖、庞小笑、黄磊也参与了编写。本教材在编写过程中，得到了四川省乐山市犍为县文化体育和旅游局对于使用《嘉阳·桫椤湖景区旅游总体规划》文本成果的授权，并获得了大力支持和帮助；中景旅联（北京）国际旅游规划设计院为本教材的编制提供了宝贵的修改意见和实践案例，该设计院有过多次参加区域旅游规划的实践经验，能够掌握区域旅游规划的全部程序、内容和要求。

为反映行业发展最新动态，编者在本教材的编写过程中参考了一些专家、学者的著作、文献，转引了一些互联网资料，在此一并致谢，同时，欢迎相关作者与我们联系，共同探讨旅游景区规划与开发的教学与研究。另外，由于时间仓促，编者水平有限，书中疏漏之处在所难免，敬请专家和读者批评指正。若国家标准更新，后续还需按新标准进行修订。

编　者

2021 年 1 月

目录 CONTENTS

基础原理篇

操作实务篇

基础原理篇

第 1 章

旅游景区规划概述

学习目标

知识目标：了解旅游景区的概念、特征、类型；熟悉旅游景区的地位和作用。

了解旅游景区规划的概念、类型；熟悉旅游景区规划的原则和内容。

了解旅游景区开发的概念；熟悉旅游景区开发的内容和程序。

了解旅游景区开发现状与未来发展趋势。

能力目标：能够对旅游景区进行分类，能够掌握旅游景区规划与开发的内容。

知识结构

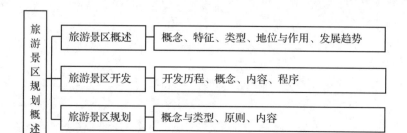

旅游景区规划概述	旅游景区概述	概念、特征、类型、地位与作用、发展趋势
	旅游景区开发	开发历程、概念、内容、程序
	旅游景区规划	概念与类型、原则、内容

导入案例

《四川省"十三五"旅游业发展规划》中明确规定：将培育"大峨眉国际度假目的地"作为四川省培育的五大国际旅游目的地之一；大峨眉休闲度假旅游线也是四川省"十三五"重点提升十大精品旅游线路之一。

大峨眉国际度假目的地的打造，需要有核心产品支撑与较大发展纵深。随着成绵乐城际列车的开通与快速公路体系的提升，大峨眉国际度假目的地的发展纵深与可驻留时效受到挑战，犍为作为乐山旅游的第三极，又是乐山旅游新的增长极，将"嘉阳·桫椤湖"打造成国家5A级旅游景区，重新制订总体规划势在必行。

在《嘉阳·桫椤湖旅游景区总体规划》文本中，进行旅游景区范围的划分时，该规划的基本思路包括两点，一是在资源体系上，突出资源双绝：以嘉阳寸轨蒸汽小火车、矿山为代表的工业文化遗产；全国密度最大、数量最多的桫椤群落。二是在创建范围上，既有利于创建5A目标的实现，又能够带动旅游产业发展，促进当地居民致富奔小康。

什么是旅游景区？为什么要做旅游景区规划？上述规划在旅游景区范围划分时，都考虑了哪些因素？

随着人们对旅游活动的需求越来越大，旅游产业逐步成为很多地方社会经济发展的重要组成部分，旅游规划应运而生。旅游景区是旅游活动的核心和空间载体，是旅游系统中最重要的组成部分，也是激励旅游者出游的最主要目的和因素，是一个国家人文资源和自然资源的精华。迎合旅游需求，充分挖掘地区资源，规划设立起各式各样的旅游景区接待旅游者，对当地旅游业的发展尤为重要。

1.1 旅游景区概述

旅游景区是旅游产业的核心要素，是旅游产品的主体成分，是旅游消费的吸引中心，了解旅游景区应当从景区的概念和特征开始。

1.1.1 旅游景区的概念

旅游景区，是指具有吸引旅游者前往游览的吸引物和明确划定的区域范围，能满足旅游者参观、游览、休闲、度假、娱乐、求知等旅游需求并能够提供必要的各种附属设施和服务的旅游经营场所。这个概念从旅游产品的需求和供给两方面界定了旅游景区的内涵、外延和构成要素，具体可从以下几方面来理解：

1.1.1.1 旅游景区具有开展旅游活动的吸引物

旅游活动的吸引物也称景观，是对旅游资源开发和利用的结果，是旅游景区的核心，也是构成旅游景区文化内涵和特殊活动的基本要素。不论是以自然风光为主体的旅游景区，还是以人文景观为主体的旅游景区，都必须具有对旅游者有较强吸引力的吸引物并以这种吸引物的文化内涵和活动内容而区别于其他不同的旅游景区。如果吸引物的美学特点不突出、缺乏文化科学内涵、活动内容不丰富，那么就不可能形成具有特色的旅游景区。

1.1.1.2 旅游景区具有明确划定的地域范围

通常不同旅游景区的规模差别比较大，但它们不论大小都有一个相对明确划定的地域范围。对旅游景区地域范围的划定主要以旅游景区的主体吸引物为标准，即每个旅游景点都有多个不同特色的主体吸引物并以此为核心组合成一个旅游景区，因此，任何旅游景区的开发都是在确定的地域范围内进行规划设计、开发建设和经营管理的。

1.1.1.3 旅游景区具有满足旅游者需求的综合性服务设施

旅游活动是一项包含食、住、行、游、购、娱六大要素的综合性活动，因此，旅游景区必须有相应的基础设施和接待设施与之配套，必须提供综合性的旅游服务以满足旅游者的各种需求，才能名副其实。

1.1.1.4 旅游景区是专门的旅游经营场所

从旅游的经济效益这个角度看，任何旅游景区都是为了实现既定目标和效益，按照国家有关法律规定而依法成立的经济实体，设置有专门的经营管理机构，具体负责旅游景区的经营和管理的。

> 想一想：旅游景区、旅游景点、旅游资源之间的区别？

1.1.2 旅游景区的特征

虽然不同类型的旅游景区有着不同的特征，但总的来说，旅游景区具有以下几点共性特征：资源密集性、文化独特性、要素综合性。

1.1.2.1 资源密集性

这里的资源不仅指旅游资源，因为旅游景区是各种资源集聚的场所，如自然资源、旅游资源、资金资源、智力资源、人力资源等。从旅游景区的规划、开发建设到管理，无不需要上述资源的配合，如旅游景区的发展要以自然资源和旅游资源为基础，旅游景区的规划创新和建设发展需要智力资源和资金资源的支持，而旅游景区的经营和管理又离不开优秀的人力资源。可见，现代的旅游景区已经不再是以旅游资源作为基础的单一资源密集型主体，而是多种资源综合而形成的。

1.1.2.2 文化独特性

文化的独特性是旅游行为的根本推动力，因此，作为一个独立的旅游景区，能够表现出某种文化特征和形态极为重要。这是旅游景区永续发展和具有竞争力的关键。一般而言，旅游景区在制订发展规划时就需要进行主题的选择，即将某种文化作为本旅游景区的独特吸引力。在旅游景区规划内也有一种"景观与文化"的说法：旅游景区可以是"假景观"（即人造景观），但是文化一定要是真的，即要让旅游者在游览旅游景区的过程中真实地感受到文化的氛围。"真景观，无文化"或者"假景观，无文化"的旅游景区都无法长久地维持下去。比较典型的如美国著名的主题乐园——迪士尼，虽然其内部景观均为人造，但是始终传递给旅游者一种快乐的文化理念，因此，获得了巨大的成功。

> **文化是旅游景区的灵魂：八大策略打造不可复制的文旅景区**
>
> 随着文化产业与旅游产业的进一步融合及休闲旅游时代精神需求含量的不断加重，文化主题在旅游景区中的地位和作用越来越突出。

事实上，旅游环境之外的景观是可以复制的，但独一无二且契合于当地自然与文化环境的文化主题是不可复制的。进一步说，附着于独特文化之上的产品也是不可复制的，推而及之，烙上强烈文化印记、融生态环境与人文环境于一体的旅游文化氛围更是不可复制的。

从旅游规划和开发实践看，对旅游景区文化主题的提升，简单归纳了以下八种策略。第一，文化探源，发掘核心价值；第二，文化萃取，提炼特色价值；第三，文化组合，整合规模价值；第四，文化演绎，拓展原真价值；第五，文化活化，升华体验价值；第六，文化趋同，激活诱导价值；第七，文化植入，叠加市场价值；第八，文化推广，提升品牌价值。

（资料来源：http://www.sohu.com/a/224086471_99924208）

1.1.2.3 要素综合性

这里的要素主要是指旅游景区内部的功能服务要素。以前的旅游景区以观光功能为主，其他功能要素发展较为落后，而现代旅游景区在人本主义和体验经济时代的影响下出现了一个重要的发展趋势：即旅游景区功能日趋多元和综合，食、住、行、游、购、娱六大要素在其内部都可以轻易找到。

珠海海泉湾度假区

珠海海泉湾度假区是香港中旅集团继成功开发建设深圳华侨城、世界之窗、锦绣中华之后的又一力作。它位于珠海西部海滨，总占地面积5.1平方千米，首期开发建设面积约1平方千米。

由美国、日本、加拿大等著名公司担纲总体规划及景观设计、建筑设计，具有独特的景观与风格。现该度假区内有2.7千米长的海岸棕榈路，14.2万平方米湖面水系，31万平方米的绿化面积，令度假区保持和谐完美的生态环境。

海泉湾度假区以罕有的海洋温泉为核心，由两座五星级的海泉湾维景国际大酒店、刺激动感的神秘岛主题乐园、集美食娱乐演艺一体的渔人码头、高科技的梦幻剧场、设备一流星级服务的体检中心、为健康加油的运动俱乐部、打造精英团队的拓展训练营、异域风情的加勒比水公园、激情酷炫娱乐中心、速度与激情并存的全地形车、趣味新奇的大型亲子项目童话森林、华南地区最大的主题冰雪馆——冰雪乐园等产品和项目组成，是中国目前功能最齐全、综合配套最完善的超大型旅游休闲度假胜地和国际会议中心。

（资料来源：http://www.osrzh.com/About/index.shtml）

1.1.3 旅游景区的类型

对于旅游景区类型的划分，人们根据需要建立了几种分类方法，如从功能上看，有观光型、度假型、体育娱乐型、探险型、宗教型等；从属性上来看，有自然型、人文型、自然人文复合型和人工型。从我国旅游景区目前的表现形式来看，主要有风景名胜区、旅游度假区、森林公园、自然保护区、地质公园、水利风景区、旅游主题公园、国家文物保护单位、工业旅游示范点与农业旅游示范点几种类型。

1.1.3.1　风景名胜区

风景名胜区是国家法定的区域概念。2006 年 9 月国务院发布的《风景名胜区条例》规定:"风景名胜区指具有欣赏、文化或科学价值,自然景观、人文景观比较集中,环境优美,可供人们进行游览或进行科学、文化活动的区域。"风景名胜区按其景物的观赏性、文化性、科学价值和环境质量、规模大小、游览条件等划分为两级,即国家级风景名胜区和省级风景名胜区。自然景观和人文景观能够反映重要自然变化过程和重大历史文化发展过程,基本处于自然状态或者保持历史原貌,具有国家代表性的,可以申请设立国家级风景名胜区,如图 1-1 所示的杭州西湖——三潭印月;具有区域代表性的,可以申请设立省级风景名胜区。

风景名胜区有的以自然风光为主,名胜古迹为辅,其面积没有严格的限制。国务院批准的国家级风景名胜区大都在 100~300 平方千米。一个较大的风景名胜区往往包含若干个景区。

图 1-1　杭州西湖——三潭印月

图片来源: http://bbs.zol.com.cn/dcbbs/d657_120983.html

1.1.3.2　旅游度假区

旅游度假区是环境质量好、区位条件优越,以满足旅游者康体休闲需要为主要功能并可以为旅游者提供高质量服务的综合性景区,如图 1-2 所示的三亚亚龙湾国家级旅游度假区。其主要特征是:对环境质量要求较高,区位条件好,服务档次和服务水平高,旅游活动项目的休闲、康体特征明显。

旅游度假区的旅游项目主要是以满足旅游者身心健康、精神愉快、感受深刻为目的。旅游度假区的项目包括娱乐类:水上娱乐项目、划船、垂钓、歌舞、棋牌、观看文艺演出等;体育类:游泳、高尔夫球、网球、门球、保龄球、壁球、骑马、

图 1-2　三亚亚龙湾国家级旅游度假区

图片来源: http://www.sohu.com/a/207106864_467070

射箭、射击、潜水、滑板、冲浪、滑雪、滑冰等；健身类：健身房、按摩、气功和医疗保健等。在旅游度假区众多的旅游项目中，高尔夫球、网球、游泳和健身是主要项目。

中国国家级旅游度假区名录

截至 2020 年 12 月，中国共有国家级旅游度假区 45 家。具体名单见表 1-1。

表 1-1　国家级旅游度假区名单

省市	国家级旅游度假区名单
江苏	南京汤山温泉旅游度假区、天目湖旅游度假区、阳澄湖半岛旅游度假区、无锡市宜兴阳羡生态旅游度假区、常州太湖湾旅游度假区
浙江	东钱湖旅游度假区、湘湖旅游度假区、湖州市太湖旅游度假区、湖州市安吉灵峰旅游度假区、德清莫干山国际旅游度假区、淳安千岛湖旅游度假区
吉林	长白山旅游度假区
山东	凤凰岛旅游度假区、海阳旅游度假区、烟台市蓬莱旅游度假区、日照山海天旅游度假区
河南	尧山温泉旅游度假区
湖北	武当太极湖旅游度假区
湖南	灰汤温泉旅游度假区、常德柳叶湖旅游度假区
广东	东部华侨城旅游度假区、河源巴伐利亚庄园
重庆	仙女山旅游度假区、重庆丰都南天湖旅游度假区
云南	阳宗海旅游度假区、西双版纳旅游度假区、玉溪抚仙湖旅游度假区、大理古城旅游度假区
广西	桂林阳朔遇龙河旅游度假区
四川	邛海旅游度假区、成都天府青城康养休闲旅游度假区、峨眉山市峨秀湖旅游度假区
海南	三亚市亚龙湾旅游度假区
福建	福州市鼓岭旅游度假区
江西	宜春市明月山温汤旅游度假区、上饶市三清山金沙旅游度假区
安徽	合肥市巢湖半汤温泉养生度假区
贵州	遵义市赤水河谷旅游度假区、六盘水市野玉海山地旅游度假区
西藏	林芝市鲁朗小镇旅游度假区
河北	崇礼冰雪旅游度假区
黑龙江	亚布力滑雪旅游度假区
上海	上海佘山国家旅游度假区
陕西	宝鸡市太白山温泉旅游度假区
新疆	那拉提旅游度假区

资料来源：百度百科，新旅界 2019-05-06
https://baijiahao.baidu.com/s?id=1632764543715306360&wfr=spider&for=pc

1.1.3.3　森林公园

森林公园是指森林景观优美，集自然景观和人文景观为一体，具有一定规模，可供人们游览、休息或进行科学、文化、教育活动的场所。森林公园是为满足人们走向自然、返璞归真的需要发展起来的。长期生活在都市的人们，通过森林旅游，不仅可以享受大自然的温情，强身健体，还能调节和充实生活、陶冶情操。富有特色的森林旅游已成为当今人们的一大消费走向。

我国的森林公园分为国家森林公园、省级森林公园和市、县级森林公园，其中国家森林公园是指森林景观特别优美，人文景物比较集中，观赏、科学、文化价值高，地理位置特殊，具有一定的区域代表性，旅游服务设施齐全，有较高的知名度，可供人们游览、休息或进行科学、文化、教育活动的场所，由国家林业局（今国家林业和草原局）作出准予设立的行政许可决定，如图 1-3 所示的张家界国家森林公园。国家级森林公园是我国自然保护地体系中的重要组成部分，是普及自然知识、传播生态文明理念的重要阵地，也是森林生态旅游的重要载体。我国境内最早的国家级森林公园是 1982 年建立的张家界国家森林公园。

图 1-3　张家界国家森林公园

图片来源：http://travel.qunar.com/youji/7040298?type=allView

1.1.3.4　自然保护区

自然保护区是指对有代表性的自然生态系统、珍稀濒危野生动植物物种的天然集中分布、有特殊意义的自然遗迹等保护对象所在的陆地、陆地水域或海域，依法划出一定面积予以特殊保护和管理的区域，主要供技术研究使用，也可在不违反自然生态保护的原则下局部开放为观光游览场所。

《中华人民共和国自然保护区条例》中规定，凡具有下列条件之一的，应当建立自然保护区：典型的自然地理区域、有代表性的自然生态系统区域及已经遭受破坏但经保护能够恢复的同类自然生态系统区域；珍稀、濒危野生动植物物种的天然集中分布区域；具有特殊保护价值的海域、海岸、岛屿、湿地、内陆水域、森林、草原和荒漠；具有重大科学文化价值的地质构造、著名溶洞、化石分布区、冰川、火山、温泉等自然遗迹；经国务院或者省、自治区、直辖市人民政府批准，需要予以特殊保护的其他自然区域。

自然保护区分为国家级自然保护区和地方级自然保护区。在国内外有典型意义、在科学上有重大国际影响或者有特殊科学研究价值的自然保护区，列为国家级自然保护区；除国家级自然保护区外，其他具有典型意义或者重要科学研究价值的自然保护区列为地方级自然保护区。地方级自然保护区可以分级管理，具体办法由国务院有关自然保护区行政主管部门或者省、自治区、直辖市人民政府根据实际情况规定，报国务院环境保护行政主管部门备案。

自然保护区内部大多划分成核心区、缓冲区和试验区三个部分。核心区是指保护区内未经或很少经人为干扰过的自然生态系统的所在，或是虽然遭受过破坏，但有希望逐步恢复成自然生态系统的地区。该区以保护种源为主，又是取得自然本底信息的所在地，而且还是为保护和监测环境提供评价的来源地。核心区内严禁一切干扰。缓冲区是指环绕核心区的周围地区。只准进入从事科学研究观测活动。实验区也称为外围区，位于缓冲区周围，是一个多用途的地区，我们可以进入从事科学试验、教学实习、参观考察、旅游及驯化、繁殖珍稀、濒危野生动植物等活动，还可包括一定范围的生产活动，还可有少量居民点和旅游设施。

我国于1956年在广东省肇庆建立了中国的第一个自然保护区——鼎湖山自然保护区。这些自然保护区发挥着重要的作用：为人类提供研究自然生态系统的场所；提供生态系统的天然"本底"；对于人类活动的后果，提供评价的准则；各种生态研究的天然实验室，便于进行连续、系统的长期观测及珍稀物种的繁殖、驯化的研究等；是宣传教育的活的自然博物馆；保护区中的部分地域可以开展旅游活动；能在涵养水源、保持水土、改善环境和保持生态平衡等方面发挥重要作用（图1-4）。

图1-4 嘉阳·桫椤湖自然保护区

1.1.3.5 地质公园

地质公园是自然公园的一种，是由联合国教科文组织在全球地质公园网络计划研究中创立的新名词，是指具有特殊地质科学意义、稀有的并具有极高美学价值的自然区域。这些特征对该地区乃至全球地质历史、地质事件和形成过程具有重要的对比意义和研究价值，并具有极高的科普教育和旅游观赏价值。

我国是世界上地质遗迹资源比较丰富、种类齐全的少数国家之一，在世界自然宝库中享有盛名。1980年以前，我国地质遗迹多是作为其他类型自然保护区中的一项来进行保护的。1987年，我国开始建立一批独立的地质自然保护区。2003年2月，联合国教科文组织决定在全球范围内建立世界地质公园网络，并将世界地质公园与世界遗产、人与生物圈一并纳入联合国教科文组织的管理网络。2004年2月13日，由中国政府申报的如图1-5所示的安徽黄山地质公园、江西庐山地质公园等8处地质公园被联合国教科文组织世界地质公园专家评审会评选为首批世界地质公园。

目前，已经评审公布的地质公园类型有：丹霞地貌、火山地貌、重要古生物化石产地、地层构造、冰川、地质灾害遗迹等，种类较为齐全，确实反映了我国地质环境资源的特点，并在世界地质公园领域有一定的竞争实力。

地质遗迹不仅是地质研究的基地，也是科普教育的基地。积极地保护和合理地利用地质遗迹资源将会带动地方经济发展，增强生态环境保护力度，是功在当代、造福子孙的事业，也是地质工作服务社会和经济发展的重要方面。

图1-5　安徽黄山地质公园

图片来源: http://www.33lc.com/article/3474_3.html

1.1.3.6　水利风景区

水利风景区是指以水域（水体）或水利工程为依托，具有一定规模和质量的风景资源与环境条件，可以开展观光、娱乐、休闲、度假或科学、文化、教育活动的区域，如图1-6所示的都江堰水利工程。水利风景区在维护工程安全、涵养水源、保护生态、改善人居环境、拉动区域经济发展诸方面都有着极其重要的功能。加强水利风景区的建设与管理，是落实科学发展观、促进人与自然和谐相处、构建社会主义和谐社会的需要。

水利部主管全国水利旅游工作，县（含县级市、区，下同）以上水利行政主管部门主管本行政区域内的水利旅游工作。跨行政区域或不隶属于本级水利行政主管部门管理的水利工程的水利旅游工作由上一级水利行政主管部门负责管理。水利旅游景区按其景观的功能、文化和科学价值、环境质量、规模大小等因素可划分为三级，即国家级、省级、县级水利旅游景区。

图 1-6　都江堰水利工程

图片来源：http://www.tripvivid.com/articles/16138

想一想：请大家思考都江堰水利工程的价值体现在哪些方面？

1.1.3.7　旅游主题公园

　　旅游主题公园是为了满足旅游者多样化休闲娱乐需求而建造的一种具有创意性游园线索和策划性活动方式的现代旅游目的地形态。人为创造或移植一个当地不存在的自然或人文景观，或将反映一定主题的现代化游乐设施集中在公园里，再现特别的环境和气氛，让旅游者参观、感受和体验、参与，达到增长见识和娱乐休闲的目的。主题公园按内容可以分为以下几种：表现历史文化和风俗风情的写实性主题公园；演绎生命发展史、展望未来、探索宇宙奥秘、科学幻想、表现童话世界和神话世界的主题公园，如图 1-7 所示的上海迪士尼乐园；表现世界各地名胜的主题公园；以表现自然界生态环境、野生动植物、海洋生态为主的仿生性主题公园；以文学影视为主题，再现作品情节和场景的示意性主题公园；游乐园和游乐场。

图 1-7　上海迪士尼乐园

1.1.3.8　国家文物保护单位

　　文物是遗存在社会上或埋藏在地下的历史文物遗物，一般包括与重大历史事件、革命运动和重要人物有关的，具有纪念意义和历史价值的建筑物、遗址、纪念物等；具有历史、艺术科学价值的古文化遗址、古墓葬、古建筑、石窟寺、石刻等；各时代有价值的艺术品、工艺美术品、革命文献资料及有历史、科学和艺术价值的古旧图书资料；反映各时代社会制度、社会生产、社会生活的代表实物等。对于文物，一要保护，二要利用，所以，文物是发展旅游业的重要资源。核定为文物保护单位的可以依法建立博物馆、保管所或者开辟为参观游览场所。例如，北京的天安门广场、故宫博物院等既是第一批全国重点文物保护单位，也是国内外著名的重点旅游参观点。国家文物保护单位可以自成一个景点景区，如北京天坛、敦煌千佛洞，也可以是大型风景名胜区和森林公园等景点的组成部分。

　　文物保护单位分为三级，即全国重点文物保护单位、省级文物保护单位和市县级文物保护单位。文物保护单位根据其级别分别由中华人民共和国国务院、省级政府、市县级政府划定保护范围，设立文物保护标志及说明，建立记录档案，并区别情况分别设置专门机构或者专人负责管理。国务院文物行政部门在省级、市、县级文物保护单位中，选择具有重大历史、艺术、科学价值的确定为全国重点文物保护单位，或者直接确定为全国重点文物保护单位，如图 1–8 所示的西藏拉萨布达拉宫，报国务院核定公布。省级文物保护单位，由省、自治区、直辖市人民政府核定公布，并报国务院备案。市级和县级文物保护单位，分别由设区的市、自治州和县级人民政府核定公布，并报省、自治区、直辖市人民政府备案。尚未核定公布为文物保护单位的不可移动文物，由县级人民政府文物行政部门予以登记并公布。

　　纪念物、艺术品、工艺美术品、革命文献资料、手稿、古旧图书资料及代表性实物等文物，分为珍贵文物和一般文物两类，其中珍贵文物分为一级、二级、三级。

图 1–8　西藏拉萨布达拉宫

国家博物馆：全世界47个国家博物馆藏164万件中国文物

　　2015 年 3 月 26 日，《海外藏中国古代文物精粹·英国国立维多利亚与艾伯特博物馆卷》新书发布会在国家博物馆举办。该书公布了 195 件源自中国的珍贵文物，都是这家英国博物馆的精品馆藏。

　　据国家博物馆馆长吕章申介绍，根据联合国教科文组织不完全统计，在全世界 47 个国家、200 多家博物馆的藏品中，有中国文物 164 万余件。

据英国国立维多利亚与艾伯特博物馆中国藏品部主任刘明倩介绍，该馆藏中国文物超过18 000件，此次收入书中的有195件套，包括瓷器102件、青铜器31件、漆木器22件、铜胎画珐琅器10件、金银器8件、玉器7件、陶俑6件、石造像3件、丝织品3件，以及犀角杯、印谱等其他材质文物3件。

国博相关负责人透露，该书已经被英方指定为"2015中英文化交流年"的官方礼品。未来三至五年，这套丛书的规模将扩大到二三十卷，每卷会收录180件至200件流失海外的中国文物。

资料来源：中国旅游网 www.cntour.cn2015-03-27

1.1.3.9 工业旅游示范点与农业旅游示范点

工业旅游示范点是指以工业生产过程、工厂风貌、工人工作生活场景为主要旅游吸引物的旅游点；农业旅游示范点是指以农业生产过程、农村风貌、农民劳动生活场景为主要旅游吸引物的旅游点。

2002年10月14日，国家旅游局（今中华人民共和国文化和旅游部）局长办公会审议通过了《全国农业旅游示范点、全国工业旅游示范点检查标准（试行）》。该检查标准分为示范点的接待人数和经济效益、示范点的社会效益、示范点的生态环境效益、示范点的旅游产品、示范点的旅游设施、示范点的旅游管理、示范点的旅游经营、示范点的旅游安全、示范点的周边环境和可进入性、示范点的发展后劲评估10项，另设附则加分项目。

大力发展农业旅游和工业旅游，对于促进经济结构调整，丰富和优化旅游产品，扩大就业与再就业，加强第一、第二、第三产业之间的相互渗透与共同发展，具有十分重要的意义（图1-9）。

图1-9　嘉阳矿山公园

试一试：请举例说说你熟悉的工业旅游示范点和农业旅游示范点。

1.1.4 旅游景区的地位与作用

旅游景区不仅是旅游产品的核心和旅游业的重要支柱，而且对旅游目的地的经济发展、社会文化进步、资源和生态环境保护都具有十分重要的促进作用。

1.1.4.1　旅游景区是旅游产品的核心

旅游景区是旅游产品的核心部分，它满足旅游者出游的最基本需求。从旅游产品的构成情况看，旅游景区既是旅游产品的核心要素，也是激发人们旅游动机、吸引旅游者的决定性因素。没有旅游景区，就没有旅游产品，也就没有现代旅游的发展。

1.1.4.2　旅游景区是现代旅游业的重要支柱

旅游业是一个综合性的经济产业，其不仅包括向旅游者提供食、住、行、游、购、娱为核心的直接旅游服务，同时，也包括为旅游者提供的其他间接服务，因此，旅游业的综合性特点决定了旅游产业结构的多元化特征。旅游业包括向旅游者服务的旅游交通业、旅游酒店业、旅游餐饮业、旅游景区业、旅游娱乐业、旅游购物业和旅行社业等。旅游景区业是发展旅游必不可少的行业，因此，旅游景区业被誉为现代旅游业的重要支柱之一。若没有旅游景区业的发展，则旅游交通业、旅游酒店业、旅游餐饮业、旅游景区业、旅游娱乐业、旅游购物业和旅行社业就不能健康发展，也不能带动其他各个相关行业和部门的发展。因观光旅游、度假旅游而发展起来的旅游景区，是促使旅游者外出旅游的原因，直接带动了旅游相关行业的发展，满足了旅游者的各种需求。可以说，旅游业的发展始于旅游景区的崛起。

1.1.4.3　旅游景区对所在地经济发展的促进作用

旅游景区的开发和建设不仅对所在地的旅游发展具有重要的作用，而且直接促进了旅游景区所在地国家或地区的经济发展。一方面，旅游景区通过接待旅游者、收取门票费和提供配套设施和服务，直接创造大量的旅游经济收入和税收收入，既增加了旅游景区所在地居民的收入，又增加了地方政府的财政收入，尤其是一些专门为旅游者开发和建设的旅游景区，还能够为投资者带来大量的投资收益。另一方面，随着旅游景区的开发建设和经营，直接和间接带动了旅游景区所在地的膳宿服务业、交通运输业、邮电通信业、商业服务业、建筑建材业和医疗救护、农副产品加工及各种后勤保障等方面的发展，从而发挥出旅游景区的乘数效应和关联带动效应，促进旅游景区所在地社会经济的整体发展。

1.1.4.4　旅游景区对所在地社会文化的促进作用

旅游景区作为一种具有物质实体的旅游企业，其开发建设和经营管理都需要大量的人才，因此，随着旅游景区的建设和发展，必然为旅游景区所在地提供大量的就业机会，促进旅游景区所在地的劳动就业、提高国民经济收入和生活水平，同时，通过旅游景区的开放和经营，不仅向国内外旅游者展示了各种各样的自然景观和文化特色，促进了旅游者与旅游景区所在地居民的文化交流，而且来自世界各国、各个地区的旅游者带来了世界各地的大量信息和不同的生活方式，对旅游景区所在地的社会文化发展也具有一定的促进作用。尤其是与国内外旅游者的大量接触，使旅游景区所在地居民了解更多的异域文化和不同的生活方式，学习更多的文明礼貌、礼仪礼节，促进旅游景区所在地社会文化的发展和精神文明的建设。

> **想一想：** 旅游景区的开发是否会对目的地产生某些负面影响？

1.1.4.5 旅游景区对所在地资源和环境保护的促进作用

具有独特的景观、优美的环境、丰富的文化内涵的旅游景区，不仅是吸引旅游者的决定性因素，也是旅游景区开发和建设的关键，因此，为了开发建设具有特色和吸引力的项目，塑造自身的良好形象，旅游景区必然促使人们在其建设和发展中高度重视对旅游资源的保护和旅游环境的美化，从而有利于改善其所在地的环境质量。

1.1.5 旅游景区未来发展趋势

1.1.5.1 价格战逐渐消失

未来旅游景区散客旅游者所占的市场份额将越来越大，团体旅游者将会缩短中间渠道，从组团社实现直接采购，直接与旅游景区联系，地接社仅提供导游服务等工作（主要收导服费而不是购物和加点的灰色收入），取得合理的劳务收入。

旅游景区在越来越激烈的竞争中认识到，仅依靠价格战，无异于饮鸩止渴，根本无法发展壮大。旅游景区只有实现营销渠道自我控制能力的加强，努力实现客源市场的多元化和自主化，才能回归良性发展的道路，才会有更多的资金用于对外广告宣传、提高服务质量和进一步投资开发，发展壮大。中国未来的旅游模式将会发生重大转变。谁能在这场变革中提前作好准备工作，顺应市场变化发展的潮流，谁就能主动掌握市场，赢得先机，立于不败之地。

1.1.5.2 旅游景区信息化趋势

未来，信息化将占据旅游景区营销手段的主体并占据市场费用的70%以上。电子商务将成为旅游景区延伸服务、扩展空间的新领域，在这个领域里将出现创新型的企业。先进技术的采用和革新对企业开发新产品和长期占据市场产生重要的影响。

> 想一想：旅游景区的信息化体现在哪些方面？

1.1.5.3 旅游景区集团化的趋势

未来旅游景区集团化的趋势将逐步显现出来，咨询顾问将更显重要，业务细分将成为必然。投资主体多元化将导致旅游景区经营管理跟不上，经营状况需要改善。旅游者对于旅游景区服务质量要求不断提高。政府对于利用旅游进行招商引资和引智更加重视，希望通过旅游景区良好的现金流和市场形象吸引外来投资者。经过国内旅游景区几轮的发展，外来投资者关注中心已经从"占景区"到"策划景区"再到"管理景区"。逐步的"管理出效益"已经成为业内共识。

> 想一想：旅游景区集团化的优势体现在哪些方面？

旅游研究：集团化发展 走向百年旅游老店之路

据国务院的《关于促进旅游业改革发展的若干意见》表示，至2020年，我国旅游产业总规模有望达到5.5万亿元，旅游产业增加值占国内生产总值比重将超过5%。旅游产业链较长，并且与其他产业的交叉融合广泛，使旅游企业在产业链上纵深挖掘和围绕产业链的资源整合能力显得格外重要。从目前来看，集团化发展是成为百年老店的最优路径。

旅游产业链较长，并且与其他产业的交叉融合广泛，使旅游企业在产业链上的纵深挖掘能力和围绕产业链的资源整合能力显得格外重要。从目前来看，集团化发展是成为百年老店的最优路径。从优势上来看：①集团化经营可以使内部各板块保持相对独立，有利于建立有效的考核机制和激励机制，促进内部良性竞争。业务的相对独立也有利于孵化出具有市场竞争力的团队，对内服务的同时，拓展了集团外业务，进一步提升集团收入规模。②集团通过加深产业链纵向布局，有利于进行资源、采购上的统筹，提升中后台效率，降低集团内部成本，增强旅游产品的市场竞争力，提高集团营利能力。③集团化下的子公司或子板块业务经营明确，融资能力相对独立，可以增强集团整体融资灵活性。

资料来源：旅游研究笔记 http://www.pinchain.com/article/85164（有删减）

1.1.5.4 "智慧景区"发展趋势

随着互联网、移动互联网、信息通信技术等高新科技产业的发展，当今，"智慧旅游"已成为旅游业发展的重要组成部分，且具有巨大的发展潜力，对智慧旅游产业的开发不仅能促进旅游业全方位发展，提高旅游产品的多样性，同时，也是适应现代化科技发展的要求，无疑其将成为我国旅游业转型发展的必然方向。目前，我国绝大部分一线城市和80%的二线城市均已提出"智慧旅游"发展目标和建设总体规划，包括北京、上海、江苏等在内的旅游经济发达地区，已有40多家单位完成了智慧旅游总体规划或智慧旅游总体建设框架。

随着智慧景区概念的提出，国内许多旅游景区管理部门纷纷投入智慧景区的建设中。九寨沟旅游景区管理部门率先提出"智慧九寨"的建设，成为国内首个"智慧景区"，也是国内首个将FEID（射频识别）技术应用于管理的旅游景区。2017年9月，开封清明上河园旅游景区与腾讯公司在深圳签约，正式宣布将联手打造全国首个"云生态智慧景区"。接下来，开封清明上河园旅游景区会联合腾讯公司，分别从信息化基础建设、信息化管理、信息化服务、商务功能四大板块，全面打造"云生态智慧旅游"。2017年10月1日，泸沽湖旅游景区率先在丽江旅游景区中实施手机微信智慧购票系统、自助购票系统，从而实现了手机微信购票、机器自助购票、现场排队购票、网络电子票务等多样化、智能化的购票模式。

1.2 旅游景区开发

旅游景区开发是一项综合性的系统工程。约翰·斯沃布鲁克在《景点开发与管理》一书中将开发定义为"为吸引旅游者而进行的新设施的建设"。事实上，在旅游业的发展和旅游开发实践过程中，旅游开发活动不仅仅是对旅游景区的开发利用和新设施的建设问题。旅游开发活动与旅游景区的社会、经济的许多部门和领域都有着复杂联系，开发活动本身也是一项复杂的综合工程。旅游景区开发不仅是一项综合性开发，也是有一定空间范围的区域旅游开发，因此，将开发理解为"建设"是一种狭义的理解。其实，除与旅游六要素相关的设施建设外，旅游景区开发还必须考虑以下几方面内容：旅游资源状况、旅游市场状况、国家和地方旅游开发政策、旅游景区开发地的经济承载能力、社会环境及环境容量等。

1.2.1 旅游景区开发历程

改革开放以来，我国的旅游景区开发大致经历了粗放式开发阶段、规划开发阶段和创新开发阶段三个阶段。

1.2.1.1 粗放式开发阶段

改革开放以来，大批海外旅游者来华旅游，国内旅游随之逐步兴起。很多旅游景区旅游者流量增长过快，使原有的旅游景区人满为患，引起了国内外旅游者的不满，严重影响了我国的旅游形象，因此，新旅游景区的开发迫在眉睫。在此背景下，旅游景区开发突破了重保护轻开发的传统观念，进入了开发阶段，但此阶段存在的问题是不重视生态保护，主要表现为对自然景观、人文历史景观和人造景观的粗放式开发等方面。

在粗放开发阶段，旅游景区缺乏科学、规范的旅游开发规划，缺乏长远的系统考虑，对旅游资源深层次研究、评价和开发不够，因此，很多旅游资源的开发利用还仅仅停留在表层。

1.2.1.2 规划开发阶段

由于初期旅游景区的粗放式开发导致生态环境受到了较严重的破坏，政府部门逐渐意识到旅游景区无序开发所带来的不利影响，因此，为避免旅游景区的无序发展，旅游景区步入了规划开发阶段。此阶段的旅游景区开发规划作为一种宏观管理手段进行了有效运作，同时，在旅游景区的开发、规划和经营管理的过程中引入了可持续发展的理念，不仅注重经济目标的实现，而且把旅游景区的经济、社会文化和自然生态效益的最优化放到了主要位置，尽量减少和避免对生态、社会环境的负面影响。

1.2.1.3　创新开发阶段

随着现代旅游活动向多样性和参与性方向发展，旅游者的行为也日渐成熟，旅游形式也从传统的观光旅游扩大到休闲旅游、工业旅游、科技旅游、教育旅游、体育旅游等。为迎合市场需求，景区的类型也不断创新，如乡村旅游区、农业观光区、工业游览区、主题公园等。

从发展过程来看，旅游开发的三个阶段是一个发展阶段，是一个历时态的概念；但是从现状看，又是一个共时代的概念，这三个阶段目前在我国仍然共同存在。大体的现状是西部地区目前仍处在粗放式开发阶段，中部地区处在规划开发阶段，东部地区则已进入创新开发阶段。另外，从中也可以看出，在当前的旅游景区开发过程中，一些资源的浪费行为仍然存在。

据中华人民共和国文化和旅游部的数据显示：2020 年，5A 级旅游景区新增 21 家；截至 2020 年 12 月，国内共有 302 家旅游景区被评为国家 5A 级旅游景区，其中江苏省 25 个，位列省份排行（含直辖市）第一名。具体数据详见图 1-10 和图 1-11。

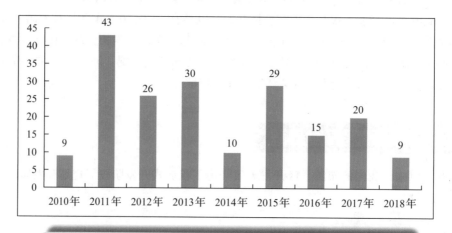

图 1-10　2010—2018 年国家 5A 级旅游景区新增数量（单位：家）

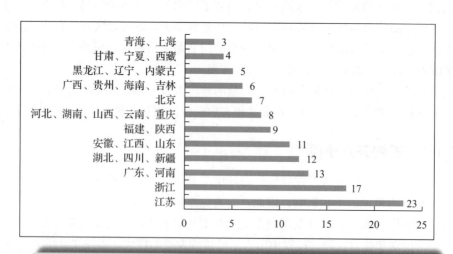

图 1-11　截至 2018 年全国各省市 5A 级旅游景区数统计（单位：家）

资料来源：国家文化和旅游部

1.2.2　旅游景区开发的概念

综合各种文献资料，本教材将旅游景区开发定义为：旅游开发者为了吸引和招徕旅游者而对旅游景区各项旅游要素进行加工和建设的综合性社会和技术经济活动。这个定义包括以下几点内涵：

第一，旅游景区开发的主体是旅游开发者。主要的开发者有：国有开发者，包括各级政府、国有企业；民办私营企业；股份制企业；境外开发商。

第二，旅游景区开发的目的是吸引和招徕旅游者，获取最大的经济效益。旅游开发的出发点是旅游者，因为旅游者是旅游活动的主体，他们的消费是旅游经济的来源，并以此来增加收入，带动地方经济的发展。

第三，旅游景区开发的对象是各项旅游要素，包括旅游吸引物（旅游资源）、旅游设施、环境、旅游客源市场、资金、技术、政策等。

第四，旅游景区开发是一项综合性的社会活动。一方面，它是从区域自然、经济、社会、交通和区位条件出发，对旅游景区空间进行综合性开发；另一方面，无论是旅游活动，还是旅游景区开发，都是一种社会现象，与社会人文环境有着千丝万缕的联系。旅游开发地居民的文化修养、开发观念、社会秩序等都会对旅游开发活动产生影响。社会环境的好坏，当地居民的文化修养和风俗习惯，特别是对外来旅游者的态度，都对旅游者产生吸引或排斥作用，是一种无形的吸引力。因此，旅游景区开发不仅是建设旅游设施——硬件开发的技术经济活动，同时，也是培育和优化社会环境的软件建设社会活动。

第五，旅游景区开发是一项技术过程，即通过调查、评价、规划、设计、建设、经营管理等环节完成整体开发。某项任务的结束只是完成开发过程的一个环节，因此，必须从过程和整体上来理解旅游景区开发。

1.2.3　旅游景区开发的内容

旅游景区开发是一项综合性的系统工程，它不仅仅是对旅游景区资源或景物的开发，更是以旅游景物建设为中心而进行的各种有关设施建设、自然和人文环境的保护和培育一系列内容的综合性的社会经济活动。一般来说，旅游景区开发的内容包括以下几点：

1.2.3.1　旅游景区规划

旅游景区规划是旅游景区开发的首要内容，是指在规划范围内，按照开发构想和发展目标，对旅游资源和开发条件进行配置和安排，提出平面布局和功能结构的方案，使以后的开发建设按照既定方案有序进行。从形式上说，既可以是对尚未被利用的旅游资源的初次开发，也可以是对已经利用了的景观或旅游吸引物的深度开发，或进一步的功能发掘，或提档升级；既可以是对现实存在的旅游资源的归整与加工，也可以是从无到有创造一个新的旅游景区。按照规划建设的旅游景区，将为旅游者提供更具美感的景观和更全面的服务，使空间分割更具艺术性，游程更加丰富多彩。

1.2.3.2 旅游景观、基础设施和配套设施的设计

旅游景观设计包括主景、主景区和标志性建筑和园林建筑小品设计等。基础设施的设计包括交通系统、供电供气及排水系统、环境卫生系统、邮电通信系统、医疗系统、绿化系统等设计。此外，还有建筑物单体设计。配套设施包括游览设施、公用设施和服务设施等。

设计工作技术性强，一般由专业部门承担。设计图纸包括效果图和施工图，它们是落实规划的最终安排，是施工建设的依据。

1.2.3.3 施工建设

旅游景区施工建设不仅包括基础设施和配套设施的施工建设，还包括旅游景观的建设施工及旅游景区资源和旅游景观的保护和整修。它是开发工作从无形到有形的转变阶段，是将设计图纸变为真实景物的过程，一般投资较大，周期较长，因此，其建设规模、规格、布局等一定要经过严格的论证，并且要相互配套和协调，以避免设施的不足或浪费。

1.2.3.4 建立和完善管理体系和服务体系

建立和完善管理体系和服务体系是旅游景区开发的内容之一，是建立一个合法的权威的管理系统和管理机构。这个管理系统包括法人代表、主管领导和工作人员，有明确的管辖范围、经营内容、效益目标和部门分工，有管理条例和监督机构，负责旅游景区的开发和保护及人员的培训。

1.2.3.5 培育和营造良好的社会环境

旅游景区的社会环境也是吸引旅游者的重要因素。社会环境的培育包括制订有利于旅游景区开发和旅游业发展的旅游政策，制订方便外来旅游者出入境的相应管理措施，有稳定的政治环境和安定的社会秩序，提高当地居民的文化修养，培养其旅游服务观念，养成文明礼貌、热情好客的习惯。特别是要争取旅游景区居民参与到开发中，使旅游景区居民得到实惠，营造良好的社区关系，争取社区居民的支持和帮助。这样才能塑造良好的外部形象，赢得良好的生存环境和营销环境，取得良好的社会效益和环境效益。

1.2.3.6 开发旅游市场

旅游景区开发是建立在客源市场开拓的基础上所进行的有关设施的建设和完善。如果只是单纯进行旅游景区的有关设施的建设，而不进行市场开发，扩大客源，那么这种开发只能是徒劳。因此，必须将旅游景区建设和市场开拓活动结合起来，才有成功的可能。

总之，旅游景区开发是一项综合性的系统工程，不仅是对旅游景区资源或景物的开发，更是以旅游景物建设为中心而进行的各种有关设施建设、自然和人文环境的保护和培育等一系列内容的综合性的社会经济活动。

1.2.4 旅游景区开发的程序

旅游景区开发建设是一个极为复杂的技术经济过程，是一项综合性和全局性很强的工作。

总体而言，它主要包括以下五个环节：第一，编制项目建议书，并报批立项；第二，进行可行性研究，并报批；第三，项目环境影响评估报告，并报批；第四，编制旅游规划；第五，旅游景区的开工建设。

1.3　旅游景区规划

规划是旅游开发中的重要环节。"规划"一词本身就具有"谋划""筹划""全面的长远发展计划"的含义，是指对要进行的事业或具体工作进行总体安排和部署，或者说是全面的长远发展计划。"规划"一词与不同的主语搭配具有完全不同的内涵，如城市规划、环境保护规划、旅游规划等。

1.3.1　旅游景区规划的概念与类型

与旅游景区规划相关的概念有旅游规划、旅游发展规划和旅游景区规划等。

关于旅游规划，国外学者有以下几种说法：

墨菲（Murphy，1985）将旅游规划定义为："预测和调节系统内的变化，以促进有序的开发，从而扩大开发过程的社会经济与环境效益。"

盖茨（Getz，1987）将旅游规划定义为："在调查、评价的基础上，寻求旅游业对人类福利和环境质量的最优贡献的过程。"

冈恩（CLare A.Gunn，1992）认为："旅游规划的首要目的是满足旅游者的需要，是经过一系列选择，决定合适的未来行动的过程。"

综合以上几个定义，我们认为旅游规划是在旅游资源与市场优化配置的基础上，对一定范围和一定时期内旅游发展蓝图及旅游发展的要素所做的一种谋划和安排。

从不同的角度可对旅游规划进行不同的分类。按性质不同，旅游规划一般可划分为旅游发展规划和旅游景区规划。

根据原国家旅游局颁布的《旅游发展规划管理办法》，旅游发展规划是根据旅游业的历史、现状和市场要素的变化所制订的目标体系及为实现目标体系在特定的发展条件下对旅游发展的要素所做出的安排。旅游发展规划一般为期限5年以上的中长期规划，可划分为全国旅游发展规划、跨省级区域旅游发展规划和地方旅游发展规划。

旅游景区规划是指为了更好地保护、开发、利用和经营管理旅游景区，使其具有旅游接待等多种功能和作用而进行的各项旅游要素的部署和具体安排。旅游景区规划按照规划层次可分为总体规划、控制性详细规划、修建性详细规划三种类型。旅游景区在开发、建设之前，原则上应当编制总体规划，但小型旅游景区可直接编制控制性详细规划。旅游景区总体规划的期限一般为10~20年，同时可根据需要对旅游景区的远景发展做出轮廓性的规划安排。对于旅游景区近期的发展布局和主要建设项目，也应该做出近期规划，期限为3~5年。总体规划到控制性详细规划再到修建性详细规划，是由宏观到微观、由浅到深、由粗到细、由抽象到具体的过程。详细规划完成以后要进行施工设计，只有施工图出来后才能正式开始施工。如果旅游景区只是委托做总体规划，是根本不可能用来施工的。每一层次的规划都是为了解决该层次的问题，不可能期望用一个规划解决所有问题。

1.3.2　旅游景区规划的原则

旅游景区规划是一项具有深远意义的战略性工作，必须严格地按照科学的要求，实事求是地进行，使规划方案真正建立在科学的基础之上，具有可操作性。旅游景区规划工作必须坚持以下原则。

1.3.2.1　与社会和经济发展水平相适应

旅游景区规划是整个社会发展的一部分，因此，它的发展必须适应社会发展的总体要求，必须与当地社会和经济所能提供的实际条件相适应，并以此为基础，有的放矢，因地制宜，使资源保护与综合利用、功能安排和项目配置、人口规模和建设标准等各项主要目标相适应，而且应同国家与地区的社会经济技术发展水平、趋势及步调相适应，以此为基础编制出适合当地资源和社会发展状况的规划方案。

1.3.2.2　坚持适度超前的原则

旅游业具有自身的特殊性，旅游景区规划也应根据自身的行业特点，适度超前。因为社会是不断发展的，而且发展速度越来越快，而规划是一个长远的、战略性的方案，所以要求规划人员必须有一定的预见性，使规划方案能够体现发展的原则，具有一定的前瞻性，避免规划方案的保守性对旅游景区的管理工作造成限制和束缚。

1.3.2.3　整体性原则

整体性体现在两个方面，一是旅游景区规划是国民经济与社会发展的总体规划的一个部分，局部的规划应服从整体规划，并与城乡规划、土地利用规划相协调，同时，旅游景区规划应列入国民经济与社会发展的总体规划，在总体规划中给予统筹安排，并在政策、资金上给予重点支持和扶持。二是保持旅游景区的整体性，对旅游景区范围的划定，要尽量考虑其区域界限与行政区划和经济区划保持一致，尽量避免跨行政区和经济区的规划。这样做，一方面可以使旅游景区的管理和开发与当地的社会发展和经济发展总体规划有机地结合起来，另一方面可以使旅游景区的管理成为一个统一的整体，避免因权限分散而导致混乱。

1.3.2.4　以市场为导向，突出经济效益的原则

旅游景区规划必须坚持以市场为导向的原则。在市场经济条件下的旅游景区开发是为了发

展旅游目的地经济，因此，在旅游景区规划中，必须进行旅游市场的分析与预测，设计适应旅游者需求的旅游产品。换句话说，旅游景区规划的核心是要确定把将要开发的旅游景区设计和制作成一个什么样的旅游产品，卖给哪些客源市场的旅游者，获得多少利润并考虑投入和产出比例，突出经济效益。

1.3.2.5　注重社会效益，强化环境效益的原则

旅游景区开发也要着眼社会效益，特别是要以当地居民为中心，兼顾当地居民和旅游景区员工的需求和利益。因为旅游开发不仅仅会影响经济领域，在社会环境、文化方面同样也会受到影响。只有利益得到保证，才能使当地居民和旅游景区员工产生自觉保护旅游景区的行动。这对于提高东道主社会的人文形象和知名度，发扬民族精神，为区域创造良好的"软环境"都有积极的作用。因此，旅游开发规划还必须注重社会效益。

旅游景区规划必须坚持可持续发展的原则。环境质量关系到人类的生存与发展，而旅游景区开发活动会带来一定程度的污染也是客观存在的现实。如果只追求经济效益，而不顾及环境问题，那么必将后患无穷，乃至影响到人类的生存。为了使旅游景区能长远获益并为子孙后代的生存环境着想，规划中必须实施可持续发展的开发方案，因地制宜地处理好人与自然的和谐关系，还要特别强调保护性开发，维护自然生态环境与社会文化环境的协调平衡，使开发与保护有机结合，将严格保护、统一管理、合理开发、永续利用的基本原则贯彻到底。

1.3.2.6　特色性原则

旅游景区规划要突出地方特色，注重区域协同，强调空间一体化发展，加强对旅游资源的保护，减少旅游资源的浪费。特色是一个地方、民族、国家在历史、地理、政治、经济、文化、社会等方面真实的综合反映，是一个地方、民族、国家古往今来在人、事、物上独特个性的集合体或集中表现。对旅游景区而言，特色原则指利用"人无我有，人有我优"的资源优势，开发出独具个性的旅游产品。这种独特个性表现在三个方面：民族特色、地方特色、历史特色。

如何做出满足市场需求的旅游景区规划？

只有满足市场需求的旅游景区规划才是有效的旅游规划。这样的旅游景区规划一般需要从旅游者角度来评价旅游资源，再根据市场需求设计相应的旅游产品，创新市场营销，并实施区域内的联合。

1. 从旅游者角度评价旅游资源

任何旅游开发都不能脱离旅游者，目前的旅游资源多是二三流甚至不入流的资源，在塑造上存在一定的难度。旅游市场旺盛的需求和多样化的消费趋向，促使规划者在旅游景区规划过程中须以全新的视角，去挖掘、评价各类自然、文化等旅游资源，提炼其中蕴含的旅游吸引价值。

2. 按市场需求设计旅游产品

旅游景区规划设计的关键是以满足旅游者需求为目标设计旅游产品，包括旅游景区产品、特色线路、节庆活动等。典型如文化型景区，可以把学术、知识与观赏相结合，利用现代多媒体创新文化的展现方式，提高旅游者的参与度与体验度。

3. 创新市场营销

旅游景区规划往往容易忽略掉营销策划的内容，一些旅游景区投入了大资金进行设施设备的

规划建设，但因缺乏及时的营销宣传，不为人所知，因此，旅游景区规划需要编制市场营销规划，根据市场需求进行针对性营销，提高营销效果。

4. 实施区域联合

区域联合可分为两类：一是旅游资源同质化的旅游景区，可采取竞合策略，推出跨地域的主题线路，避免同类产品恶性竞争；二是旅游资源互补的旅游景区，可通过产品整合，形成全新的特色旅游线路。

资料来源：http://www.haisan.cn/archives/view-1064-1.html（海森文旅科技集团）

1.3.3　旅游景区规划的内容

本教材关于旅游景区规划的内容主要参照中华人民共和国国家标准《旅游规划通则（GB/T 18971—2003》）。

1.3.3.1　旅游景区总体规划

旅游景区总体规划的任务是分析旅游景区客源市场，确定旅游景区的主题形象，划定旅游景区的用地范围及空间布局，安排旅游景区基础设施建设内容并提出开发措施。

旅游景区总体规划内容包括：

（1）对旅游景区的客源市场的需求总量、地域结构、消费结构等进行全面分析与预测。

（2）界定旅游景区范围，进行现状调查和分析，对旅游资源进行科学评价。

（3）确定旅游景区的性质和主题形象。

（4）确定规划旅游景区的功能分区和土地利用，提出规划期内的旅游容量。

（5）规划旅游景区的对外交通系统的布局和主要交通设施的规模、位置；规划旅游景区内部的其他道路系统的走向、断面和交叉形式。

（6）规划旅游景区的景观系统和绿地系统的总体布局。

（7）规划旅游景区其他基础设施、服务设施和附属设施的总体布局。

（8）规划旅游景区的防灾系统和安全系统的总体布局。

（9）研究并确定旅游景区资源的保护范围和保护措施。

（10）规划旅游景区的环境卫生系统布局，提出防止和治理污染的措施。

（11）提出旅游景区近期建设规划，进行重点项目策划。

（12）提出总体规划的实施步骤、措施和方法及规划、建设、运营中的管理意见。

（13）对旅游景区开发建设进行总体投资分析。

旅游景区总体规划的成果包括规划文本、规划图件（包括旅游景区区位图、综合现状图、旅游市场分析图、旅游资源评价图、总体规划图、道路交通规划图、功能分区图等其他专业规划图、近期建设规划图等）、规划附件（包括规划说明和其他基础资料等）。

1.3.3.2　旅游景区控制性详细规划

在旅游景区总体规划的指导下，为了近期建设的需要，旅游景区管理者可编制旅游景区控制性详细规划。旅游景区控制性详细规划的任务是：以总体规划为依据，详细规定区内建设用地的各项控制指标和其他规划管理要求，为区内一切开发建设活动提供指导。

旅游景区控制性详细规划的主要内容包括：

（1）详细划定所规划范围内各类不同性质用地的界线。规定各类用地内适建、不适建或者有条件地允许建设的建筑类型。

（2）规划分地块，规定建筑高度、建筑密度、容积率、绿地率等控制指标，并根据各类用地的性质增加其他必要的控制指标。

（3）规定交通出入口方位、停车泊位、建筑后退红线、建筑间距等要求。

（4）提出对各地块的建筑体量、尺度、色彩、风格等要求。

（5）确定各级道路的红线位置、控制点坐标和标高。

旅游景区控制性详细规划的成果包括：规划文本、规划图件（包括旅游景区综合现状图，各地块的控制性详细规划图，各项工程管线规划图等）、规划附件（包括规划说明及基础资料）。图纸比例一般为 1/1 000~1/2 000。

1.3.3.3 旅游景区修建性详细规划

对于旅游景区当前要建设的地段，应编制修建性详细规划。旅游景区修建性详细规划的任务是，在总体规划或控制性详细规划的基础上，进一步深化和细化，以指导各项建筑和工程设施的设计和施工。

旅游景区修建性详细规划的主要内容包括：

（1）综合现状与建设条件分析。

（2）用地布局。

（3）景观系统规划设计。

（4）道路交通系统规划设计。

（5）绿地系统规划设计。

（6）旅游服务设施及附属设施系统规划设计。

（7）工程管线系统规划设计。

（8）竖向规划设计。

（9）环境保护和环境卫生系统规划设计。

旅游景区修建性详细规划的成果包括：规划设计说明书、规划图件（包括综合现状图、修建性详细规划总图、道路及绿地系统规划设计图、工程管网综合规划设计图、竖向规划设计图、鸟瞰或透视效果图等）。图纸比例一般为 1/500~1/2 000。

本章小结 →

旅游景区规划的前提是必须弄清楚有关旅游景区及旅游规划和旅游开发的基本概念。本章内容重点是在了解旅游景区的概念、特征、类型、地位和作用及未来发展趋势的基础上，明确了旅游景区开发的历程、概念、内容和程序及旅游景区规划的概念和类型、原则和内容。

复习思考

一、单选题

1.（　　）是指具有欣赏、文化或科学价值，自然景观、人文景观比较集中，环境优美，可供人们进行游览或进行科学、文化活动的区域。

  A.森林公园   B.旅游度假区   C.风景名胜区   D.自然保护区

2.旅游产品的核心是（　　）。

  A.旅游者   B.旅游饭店   C.旅游交通   D.旅游景区

3.（　　）的任务，是分析旅游景区客源市场，确定旅游景区的主题形象，划定旅游景区的用地范围及空间布局，安排旅游景区基础设施建设内容，提出开发措施。

  A.旅游景区总体规划   B.旅游景区控制性详细规划

  C.旅游景区修建性详细规划   D.旅游景区提档升级规划

4.我国境内最早的国家级森林公园是（　　）。

  A.北京八达岭国家森林公园   B.安徽黄山国家森林公园

  C.张家界国家森林公园   D.重庆武陵山国家森林公园

5.自然保护区中的（　　）只准许进入进行科学研究观测活动。

  A.核心区   B.缓冲区   C.实验区   D.外围区

二、多选题

1.旅游景区的特征包括哪些？（　　）

  A.资源单一性 B.文化独特性 C.要素综合性 D.资源密集性

2.从功能上看，旅游景区类型可划分为（　　）。

  A.观光型   B.度假型   C.探险型   D.宗教型

3.珍贵文物可分为？（　　）

  A.一级   B.二级   C.三级   D.四级

4.改革开放以来，我国的旅游景区开发大致经历了（　　）三个阶段。

  A.粗放式开发阶段 B.整合开发阶段 C.规划开发阶段 D.创新开发阶段

三、名词解释

旅游景区 旅游景区规划 旅游景区开发

四、判断题

1.有些旅游景区可能既属于森林公园，也属于地质公园。（　　）

2.水利旅游景区按其景观的功能、文化和科学价值、环境质量、规模大小等因素可划分为三级，即国家级、省级、市级水利旅游景区。（　　）

3.旅游景区规划必须以经济效益为导向。（　　）

4.旅游景区的规划必须要与社会和经济发展水平相适应。（　　）

五、简答题

1.旅游景区的地位和作用是什么？

2.旅游景区规划的原则是什么？

3. 旅游景区开发的内容包括哪些?

4. 简述旅游景区未来的发展趋势。

六、论述题

结合我国旅游景区的开发历程及旅游景区未来的发展趋势，请你谈一谈未来我国旅游景区规划的重点和方向。

第2章

旅游景区规划的理论与方法

知识目标： 了解旅游景区规划与开发各理论基础的基本内容。

了解旅游景区规划与开发的新技术和新方法。

熟悉旅游景区规划与开发的工作流程。

了解旅游景区规划与开发中的各种图件及其内容。

能力目标： 能够运用旅游景区规划与开发的理论基础和工作流程的知识分析和评判一个旅游景区规划是否合理和科学。

知识结构 →

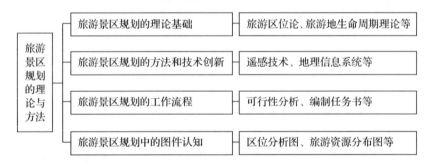

旅游景区规划的理论与方法	旅游景区规划的理论基础	旅游区位论、旅游地生命周期理论等
	旅游景区规划的方法和技术创新	遥感技术、地理信息系统等
	旅游景区规划的工作流程	可行性分析、编制任务书等
	旅游景区规划中的图件认知	区位分析图、旅游资源分布图等

导入案例 →

　　编制《嘉阳·桫椤湖旅游景区总体规划》前，涉及本区域范围就有多种层次、不同目标的规划。在《犍为县城市总体规划（2013—2030）》中县域城镇空间结构规划、县域旅游规划、县域产业布局规划涉及有对本景区的定位；在《芭沟镇总体规划（2015—2030）》中提出了三井社区、老芭沟社区的规划方案；《嘉阳小火车—芭沟古镇—桫椤湖—清溪古镇环线旅游产业发展策划方案（2016）》《嘉阳小火车旅游区整体提升方案（2016）》《芭沟风情小镇修建性详细规划方案（2016）》则对本景区进行了更加具体详细的针对性规划。

　　《嘉阳·桫椤湖旅游景区总体规划》将充分衔接《犍为县城市总体规划》《芭沟镇总体规划》等上位规划，尊重并采纳、利用《嘉阳小火车—芭沟古镇—桫椤湖—清溪古镇环线旅游产业发展策划方案》中犍为县域环线构建、《嘉阳小火车旅游区整体提升方案》中小火车运营量的升级提档及《芭沟风情小镇修建性详细规划方案》中对于芭沟风情小镇的形象定位及重点点位设计。

　　上述案例中提到的各种规划之间的关系是什么？这些规划会对重新制作的景区规划产生什么影响？

旅游是一个涉及经济、文化、生态等多方面的复杂系统，在客观上也促使旅游规划从单一走向系统综合的学科发展道路。旅游景区规划的综合性特点，决定了其理论来源的广泛性和复杂性。

2.1　旅游景区规划的理论基础

旅游景区规划是旅游规划的重要内容之一，因此，旅游景区规划的理论基础与旅游规划的理论基础具有相似性，一般来讲，旅游景区规划的理论基础包含有旅游系统理论、区域空间结构及区位理论、旅游地生命周期理论、可持续发展理论、景观生态学理论等。

2.1.1　旅游系统理论

"系统"一词来源于古希腊语，是由部分构成整体的意思。人们通常把"系统"定义为：由若干要素以一定结构形式联结构成的具有某种功能的有机整体。在这个定义中包含了系统、要素、结构、功能四个概念，表明了要素与要素、要素与系统、系统与环境三方面的关系。系统论认为，整体性、关联性、等级结构性、动态平衡性、时序性等是所有系统的共同特征。系统论概念目前已广泛应用于不同科学领域，目的在于寻求或建立最优系统结构，充分有效地发挥系统的整体功能。

从系统论出发，可将旅游视为一个系统，即旅游系统（图2-1）。它是客源地的旅游者通过旅游媒介到达旅游目的地的旅游活动系统，其构成有三大要素：旅游主体——旅游者，旅游客体——旅游目的地，旅游媒介——旅游通道，因此，可以将旅游系统定义为：以一定的经济、社会、环境为依托，由旅游主体、旅游客体和旅游媒介相互作用所产生的各种现象和关系的总和。旅游系统是以旅游需求为动力，通过旅游者的旅游活动而使各组成要素相互联系、相互作用而构成的有序、立体、网络的整体关系，是一个动态而开放的系统。20世纪80年代以来，旅游研究的综合方法再度受到广泛关注，作为一种综合分析的思想，旅游系统理论和方法也引入旅游规划与景区规划的研究中。

旅游景区规划是以旅游系统为规划对象，在对旅游目的地和客源地市场这对供需关系及与这对关系有紧密联系的支持系统和出游系统诸因子的调查研究与评价的基础上，制订出全面、高适应、可操作的旅游发展战略及其细则，以实现旅游系统的良性运转，达到整体最佳且可持续的经济、社会与环境效益，并通过一系列的动态监控与反馈调整机制来保证该目标的顺利实现。其基本思想是以客源市场系统为导向，以旅游目的地系统规划为主体，以出游系统为媒介，以支持系统为保障，利用反馈系统来监控，达到旅游业的可持续发展。

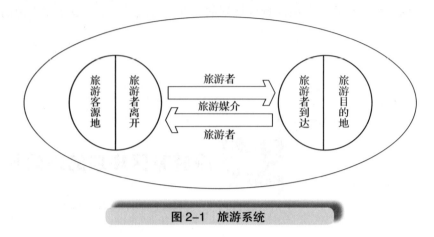

图 2-1　旅游系统

2.1.2　旅游区位理论

区位理论起源于工业革命时代的欧洲，是关于人类活动空间分布和空间组织优化的理论。区位理论研究的实质是生产的最佳布局问题，即如何通过科学合理的布局使生产能以较少的投入获得较大的收益。区位理论的研究和应用范围已遍及农业、工业、商业、城市等领域。比较著名的区位理论有杜能的农业区位论、韦伯的工业区位论、廖什的市场区位论及克里斯泰勒的中心地理论等。

旅游区位是指该地区在其所在大区域的旅游活动中占据的地位及在区域旅游发展过程中形成的与周边地区的相互关系。旅游区位论是研究旅游客源地、目的地和旅游交通的空间格局、地域组织形式的相互关系及旅游场所位置与经济效益关系的理论。旅游区位应该被视为旅游景点与其客源地相互作用中的相关位置、可达性及相对意义，它可以看成是一个旅游地对其周围客源地的吸引和影响，也可以看成一个旅游客源地对周围旅游点的选择性与相对偏好。

旅游区位论在旅游景区规划中的应用主要体现在三个方面：①确定旅游景区的市场范围。旅游景区吸引力大小决定了其在市场上的影响范围，旅游景区市场范围的上限是由旅游景区资源的吸引力、旅游景区社会容量、经济容量及生态环境容量共同决定的客源市场范围或接待旅游者数量，旅游景区市场范围的下限即旅游景区的门槛值：旅游景区提供旅游产品和服务所必须达到的最低需求量。在旅游景区规划中，要利用旅游区位理论的思维综合考虑旅游景区市场范围的上限和下限。②确定旅游景区的等级。一般而言，高等级旅游景区具有较大的市场范围，其提供的产品和服务档次高、功能多、品种全、质量好；低等级旅游景区则具有较小的市场范围，其提供的产品和服务就相对单一。在旅游景区规划中，首先应明确景区在市场中的等级定位，从而在项目、设施及服务设计等方面做出相应的安排。③制订旅游景区的均衡布局模式。由于不同等级旅游景区的市场范围和服务半径不同，因此，一个区域旅游若要维持可持续发展，区域内各旅游景区的均衡布局是重要内容之一；此外，利用区位理论的思想，合理均衡地布局与设计每个旅游景区内部的旅游项目、服务设施等也是促进单个旅游景区健康发展的重要内容之一。

2.1.3 旅游地生命周期理论

"旅游地生命周期"最早是由德国学者克里斯泰勒在研究欧洲的旅游发展时提出的，加拿大地理学家巴特勒在 1980 年对旅游地生命周期理论进行了系统性的阐述。他认为：一个地方的旅游发展不可能永久处于同一水平，而是随着时间变化不断演变的。这种演变一般经过"探索期、起步期、发展期、稳固期、停滞期、衰落期或复兴期"六个阶段，并以旅游地生命周期曲线（巴特勒）来表示（图 2-2）。

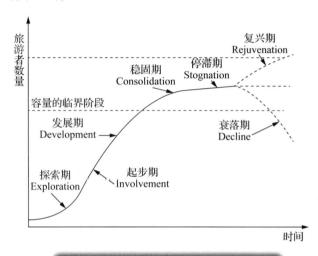

图 2-2 旅游地生命周期曲线（巴特勒）

应用旅游地生命周期理论去分析影响旅游产品生命周期的因素，可以有效地指导旅游景区的规划和市场营销工作。旅游地生命周期理论在旅游景区规划中的作用主要体现在三个方面：①可作为解释旅游景区演变的模型。在旅游景区规划时，应首先通过调研该旅游景区的情况来判定其处于旅游地生命周期的哪个阶段，这样才能根据实际发展情况和预测情况对旅游景区做出准确的发展定位。②指导旅游景区市场营销工作。并非所有旅游景区的旅游产品一开始就有探索阶段，有的产品开发不当，尚未进入发展期就会跌入衰落期，还有些形象不鲜明、雷同旅游景区的生命周期会有变短的趋势，需要我们研究旅游产品生命周期理论时引入企业形象策划的相关思维，进行旅游产品的包装设计。③作为旅游景区预测的工具。根据旅游地生命周期特征，可以在不同阶段对旅游景区和其产品进行预测，采取针对性的开发战略和政策措施，以使旅游地尽快地步入稳固期，并延长稳固期，实现旅游景区的长期稳定发展。

2.1.4 可持续发展理论

可持续发展思想的提出是源于人类赖以生存的环境和资源遭到越来越严重的破坏，人们对环境问题的逐步认识和热切关注。迄今为止，被大家广泛认可的可持续发展的概念是由挪威首相布伦兰特夫人提出的，即既满足当代人的需求，又不对后代人满足其自身需求的能力产生威胁的发展。其定义有三层内涵：①从自然属性上讲，其强调生态持续性，即保持自然资源再生能力和开发利用程度之间的平衡。②从社会属性上讲，其强调人类的生活、生产方式与地球的承载力相协调，并最终落脚于促进人类生活质量和生活环境的改善。③从经济属性上讲，其强调经济的发展是在不降低环境质量和不破坏世界自然资源的基础上。

旅游业的可持续发展，最早是在1990年加拿大旅游国际大会上明确提出的。会上通过了《旅游业可持续发展行动纲领》，该纲领中提出旅游业可持续发展的五个目标：①增进人们对旅游产生的环境效应和经济效应的理解，强化其生态意识；②促进旅游业的公平发展；③改善旅游接待地区居民的生活质量；④向人们提供高质量的旅游经历；⑤保证未来旅游开发赖以存在的环境质量。

可持续发展理论在旅游及旅游景区规划与开发中的应用主要体现在两方面：①旅游景区的局部性和阶段性开发。在旅游景区的规划与开发中，要注意旅游景区的生态环境承载力，注意开发规模的控制，防止出现过度开发而导致的旅游景区生态环境破坏，要为未来的进一步开发预留一部分的空间和容量，同时，在规划和开发过程中，应分阶段逐步进行开发，以达到经济效益和生态效益的融合。②旅游景区当地居民生活质量的改善。在旅游景区规划和开发的过程中，不仅要对当地居民所生活的生态环境进行保护和改善，更应对其文化进行保护，同时，也应注重旅游公平，合理地让当地居民融入旅游景区的开发，从而提高其生活质量。

2.1.5 景观生态学理论

景观生态学最早由德国地理学家特罗尔提出，主要内容是研究景观尺度的生态问题。国际景观生态学学会对景观生态学的定义为：对于不同尺度上景观空间变化的研究，包括对景观异质性、生物、地理及社会原因的分析。景观生态学的核心主题包括：景观空间格局与生态过程的关系、人类活动对于景观格局与变化的影响、尺度和干扰对景观的作用。

景观生态学将景观空间结构抽象成四种基本单元：斑块、廊道、基质、缘。斑块是指空间上的块结构或点结构，是与周围环境不同的非线性区域，如旅游景点及其周围形成的旅游斑块；廊道是与周围两侧相邻区域环境不同的带状景观要素，如旅游地或旅游景区内的交通廊道；基质是斑块镶嵌内的背景生态系统或土地利用类型，如一个旅游地或旅游景区的旅游地理环境及人文社会特征；缘是指斑块、廊道、基质的外围缓冲地带，如自然保护区应有的外围缓冲区，核心旅游景区的扩展区等（图2-3）。

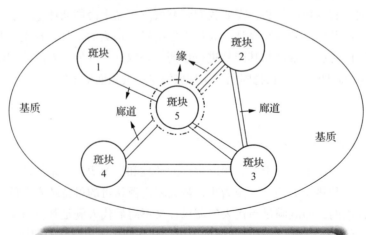

图2-3 景观生态学中基质—斑块—廊道—缘

景观生态学在旅游景区规划与开发中的应用主要体现在两方面：①旅游景区内景观的设计。在设计旅游景区景观时，可以利用景观生态学的思想，依托景观要素构建模拟的自然环境，创建合理的人工植物群落，从而保持旅游景区内景观环境系统的稳定性和可逆性。②旅游景区内景观的保护。可以借用景观生态学中景观要素的合理组合思想，为重要保护的景观区域设置缓冲区，限制旅游者的进入，从而缓解旅游景区开发与自然保护之间的冲突。

2.1.6 旅游社会学和人类学理论

旅游社会学是社会学的分支学科，主要研究旅游的动机、角色、制度和人际关系，以及上述因素对旅游者和旅游目的地的影响。旅游人类学是借用人类学的知识谱系、方法手段对旅游活动进行调查和研究，其研究对象为旅游地居民、旅游开发者、旅游者在旅游发展过程中产生的各种临时互动关系。

旅游社会学和旅游人类学研究的内容十分广泛，与其他理论相比，这两个学科的理论更加关注旅游过程中各利益相关者（或者说是旅游过程中所有的人）的本身感受及相互关系，为旅游景区的规划与开发提供了一种人本主义的哲学思路，即人才是旅游活动中的主体，在旅游景区的规划与开发中，不能仅仅局限于物质环境的规划设计，更应该从关心旅游景区的各利益相关者入手，对旅游景区的相关者的特性、活动及社会环境加以关注；在进行旅游规划时，首先应充分考虑、协调旅游者、旅游地居民、旅游开发商的相互关系和利益，然后再着手有针对性地提升旅游景区的硬件设施和软件服务质量。

2.2 旅游景区规划的方法和技术创新

旅游景区规划的方法和技术创新主要表现在"3S"技术的应用和网络信息技术的使用。3S技术是遥感技术（Remote Sensing，RS）、地理信息系统（Geography Information Systems，GIS）和全球定位系统（Global Positioning Systems，GPS）的统称，是空间技术、传感器技术、卫星定位与导航技术和计算机技术、通信技术相结合，多学科高度集成地对空间信息进行采集、处理、管理、分析、表达、传播和应用的现代信息技术。

2.2.1 遥感技术

遥感是指利用装载于飞机卫星等平台上的传感器捕获地面或地下一定深度内的物体反射或

发射的电磁波信号，进而识别物体或现象的技术。主要可以分为光学遥感、热红外遥感及地面遥感三种类型。遥感技术具有观察范围广、直观性强、能实时客观获取信息、反映物体动态变化特征的特点。

遥感技术在旅游景区规划与开发上的运用主要体现在三个方面：①探查旅游资源。遥感图像可以辨别出水体、植被、土地利用类型等很多信息，在进行旅游景区资源的探查时，利用遥感技术，可以方便快捷并准确地获取大量信息，使旅游资源探查的效率大大提高，某旅游景区高程及坡向分析如图 2-4 所示。②提供制图基础。遥感图片是对当地空间发展现状的描述，由于其更新快，能够反映规划区域的最新状况，因此，一般用遥感图来做规划图的底图。③规划的动态管理。由于遥感图片具有实时动态的特点，叠加不同时期的遥感图片可以清晰地观察到旅游景区的发展状况，因此，可以利用遥感实时图片来对旅游景区的规划进行及时的反馈和修正。

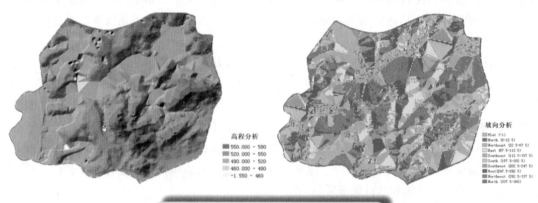

图 2-4　某旅游景区高程及坡向分析

2.2.2　地理信息系统

地理信息系统是采集、存储、管理、描述和分析空间地理数据的信息系统。其以计算机软硬件环境为支撑，采用地理模型分析方法，以地理坐标和高程确定三维空间，将各种地学要素分别叠置于其上，组成图形数据库，具有对空间数据进行有效输入、存储、更新、加工、查询检索、运算、分析、模拟、显示和输出等功能的技术系统。

地理信息系统技术在景区规划与开发中的作用主要有：①为旅游景区的开发和管理提供相关信息。通过构建旅游景区地理信息系统，可以将各种规划管理数据输入该系统中，并定期加以维护和更新。借助该系统平台，旅游景区规划者和经营者能直观地获得旅游景区内各种数据。②构建求知型和互动型导游系统。可以利用地理信息系统构建景区电子导游系统，通过声音、图像、视频等渠道为旅游者全面展示旅游景区的风貌，也可通过地理信息系统查询功能为旅游者提供线路和景点查询服务。

2.2.3　全球定位系统

全球定位系统由导航星座、地面台站和用户定位设备三部分组成。世界上任何地点的用户至少能同时接收 4 颗卫星播发的导航信号，实现三维精确定位。在商业、军事、测量及日常消费中有广泛的使用空间。

全球定位系统在旅游景区规划与开发中的应用主要表现为：①定点。即通过野外考察时利用全球定位系统设备确定某个旅游景区的精确位置，这在旅游景区控制性详细规划和修建性规划中能够发挥重要作用。②定线。即为旅游景区规划者的旅游线路设计提供指导；同时，在应用上，可以为旅游者提供导航服务。③定面。全球定位系统可以精确地计算出旅游景区内某个区域的面积大小。

2.2.4 虚拟现实技术

虚拟现实技术（VR）是20世纪末兴起的一门崭新的综合性信息技术，它融合了数字图像处理、计算机图形学、多媒体技术、传感器技术等多个信息技术分支。虚拟现实系统就是要利用各种先进的硬件技术及软件工具，设计出合理的硬件、软件及交互手段，使参与者能交互式地观察和操纵系统生成的虚拟世界。虚拟现实技术是用计算机模拟的三维环境对现场真实环境进行仿真，用户可以走进这个环境，可以控制浏览方向，并操纵场景中的对象进行人机交互。

虚拟现实技术在旅游景区规划与开发中的应用在于：规划者可以通过虚拟虚景向规划委托方展示旅游景区规划的最终效果；经营者也可以将虚拟现实技术和信息网络服务相结合，为旅游者提供更真实、更刺激的旅游体验。

2.3 旅游景区规划的工作流程

一般来讲，旅游景区规划的工作流程包括以下几部分：实行项目可行性分析、编制项目任务书、组建编制组、制订工作计划、进行资料搜集与调研、编制规划稿、聘请专家评审、上报和修订规划（图2-5）。

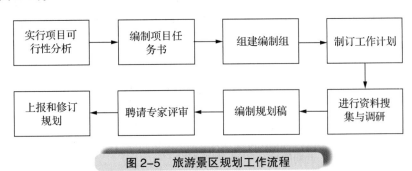

图2-5 旅游景区规划工作流程

2.3.1 旅游景区规划与开发的可行性分析

旅游景区规划的可行性分析是对拟开发旅游景区的预分析，分析该旅游景区范围内是否具有开发的必要性和可行性。旅游景区的投资建设者和经营管理者应是对可行性分析加以强烈关注的利益群体。

旅游景区规划可行性研究应由投资者及经营管理者聘请专业研究机构或组织实施。该组织可以是规划编制机构，也可以是其他的机构。

可行性研究的内容主要涉及四个方面，即旅游景区的开发价值、旅游景区的市场前景、旅游景区的投入产出分析及旅游景区的旅游者容量评估。

开发价值评估是指对旅游景区范围内的旅游资源禀赋及开发条件进行分析和评估，从而确定该旅游景区有无开发潜力和可行性。

旅游景区的市场前景则是立足于区域旅游市场的发展现状和未来发展趋势而对待开发旅游景区的市场接受程度加以预测。分析时，除对旅游者行为方式和消费习惯分析外，还应分析市场中已有的竞争者和潜在的竞争者。

旅游景区规划与开发的投入产出分析是利用产业经济学中投入产出模型来对旅游景区的投资收益进行的对比估算。主要内容有旅游景区开发的风险性和脆弱性、旅游景区的成本和效益评估等。这里的效益评估除了经济效益外，还应综合考虑旅游景区开发的社会效益和生态环境效益。

旅游景区旅游者接待容量评估是根据旅游项目和旅游景区类型及预计的旅游者周转率确定旅游景区内的大致旅游者容量，该容量成为旅游景区开发接待的阈值。在进行经济效益分析时，旅游者接待量也要以该数值为计算上限。

若通过可行性研究论证，则可以进入下一环节；若未通过论证，则建议投资方取消该项目的开发计划。

2.3.2 编制旅游景区规划项目任务书

规划项目任务书是对旅游景区开发规划内容的介绍。公开招标决定规划编制者时，一般由规划的竞标方承担编写任务，同时，该项目任务书也将成为竞标书的重要组成部分，但是，也不排除规划的招标方编写项目任务书的可能。通常在招标方编写项目任务书的情况下，该项目任务书一方面为竞标方介绍旅游景区开发现状，另一方面则充当招标书的角色。

旅游景区规划项目任务书（表 2-1）从内容上看主要应包含以下内容：规划的范围、规划的目标、规划的区域环境、规划的内容、规划的期限、规划的方法和技术路径、规划经费预算及其他对景区规划编制的具体要求。

表 2-1 旅游景区规划项目任务书

规划任务书的目录	各部分简介
规划的范围	旅游景区的地理范围，该范围应有具体可衡量的边界
规划的期限	一般将规划期限设置为近期、中期和远期，通常的规划时间跨度为15~20年，近期的时间跨度一般为5年

续表

规划任务书的目录	各部分简介
规划的目标	规划承接方完成规划并由规划委托方认真组织实施后，应该达到的效果
规划的区域环境	景区所在区域的宏观环境，包括经济、社会、文化、生态及制度环境
规划的内容	对景区规划中需要或将要涉及的内容做简要说明，此外还包括对最终成果形成的规定和要求，该部分将成为制订景区规划提纲的重要参考
规划的方法和技术路径	规划承接方对规划委托方就工作步骤、相应方法和流程示意图进行说明的部分
规划的经费预算	规划竞标方应预计所需总经费并对子项目加以分解说明；规划招标方也可以提出一个固定的经费预算，由竞标方按照经费预算来制订规划方案，择其优者编制景区规划

2.3.3 组建旅游景区规划队伍

　　旅游景区规划队伍的组建可以是由委托方自主选择，也可以通过市场竞标而确定。目前，通过市场招标来确定规划编制方是较为常用的做法。通过市场招标时，规划委托方应起草、发送招标邀请书或在公共媒体上公布招标信息征求投标者。投标邀请书要明确写明招标内容、招标方式、招标文件领取时间和地点、投标截止日期及开标时间、地点等内容。投标方即旅游景区规划的编制主体，可以是旅游规划公司，也可以是高校或科研机构。

　　规划组织人员在构成上应分成两个小组，即旅游景区规划的领导小组和旅游景区规划的编制小组。规划领导小组一般由旅游景区当地行政主管部门的代表、旅游景区投资者的代表及旅游景区经营管理者的代表联合组成。领导小组的主要任务是在规划编制过程中进行协调，并与规划编制小组进行协商，让二者的思想相互交流，从而提高规划的科学性和可操作性。

　　由于旅游的综合性特征，规划编制小组成员的专业要求应尽量多元化，其核心成员应在旅游经济、旅游管理、旅游营销、旅游地理、旅游生态环境、旅游社会、旅游文化、旅游交通、旅游法律法规等方面有一定的理论研究和实践经验。如果旅游景区规划与开发中涉及一些具体规划、工程建设等专项研究，那么还需要与土地利用、建筑设计等方面的专业人员进行合作。

旅游景区规划设计单位资质等级的相关要求

　　按照《旅游规划设计单位资质等级认定管理办法》中的规定，甲级资质旅游规划设计单位应满足下列要求：

　　（一）获得乙级资质一年以上，且从事旅游规划设计三年以上；

　　（二）规划设计机构为企业法人的，其注册资金不少于100万元；规划设计机构为非企业法人的，其开办资金不少于100万元；

　　（三）具备旅游经济、市场营销、文化历史、资源与环境、城市规划、建筑设计等方面的专职规划设计人员，其中至少有五名从业经历不低于三年；

　　（四）完成过省级以上（含省级）旅游发展规划，或至少完成过五个具有影响的其他旅游规划设计项目；

　　（五）项目委托方对其成果和信誉普遍评价优秀。

　　乙级资质旅游规划设计单位应满足下列要求：

（一）从事旅游规划设计一年以上；

（二）规划设计机构为企业法人的，其注册资金不少于 50 万元；规划设计机构为非企业法人的，其开办资金不少于 50 万元；

（三）具备旅游经济、市场营销、文化历史、资源与环境、城市规划、建筑设计等方面的专职规划设计人员，其中至少有三名从业经历不低于三年；

（四）至少完成过三个具有影响的旅游规划设计项目；

（五）项目委托方对其成果和信誉普遍评价良好。

丙级资质旅游规划设计单位应满足下列要求：

（一）从事旅游规划设计一年以上；

（二）规划设计机构为企业法人的，其注册资金不少于 10 万元；规划设计机构为非企业法人的，其开办资金不少于 10 万元；

（三）具备旅游经济、市场营销、文化历史、资源与环境、城市规划、建筑设计等方面的专职规划设计人员，其中至少有一名从业经历不低于三年；

（四）至少完成过一个具有影响的旅游规划设计项目；

（五）项目委托方对其成果和信誉普遍评价较好。

2.3.4　制订工作计划

选定规划组成员后，规划编制组应与领导小组一起商量出规划的行动计划，详细描述野外勘测、编制初稿等进度安排，并明确标出完成各项工作预计所需的时间及达到的阶段目标，最终以图表的方式简洁明了地表示出来。

2.3.5　进行资料搜集与调研

规划编制组的资料搜集与调研可分为室内资料搜集和野外实地调研。

室内资料搜集主要包括对相关政策和法律法规、旅游景区发展历史与环境、相关旅游景区发展经验、相关文献研究、旅游景区所在地方志等文本资料的搜集，也包括通过统一的学习或会谈交流等途径掌握到的规划地的相关信息。

野外实地调研是规划编制组直接对旅游景区内的资源和开发条件进行实地勘察、测量和评价，将旅游景区的资源禀赋和结构特征与室内搜集的资料进行对比佐证。野外实地调研时应多观察、多交流，特别是与旅游者、当地居民及旅游主管部门进行交流。

2.3.6　编制规划稿

野外实地调研过后，规划编制组应根据自己的观点，提出规划思路与构想并完成规划纲要交予规划委托方征求意见，使规划不断朝着满足规划编制方要求的方向趋近，同时，根据达成一致的旅游景区规划纲要，在一定期限内完成规划文本初稿的撰写工作。

旅游景区总体规划文本的内容结构如图 2-6 所示。

（1）确定规划旅游景区的旅游主题。包括主要旅游功能、主打旅游产品和主题旅游形象。

（2）确立规划的分期及各分期目标。

（3）提出旅游产品及设施的开发思路和空间布局。

（4）确立重点旅游开发项目。

（5）对规划进行经济、社会和环境评价。包括成本投入、利润估算等。

（6）形成规划旅游景区的发展战略，提出规划实施的措施、方案和步骤，包括政策支持、经营管理体制、宣传促销、融资方式等。

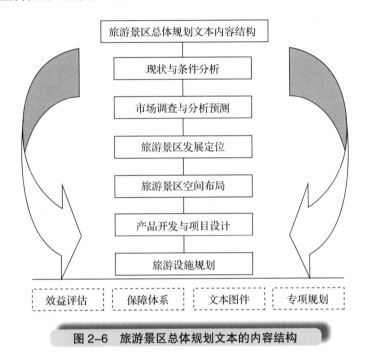

图 2-6　旅游景区总体规划文本的内容结构

初稿完成后，规划双方应组织专家对规划初稿进行评估，看其是否达到规划编制的要求并按照评估意见对文本初稿进行修改。将规划总文本修改完成后，规划编制组还应撰写分报告。

2.3.7　聘请专家评审规划

在规划编制组按照评估意见完成规划总文本和分报告后，规划委托方应聘请有关专家组成规划评审委员会，专家委员应严格按照国家（质量监督检测检疫总局颁布的《旅游规划通则》）及其他相关规定的要求，对规划文本的完整性、规划结果的科学性、规划思路的合理性、规划内容的可行性等进行评审，最后提出规划评审意见。

旅游景区规划的评审人员由规划委托方与当地旅游行政主管部门协商确定。旅游规划评审组由 7 人以上组成。其中行政管理部门代表不超过 1/3，本地专家不少于 1/3。规划评审小组设组长 1 人，根据需要可设副组长 1~2 人。组长、副组长人选由委托方与规划评审小组协商产生。旅游规划评审人员应由经济分析专家、市场开发专家、旅游规划管理官员、相关部门管理官员等不同领域的人员组成。

　　评审结果一般有以下三种情形：①若规划成果通过评审，则可着手规划终稿的制作；②若需进行一定的修改后通过，规划编制组则按要求进行修改；③若规划不通过，委托方可要求规划编制方重新编制规划方案，或另请其他的规划编制组完成旅游景区开发规划的编制任务。

　　规划的评审，需经全体评审人员讨论、表决，并有 3/4 以上评审人员同意方为通过。评审意见应形成文字性结论，然后经评审小组全体成员签字后，评定意见方生效。

2.3.8　上报和修订规划

　　规划编制完成后，还要上报国家旅游局或当地政府和旅游主管部门批准实施。在规划实施过程中，规划编制组还应根据实施反馈意见对规划内容进行调整和修正。

2.4　旅游景区规划中的图件认知

　　旅游景区规划文本内容除文字阐述外，图件也是非常重要的一项内容，因为它能更直观地展现旅游景区的现状情况及规划者的规划思路。《旅游规划通则》将我国的旅游规划分为两大层次：旅游发展规划与旅游区规划。其中，旅游区规划又分为：总体规划、控制性详细规划与修建性详细规划三个层次。每个层次对图件的要求不同。

2.4.1　不同层次旅游景区规划图件的内容

　　旅游景区规划属于旅游区规划，因此，旅游景区规划分为旅游景区总体规划、旅游景区控制性详细规划和旅游景区修建性详细规划三个层次，每个层次规划图件的内容有所区别。

2.4.1.1　旅游景区总体规划图件

　　旅游景区总体规划主要是分析旅游景区客源市场，确定旅游景区主题形象，划定旅游景区用地范围及空间布局，安排旅游景区基础设施建设内容，提出开发措施。其规划图件的要求以大尺度和宏观框架为主。图件内容主要包括：

　　旅游景区区位图、旅游景区综合现状图、旅游资源评价图、旅游景区总体规划图、功能分区规划图、旅游景区形象规划图、旅游景区项目规划图、旅游景区道路交通规划图、旅游景区其他专业规划图、旅游景区近期建设规划图等。

2.4.1.2 旅游景区控制性详细规划图件

旅游景区控制性详细规划图的任务是以总体规划为依据，详细规定旅游景区内建设用地的各项控制指标和其他规划管理要求，为旅游景区内一切开发建设活动提供指导。由于规划深度要求的提高，因此，旅游景区控制性详细规划图件在内容上便更详细与丰富。图件内容主要包括：

旅游景区土地利用规划图、旅游景区综合现状图、旅游景区道路交通规划图、旅游景区景观设计规划图、旅游景区项目分布规划图、旅游景区基础设施规划图、旅游景区服务设施规划图、旅游景区植被绿化规划图、各地块的控制性详细规划图、旅游景区竖向规划图、各项工程管线规划图等。

2.4.1.3 旅游景区修建性详细规划图件

旅游景区修建性详细规划的任务是在总体规划和控制性详细规划的基础上，进一步深化和细化，用以指导各项建筑和工程设施的设计和施工，因此，其图件内容更为细致和专业。图件内容主要包括：

综合现状与建设条件分析图、用地布局规划图、景观系统规划设计图、道路交通系统规划设计图、绿地系统规划设计图、给排水系统规划设计图、电力通信规划设计图、旅游服务设施及附属设施系统规划设计图、工程管线系统规划设计图、竖向规划设计图、环境保护和卫生系统规划设计图、鸟瞰或透视效果图等。

2.4.2 主要规划图件的说明

旅游景区规划中常见的规划图件主要有区位分析图、旅游资源分布图、空间布局与功能分区图、项目规划布局图、旅游景区交通规划图、游线设计规划图、基础设施规划图等。

2.4.2.1 区位分析图

区位分析图主要表现旅游景区所处的地理区位、交通区位等位置要素。该图以旅游景区所在地的行政区划图为底图，图中的要素包括行政界限、主要城市、主要交通干线、旅游景区范围。

2.4.2.2 旅游资源分布图

旅游资源分布图是对旅游景区内旅游资源的等级、类型、数量和空间分布的表现。该图通常以旅游景区地形图为底图，图中要素除旅游资源分布点外，主要有旅游景区界限、旅游景区内部道路、河流、地貌等。旅游资源用点或象形标志表示。

2.4.2.3 空间布局与功能分区图

空间布局与功能分区图是对景区总体发展方向和发展策略的简易图示。该图通常以旅游景区区划范围图为底图，并在图上用椭圆、矩形、条带状图形或不规则图形来表示旅游景区的功能分区和发展方向，空间布局与功能分区图应简洁明了，并高度概括了旅游景区各个分区发展的重点，是所有旅游景区规划图中最核心的图件之一。

2.4.2.4 项目规划布局图

项目规划布局图是对旅游景区内主要项目的空间布局分析。该图一般以旅游景区大比例尺地形图为底图，图中要素有主要项目的布局点、各级交通和游览线路及主要与次级出入口。旅游景区项目规划图可以配上项目的效果图作为装饰和参考。

2.4.2.5 旅游景区交通规划图

旅游景区交通规划图是对景区内外部交通组织的直观表现。该图一般以旅游景区的大比例尺底图为底图，主要包括各种类型的旅游景区外部交通线路和旅游景区内部交通线路，如车行道、非机动车道、电瓶车道、缆车索道、游步道等，交通线路用不同的线型和颜色来表示。另外，图中还需有旅游景区出入口、停车场、交通标识等交通设施标注要素。

2.4.2.6 游线设计规划图

游线设计规划图是在项目布局的基础上对旅游景区内游览线路的系统安排。该图一般以旅游景区大比例尺地形图为底图，图中要素有：旅游景区内各级交通道和游览道、旅游景区内主要景点、不同主题的游线、道路主要节点、旅游景区主要及次级出入口等。

2.4.2.7 基础设施规划图

基础设施规划图是对旅游景区内部基础设施规划的直观反映。该图以旅游景区大比例尺地形图为底图，图中主要要素有：变电设施及其分布、电线及通信线走向、移动电话基站布置、给排水管道及其走向、泵站位置、取水点与排污点的分布等。上述要素主要通过自定义的点、线等要素表示。

2.4.2.8 景观规划图

景观规划图是旅游对旅游景区中景源安排及景观视线分析的图件。该图以旅游景区大比例尺的地形图为底图，图中主要要素有：主要景点分布、旅游景区内部道路、旅游景区内部林带、旅游景区内部水体、景观面和景观带、景观视线发展轴等，并采用不同颜色和样式的点、线、面表示。景观规划图可以附上景观效果的素描图。

2.4.2.9 竖向规划分析图

竖向规划分析图是在底图上将控制点高程加以标注的规划图件。该图以旅游景区大比例尺地形图为底图。其主要表现要素为：各级交通道路和游览道、主要景点分布、道路转折点、堤岸、护坡等控制点的高程。此外，还应附上旅游景区竖向规划的剖面效果图。

本章小结 →

理论对实践有指导意义。同理，旅游景区规划的理论基础对旅游景区的实际性规划具有指导作用。一个旅游景区优秀的旅游景区规划文本，不仅取决于该规划是否符合当地实际、是否能够突出当地特色，而且在开发中保护旅游景区生态环境、促进旅游景区发展中各利益相关体的协调发展等具有前瞻性的观点或意见也是必不可少的。因此，将旅游系统理论、旅游区位理论、旅游地生命周期理论、可持续发展理论、旅游社会学和人类学理论等相关理论作为旅游景区规划中的理论指导具有重要的价值和意义。这些理论也为旅游规划者提供了一种思维借鉴，是旅游和旅游景区等相关专业学生必须要掌握的基础。

技术和方法是旅游景区规划中的重要支撑。在旅游景区规划中，遥感技术、地理信息系统、全球定位系统、虚拟现实技术等的发展和应用，使旅游景区规划更具有规范性和可操作性；同时，这些技术的应用在旅游景区的运营与管理中也使管理更加可视和可控，服务更加简单和便捷。

不同类型与级别的旅游景区规划与开发具有不同的步骤和方法，但纵观所有的旅游景区规划，其都有一个普适性的工作流程，即先分析可行性，再制订计划和任务，接着进行调研和编写，最后进行评审和修订。熟悉旅游景区规划与开发的工作流程是学习旅游景区规划这门课程所需要掌握的基础知识。

旅游景区规划文本中有大量的图件。这些图件可以说是规划中的重点内容，懂得如何识别这些图件是作为旅游规划者的基本条件，学习如何制作这些图件也是旅游规划中的必要点。不同类型与级别的旅游景区规划中的图件也是有差别的，但概括来讲，区位分析图、旅游资源分布图、空间布局与功能分区图、项目规划布局图、旅游景区交通规划图等是一个旅游景区规划中的最基本也是最核心的图件。

复习思考 →

一、单选题

1. 下列哪个子系统不是构成旅游系统的子系统（   ）。

　　A. 旅游资源子系统　　　　　　　　　　B. 旅游者子系统

　　C. 旅游目的地子系统　　　　　　　　　D. 旅游通道子系统

2. 下列不属于旅游区位论在旅游景区规划中的应用的是（   ）。

　　A. 确定旅游景区的市场范围　　　　　　B. 确定旅游景区的等级

　　C. 确定旅游景区的环境容量　　　　　　D. 制订旅游景区的均衡布局模式

3. 下列关于景观空间结构的四种基本的抽象单元描述错误的是（   ）。

　　A. 基质　　　　　　　B. 斑块　　　　　　　C. 廊道　　　　　　　D. 边缘

4. 通常所说的"3S"技术不包括（   ）。

　　A. 地理信息系统技术　　　　　　　　　B. 虚拟现实技术

　　C. 全球定位系统技术　　　　　　　　　D. 遥感技术

5. 旅游景区规划评审组成员至少应需要（   ）人。

　　A.10　　　　　　　　　B.8　　　　　　　　　C.7　　　　　　　　　D.5

二、多选题

1. 下列著名的区位理论有（   ）。

　　A. 杜能农业区位论　　　　　　　　　　B. 韦伯工业区位论

　　C. 廖什市场区位论　　　　　　　　　　D. 克里斯泰勒中心地理论

2.旅游景区总体规划图件包括以下哪些？（　　　）

    A. 旅游景区区位图　　　　　　　　　B. 旅游景区功能分区图

    C. 旅游景区项目规划图　　　　　　　D. 旅游景区道路交通规划图

    E. 旅游景区工程管线规划图

三、名词解释

旅游系统　旅游区位论　地理信息系统

四、简答题

1.旅游系统理论在旅游景区规划中的应用体现在哪些方面？

2.旅游区位理论在旅游景区规划中的应用体现在哪些方面？

3.地理信息系统技术在旅游景区规划中的应用体现在哪些方面？

4.旅游景区规划与开发的工作流程按步骤有哪几步，每一步需注意什么？

5.旅游景区规划与开发中的图件主要有哪些？

操作实务篇

第 3 章

旅游景区现状与条件分析

学习目标 →

知识目标: 了解旅游资源调查的内容。

熟悉国家标准中的旅游资源分类方法。

熟悉旅游资源调查的程序及方法。

了解旅游资源评价的内容,并能正确运用旅游资源评价的方法。

能力目标: 能够进行现状调查和分析,对旅游资源进行科学评价。

知识结构 →

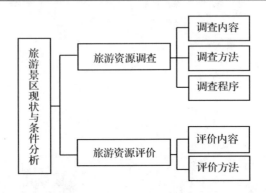

导入案例 →

旅游资源是旅游项目开发和发展的基础,资源品位、丰度、广度、布局、价值、区位等都对项目的开发有重要影响。中景旅联(北京)国际旅游规划设计院自承担编制《嘉阳·桫椤湖旅游景区总体规划》及《嘉阳·桫椤湖旅游景区创建国家 5A 级旅游景区提升规划》后,项目组组长带领项目组成员多次前往嘉阳进行实地考察,了解当地资源现状及赋存情况。此外,项目组还多次组织交流咨询会,如省旅发委咨询会、川投峨眉旅游开发有限公司交流会等,听取专家及企业的意见。通过对旅游景区旅游资源的调查及对相关旅游资源资料的整理,将旅游景区旅游资源体系分成核心资源和配套资源。

接到编制规划任务后,我们首先要做的工作是什么?上述案例中提到了哪些了解当地情况的方式?

若某些区域需要打造建设成旅游景区或者现有旅游景区需要提升打造，则首先都应对现状情况与开发条件进行分析，即对现状与建设背景进行分析和对旅游资源与开发条件进行综合评价。旅游资源是旅游规划得以进行的基础条件，因此，开展此项工作的重点就是要对规划区展开旅游资源调查并运用科学方法对旅游资源的价值功能进行分析评价，从而为规划区域旅游资源的合理开发利用及旅游景区的发展规划编制提供依据。

3.1　旅游资源调查

一个区域是否值得进行旅游开发，在一定程度上是由该区域旅游资源的禀赋情况决定的。只有运用科学的方法和手段，有目的地系统收集、记录、整理、分析和总结旅游资源及其相关因素的信息与资料，全面掌握旅游资源的赋存现状，才能为旅游资源评价、分级分区、开发规划、合理利用和保护作好准备，为旅游景区旅游发展方向提供决策依据。

3.1.1　旅游资源调查内容

对调查区进行旅游资源调查，通常需要了解和掌握调查区域的基本情况、旅游资源本体情况及该区域旅游资源开发保护现状和开发条件。

3.1.1.1　调查区基本情况调查

了解和掌握调查区内的基本情况，从而找出资源的整体特色及内在联系。其重点包括自然环境和人文环境两大部分。

（1）调查区概况。调查区名称、行政归属与区划、地理位置、范围和面积、中心位置与依托城市、交通现状。

（2）自然环境。调查区所在地依托的地质地貌、水文、气象气候、土壤和动植物等要素。

（3）人文环境。调查区历史沿革、人物传说、民俗文化、传统技艺等要素。

试一试：请对你的家乡某景区进行基本情况的描述？

3.1.1.2　调查区旅游资源本体调查

旅游资源本体调查重点就是按照旅游资源分类标准，对旅游资源单体进行研究和记录。旅游资源单体是可作为独立观赏或利用的旅游资源基本类型的单独个体，包括"独立型旅游资源单体"和由同一类型的独立单体结合在一起的"集合型旅游资源单体"。例如，位于都江堰景区离堆公园内的张松银杏为独立型旅游资源单体，而金刚堤上的一片水杉林则为集合型旅游资源单体，如图3-1所示。

旅游资源本体的调查包括对旅游资源单体的类型、特征、成因、级别、规模、组合结构等基本情况的调查，并提供调查区的旅游资源分布图、照片、与旅游资源有关的重大历史事件、名人活动、文艺作品等。

（a）　　　　　　　　　　　　　　（b）

图3-1　旅游资源单体示例

（a）金刚堤水杉林；（b）张松银杏

3.1.1.3　旅游资源开发保护现状和开发条件的调查

（1）旅游要素调查：餐饮、饭店、交通、游览、购物、娱乐等软硬件接待设施状况的调查。

（2）社会经济文化环境。调查区经济发展情况、政策法规环境、邮电通信、文化教育、医疗卫生等基础条件、当地旅游业的发展氛围和当地居民对发展旅游业的态度。

（3）开发保护现状。开发保护历史、经费投入情况、技术手段与方法、保护机构、取得的成绩、相关开发保护规划、策划、可行性研究等。

（4）开发条件调查。区位条件、客源市场、同类型资源比较分析、邻近资源及区域间资源的相互关系（竞合关系）调查。

3.1.2　旅游资源调查方法

旅游资源的调查必须采用科学的方法和手段，常用的调查方法有文案调查法、遥感调查法、实地调查法、询问调查法和统计分析法等。

3.1.2.1　文案调查法

文案调查法是指进行旅游资源调查时，首先应搜集现有资料，如调查区域与旅游资源单体及其赋存环境有关的各类文字描述的资料，包括地方志、乡土教材、旅游区与旅游点介绍、规划与专题报告等；临近地区旅游资源的情况和旅游主管部门及进行过部分或局部调查的机构或研究人员保留的有关文字资料、各种照片、影像资料及图形资料，重点是反映旅游环境与旅游资源的专题地图。这些资料可以使调查者对调查区旅游资源概况形成一个笼统的印象，便于野外实地调查。

3.1.2.2 遥感调查法

遥感调查法是运用卫星或航测图片，经处理、加工、判读、转绘等，将区域范围内的旅游资源有选择地予以查明。

遥感技术已应用于旅游资源的调查，因为航片、卫片有视野广阔、立体感强、地面分辨率高等优点，还可以节约人力、物力、时间，提高工作效率，发现野外调查不易发现的景物，为开发旅游资源提供可靠的线索。尤其还能在人迹罕至、山高林密、险坡及常规方法无法穿越的地区调查和监测管理。

四川蒙顶山现斯巴达勇士驾麒麟图

一次偶然的机会，原北京矿冶研究总院工程师谢强在这里发现了一个惊人的奇观：高空俯瞰蒙顶山，一个形如斯巴达勇士骑着麒麟的巨型图案栩栩如生。通过软件标注的信息发现，这一图案位于北纬30°6′附近，横跨雅安名山区和雨城区，整体呈东北向西南方向分布。人形图案中，鼻子、眼睛、手等身体部位清晰可辨，在人物形象西南方向，一头麒麟栩栩如生，特别是人物头部的褶皱，俨然了斯巴达勇士戴的帽子。此后，当地的文人雅士为这一图案取名"仙客神麟"（图3-2、图3-3）。

图3-2 蒙顶山风景区斯巴达勇士驾麒麟

图3-3 蒙顶山航拍图

资料来源：https://news.china.com/domestic/945/20170501/30475768.html

3.1.2.3 实地调查法

实地调查法是最基本的调查方法。调查人员只有通过实地观察、调查、测量、记录、描绘、摄像等才能获得宝贵的第一手资料，对亲眼所见、亲耳所闻的旅游资源形成直观全面的系统认识。实地勘察是一项艰巨的劳动，应尽可能地细致深入、勇于探索、善于发现，才能发掘出旅游资源的真正价值。在有条件的情况下，应随时摄影录像，并将现场不能判明的，提取标本，再作分析。

3.1.2.4 询问调查法

询问调查法是旅游资源调查的一种辅助方式。其调查对象应具有代表性，如各主要部门领导、老中青年及学生，文化馆工作人员，从事历史、地理研究的人员等，它对于配合实地勘察、扩大资源信息有重要意义。通常可以采用设计调查问卷、调查卡片、调查表等，通过面谈调查、会议调查、电话调查等形式进行询问访谈。

询问调查法可以弥补调查人员人手少、时间短等缺陷，对某些无法实地勘察的资源更有实际意义。

3.1.2.5　统计分析法

统计分析法是指根据数理统计、数学分析等原理和方法，对旅游资源所获得的相关资料进行分析、汇总、统计、分类、对比，从而得出旅游资源定量化信息的一种方法。例如，利用SPSS 软件进行数据统计分析等。

3.1.3　旅游资源调查程序

对调查区进行旅游资源调查需要有组织有计划地行动并采用一定的工作流程来保证调查工作的顺利开展。一般来说，旅游资源调查程序大致可以分为三个大阶段来完成，即准备工作阶段、调查实施阶段和整理分析阶段（图 3-4）。

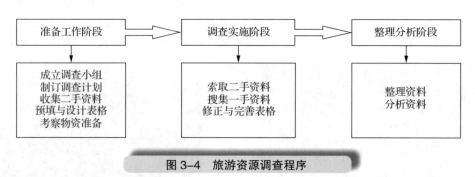

图 3-4　旅游资源调查程序

3.1.3.1　准备工作阶段

1）成立调查小组

调查人员应由不同管理部门的工作人员、不同学科方向的专业人员及普通调查人员组成，一般为 5~7 人，要求调查人员应具有旅游、地理、历史文化、建筑园林、生物、环境保护等多学科背景知识，年龄结构上老、中、青结合，要有相对丰富的现场工作经验，必要时，需要并对调查组人员进行相关的技术培训，如资源分类、野外方向辨别、图件填绘、伤病急救处理、基础资料获取等。调查组成员分工细则见表 3-1。

表 3-1　调查组成员分工细则

成员	调查组成员分工
成员 1	协调各个成员的工作，制订调查计划、表格完善、定级等相关工作
成员 2	测量、记录各资源基本长、宽、高等相关数据
成员 3	标注资源地理位置、方向、面积，并在图中标识
成员 4	从不同角度、不同距离、不同时间对旅游资源进行拍摄或摄像
成员 5	协助拍摄者进行对应照片序号或编号的记录

2）制订调查工作计划

调查的工作计划和方案由调查小组负责人拟定。其内容包括调查的目的、调查区域的范围、调查对象、主要调查方式、调查工作时间表、调查精度要求、调查小组内的人员分工、调查成果的表达方式、投入人力与财力的预算等内容。

3）收集二手资料

二手资料是现有资料，获取速度快且节省费用，通过查阅这些资料，能给调查组成员一个初步认识调查区基本情况的渠道，并有助于加强现场调查时资料的收集工作。收集渠道可以通过互联网、图书馆等收集各种已经公开发表的旅游刊物、年鉴、报纸、杂志、专辑、学术研究资料，可利用的网站包括搜索引擎、当地政务信息网、当地旅游政务网、旅游资讯网、旅游中介机构网站、旅游景区网站、个人网站或博客、论坛等。或是通过政府途径，由委托方帮助索取旅游管理部门、旅游企业、旅游行业内部的各种相关材料等。

4）预填与设计表格

通过前期二手资料的搜集，调查组成员已经对调查区有了初步的了解。为减轻现场工作量，可以在准备阶段就对资料进行整理分析，对旅游资源分类表、旅游资源单体调查表进行预填，并提前设计考察所需访谈或座谈问卷。

（1）预填旅游资源分类表。旅游资源分类是指依据旅游资源的性状（即现存状况、形态、特性、特征划分）对稳定的、客观存在的实体旅游资源或者不稳定的、客观存在的事物和现象对一定区域的旅游资源进行划分。

旅游资源可以从不同的角度进行分类：把旅游资源按成因和属性可以分为自然旅游资源和人文旅游资源；按照不同旅游资源的吸引力和影响力大小，以及其所接待的旅游者和知名度的差别可分为世界级、国家级、区域级和地方级旅游资源；根据旅游资源主要功能和旅游者的旅游动机，把旅游资源分为观光游览型、购物型、度假型和参与体验型等旅游资源；根据旅游资源的抽象色彩进行分类，如把自然、生态旅游资源称为绿色旅游资源，把革命纪念地、纪念物及其所承载的革命精神的吸引物等称为红色旅游资源，把湖泊、滨海等水体称为蓝色旅游资源，把地震、战争等灾难称为黑色旅游资源等。

《旅游资源分类、调查与评价》（GB/T 18972—2017）（表3-2）把旅游资源分为"主类""亚类""基本类型"3个层次，共计8主类23亚类110基本类型。可以根据此标准预先填写出调查区的旅游资源单体，从而预防实际调查时遗漏重要旅游资源。

表3-2　《旅游资源分类、调查与评价》（GB/T 18972—2017）旅游资源分类表

主类	亚类	基本类型
A 地文景观	AA 自然景观综合体	AAA 山丘型景观　AAB 台地型景观　AAC 沟谷型景观　AAD 滩地型景观
	AB 地质与构造形迹	ABA 断裂景观　ABB 褶曲景观　ABC 地层剖面　ABD 生物化石点
	AC 地表形态	ACA 台丘状地景　ACB 峰柱状地景　ACC 垄岗状地景　ACD 沟壑与洞穴　ACE 奇特与象形山石　ACF 岩土圈灾变遗迹
	AD 自然标记与自然现象	ADA 奇异自然现象　ADB 自然标志地　ADC 垂直自然带

续表

主类	亚类	基本类型
B 水域景观	BA 河系	BAA 游憩河段　BAB 瀑布　BAC 古河道段落
	BB 湖泊	BBA 游憩湖区　BBB 潭池　BBC 湿地
	BC 地下水	BCA 泉　BCB 埋藏水体
	BD 冰雪地	BDA 积雪地　BDB 现代冰川
	BE 海面	BEA 游憩海域　BEB 涌潮与击浪现象　BEC 小型岛礁
C 生物景观	CA 植被景观	CAA 林地　CAB 独树与丛树　CAC 草地　CAD 花卉地
	CB 野生动物栖息地	CBA 水生动物栖息地　CBB 陆地动物栖息地　CBC 鸟类栖息地　CBD 蝶类栖息地
D 天象与气候景观	DA 天象景观	DAA 太空景象观察地　DAB 地表光现象
	DB 天气与气候现象	DBA 云雾多发区　DBB 极端与特殊气候显示地　DBC 物候景象
E 建筑与设施	EA 人文景观综合体	EAA 社会与商贸活动场所　EAB 军事遗址与古战场　EAC 教学科研实验场所　EAD 建设工程与生产地　EAE 文化活动场所　EAF 康体游乐休闲度假地　EAG 宗教与祭祀活动场所　EAH 交通运输场站　EAI 纪念地与纪念活动场所
	EB 实用建筑与核心设施	EBA 特色街区　EBB 特性屋舍　EBC 独立厅、室、馆　EBD 独立场、所　EBE 桥梁　EBF 渠道、运河段落　EBG 堤坝段落　EBH 港口、渡口与码头　EBI 洞窟　EBJ 陵墓　EBK 景观农田　EBL 景观牧场　EBM 景观林场　EBN 景观养殖场　EBO 特色店铺　EBP 特色市场
	EC 景观与小品建筑	ECA 形象标志物　ECB 观景点　ECC 亭、台、楼、阁　ECD 书画作　ECE 雕塑　ECF 碑碣、碑林、经幢　ECG 牌坊牌楼、影壁　ECH 门廊、廊道　ECI 塔形建筑　ECJ 景观步道、甬路　ECK 花草坪　ECL 水井　ECM 喷泉　ECN 堆石
F 历史遗迹	FA 物质类文化遗存	FAA 建筑遗迹　FAB 可移动文物
	FB 非物质类文化遗存	FBA 民间文学艺术　FBB 地方习俗　FBC 传统服饰装饰　FBD 传统演艺　FBE 传统医药　FBF 传统体育赛事
G 旅游购品	GA 农业产品	GAA 种植业产品及制品　GAB 林业产品与制品　GAC 畜牧业产品与制品　GAD 水产品及制品　GAE 养殖业产品与制品
	GB 工业产品	GBA 日用工业品　GBB 旅游装备产品
	GC 手工艺品	GCA 文房用品　GCB 织品、染织　GCC 家具　GCD 陶瓷　GCE 金石雕刻、雕塑制品　GCF 金石器　GCG 纸艺与灯艺　GCH 画作
H 人文活动	HA 人事活动记录	HAA 地方人物　HAB 地方事件
	HB 岁时节令	HBA 宗教活动与庙会　HBB 农时节日　HBC 现代节庆
8 主类	23 亚类	110 基本类型

议一议：请分小组讨论一下，并对本校旅游资源进行基本类型的划分。

（2）预填旅游资源单体调查表。在搜集资料时，如果发现具有旅游开发前景，有明显经济、社会、文化价值的旅游资源单体或者集合型旅游资源单体中具有代表性的部分，需要准备"旅游资源单体调查表"，预填事先通过二手资料调查得知的部分内容。

宜事先填写内容：

旅游资源单体名称、基本类型、代号、行政位置及性质与特征、宏观区位关系与进出条件、文件可查的保护开发措施。

不宜事先填写内容：

主要是指必须经过现场勘查、测量等技术方法才能确定的相关内容，包括地理位置、具体的性质与特征（单体本身的形状、色彩、规模、结构、体量）、微观的交通区位及进出条件、现实的保护开发措施、评分定级等内容（表3-3）。

表3-3　（单体序号单体名称）旅游资源单体调查表

基本类型 _____

资源代号	_____；其他代号：① _____；② _____
行政位置	
地理位置	东经_____，北纬_____
性质与特征	单体性质、形态、结构、组成成分的外在表现和内在因素及单体生成过程、演化历史、人事影响等主要环境因素
旅游区域及进出条件	单体所在地区的具体部位、进出交通、与周边旅游集散地和主要旅游区点之间的关系
保护与开发现状	单体保存现状、保护措施、开发情况

《旅游资源单体调查表》各项内容填写要求

① 单体序号：由调查组确定的旅游资源单体顺序号码。

② 单体名称：旅游资源单体的常用名称。

③ "代号"项：代号用汉语拼音字母和阿拉伯数字表示，即"表示单体所处位置的汉语拼音字母—表示单体所属类型的汉语拼音字母—表示单体在调查区内次序的阿拉伯数字"。

如果单体所处的调查区是县级和县级以上行政区，则单体代号按"国家标准行政代码（省代号2位—地区代号3位—县代号3位，参见GB/T 2260）—旅游资源基本类型代号3位—旅游资源单体序号2位"的方式设置，共5组13位数，每组之间用短线"—"连接。

如果单体所处的调查区是县级以下的行政区，则旅游资源单体代号按"国家标准行政代码（省代号2位—地区代号3位—县代号3位，参见GB/T 2260）—乡镇代号（由调查组自定2位）—旅游资源基本类型代号3位—旅游资源单体序号2位"的方式设置，共6组15位数，每组之间用短线"—"连接。

如果遇到同一单体可归入不同基本类型的情况，在确定其为某一类型的同时，可在"其他代号"后按另外的类型填写。操作时只需改动其中"旅游资源基本类型代号"，其他代号项目不变。

填表时，一般可省略本行政区及本行政区以上的行政代码。

④ "行政位置"项：填写单体所在地的行政归属，从高到低填写行政区单位名称。

⑤ "地理位置"项：填写旅游资源单体主体部分的经纬度（精度到秒）。

⑥"性质与特征"项：填写旅游资源单体本身个性，包括单体性质、形态、结构、组成成分的外在表现和内在因素，以及单体生成过程、演化历史、人事影响等主要环境因素，提示如下：

1）外观形态与结构类：旅游资源单体的整体状况、形态和突出（醒目）点；代表形象部分的细节变化；整体色彩和色彩变化、奇异华美现象，装饰艺术特色等；组成单体整体各部分的搭配关系和安排情况，构成单体主体部分的构造细节、构景要素等。

2）内在性质类：旅游资源单体的特质，如功能特性、历史文化内涵与格调、科学价值、艺术价值、经济背景、实际用途等。

3）组成成分类：构成旅游资源单体的组成物质、建筑材料、原料等。

4）成因机制与演化过程类：表现旅游资源单体发生、演化过程、演变的时序数值；生成和运行方式，如形成机制、形成年龄和初建时代、废弃时代、发现或制造时间、盛衰变化、历史演变、现代运动过程、生长情况、存在方式、展示演示及活动内容、开放时间等。

5）规模与体量类：表现旅游资源单体的空间数值，如占地面积、建筑面积、体积、容积等；个性数值，如长度、宽度、高度、深度、直径、周长、进深、面宽、海拔、高差、产值、数量、生长期等；比率关系数值，如矿化度、曲度、比降、覆盖度、圆度等。

6）环境背景类：旅游资源单体周围的境况，包括所处具体位置及外部环境，如目前与其共存并成为单体不可分离的自然要素和人文要素，包括气候、水文、生物、文物、民族等；影响单体存在与发展的外在条件，如特殊功能、雪线高度、重要战事、主要矿物质等；单体的旅游价值和社会地位、级别、知名度等。

7）关联事物类：与旅游资源单体形成、演化、存在有密切关系的典型的历史人物与事件等。

⑦"旅游区域及进出条件"项：包括旅游资源单体所在地区的具体部位、进出交通、与周边旅游集散地和主要旅游区（点）之间的关系等。

⑧"保护与开发现状"项：旅游资源单体保存现状、保护措施、开发情况等。

资料来源：《旅游资源分类、调查与评价》（GB/T 18972—2017）

（3）设计访谈或座谈调查问卷。由于受到收集资料的时限性因素的影响，往往二手资料并不全面或者尚存一些鲜为人知或仅有部分年长者知晓的资料，现场工作时需要进行多维度的现场访谈或座谈活动，因此，需要提前准备好访谈或座谈问卷，联系或邀请好相关对象。

在设计访谈或座谈问卷时，需要围绕当地国民经济和社会发展概况及未来发展方向；当地尚未人知的传统民俗文化活动、传统生产工艺、神话传说或典故、历史遗迹、土特产品、特色资源等；当地村民或居民对发展旅游及生态保护的看法或态度等内容进行设计。

5）考察器具、物品等物资装备

在实施调查前，要把考查所需的器具、物品等准备好，为获得第一手资料打下物质基础，除个人物品和笔记本、调查问卷、表格外，还需要定位仪器，如定位仪（手持 GPS 或智能手机导航 App）、指南针、罗盘；测量仪器，如卷尺、测距仪、小铁锤、密封袋等；照相机、摄像机等影像设备；以及地形图、旅游交通图、行政区划图、航片、卫片等地图（图 3-5）。目前已有兼具多种功能的 App 可以进行导航定位、记录轨迹、添加现状照片、测量等，如户外助手（两步路）App、奥维互动地图 App 等。

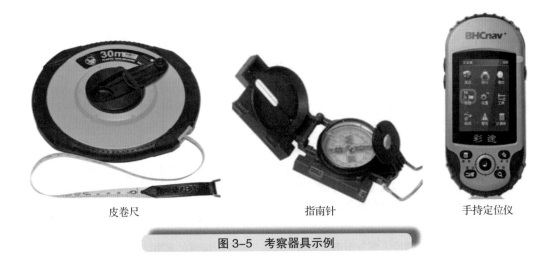

皮卷尺　　　　　　　　　　指南针　　　　　　　　手持定位仪

图 3-5　考察器具示例

3.1.3.2　调查实施阶段

1）索取第二手资料

某些无法提前收集的资料，可以由项目委托单位或地方旅游部门开具相关证明，由调查组直接到相关政府职能部门索取（表 3-4）。

表 3-4　旅游资源调查常用资料索取的政府途径

部门	可索取资料清单	部门	可索取资料清单
发改委	"五年规划等综合性资料"	旅游	旅游规划、景区开发经营状况等
民政	宗教、各地方志、民族人口资料等	体育	体育场（馆）、体育赛事等
交通	大交通规划、交通建设现状等	商贸	特色街区、购物区、商贸服务规划等
城建	城市总体规划、城镇体系规划、村镇体系规划、风景区规划、地形图等	农业	休闲农业、农家乐、各类土特产品、高科技农业园等资料
国土	土地利用规划、矿产资源、滩涂资源、地形图、地质地貌、土壤等	林业	自然保护区、森林公园、湿地公园等相关资料，含珍稀动植物资料
水利	水库、湖泊、河流现状及水文资料	环保	生态建设规划、环境保护措施等
文物	遗址遗迹、各级文物保护单位、历史文化名城（镇、村）、非物质文化遗产等	文化	各类剧院、电影院、文化馆，各类民族节庆活动
统计	统计公报及各类统计数据	工业	工业旅游区等
市政	公交、公园等资料	海洋	海岛、海洋生物、渔场、渔家乐等

2）搜集一手资料

尽管二手资料是实地调查的基础，也可以得到实地调查无法获得的某些资料并能鉴定一手资料的可信度；但二手资料并不能取代一手资料，必须搜集一定数量的原始资料予以补充。实地勘察时要先进行现场访谈，对调查勘测工作线路合理性经过与当地居民进行讨论后，再进行实地勘察，最好能够有熟知调查区的当地人陪同。

（1）现场访谈或座谈。由委托方协调召集地方旅游主管部门的相关领导或负责人、村镇相关分管领导或负责人、宗族长辈或长者、地方知名文人等参与访谈或座谈。调查组根据问卷开展访谈或座谈，做好相关录音及记录工作，做好有效的互动问答，以提高效率。

（2）现场勘测与记录。现场勘测时，确定好某旅游资源单体的基本类型之后，就需要及时详细地记录该资源单体的主要特征项。每种基本类型侧重记录的特征项有所不同（详见实训操作表格1），故特从《旅游资源分类、调查与评价》（GB/T 18972—2017）八个主类中分别选取了某个基本类型，示范如下（表3–5）。

表3–5　旅游资源单体基本类型主要特征项示例

基本类型	主要特征项内容
AAA 山丘型景观	总体环境与景观特征、平均海拔、主峰海拔、主体出露岩石、山体起伏程度、可游区纵深、范围面积等
BAA 游憩河段	长度、宽度、河谷形态、水深、河流弯曲度、流速、水质、比降、两岸环境特征、沙洲植被覆盖率等
CAA 林地	植物群落类型、生长习性、珍稀程度、垂直分层情况、主要栖居动物、典型物候景观、常见病虫害、景观特征及其科学价值、园林用途、林下伴生植物、所处地理环境、林地面积、郁闭度、林龄、净高、林冠平均高度、最大树木高度、树干平均直径、最大直径
DAA 太空景象观测地	地理位置、地形特征、海拔、周围夜晚灯光影响情况、常年空气微粒质量、气候特征、观察仪器设备、科学价值、有关的人和事，海拔、空气质量值、景观出现频率与持续时间等
EAA 社会与商贸活动场所	占地面积、构筑物建筑面积、高度、建设时间，类型属性、建筑特色、建设年代、运营情况等
FAA 建筑遗迹	建筑风貌、地方人文内涵、建筑院落结构、建筑材料、建设时代背景及历史渊源、层数、高度、长度、占地面积、文物级别等
GAA 种植业产品及制品	产品名称、类型与产地、产品的形态特征、营养成分、保健价值、采集加工方式、历史渊源与社会影响、种植面积、年产量、收获日期、始产年代、获奖类型等
HAA 地方人物	出生年代、人物类型、祖籍、故居情况、主要成就及其地点与影响、重要纪念日、相关的事件等

注：本表根据郎富平所著《旅游资源调查与评价》（中国旅游出版社）适当修改汇编而成。

（3）修正与完善表格。在调查实施时，要根据现场调查情况及时对预填的旅游资源分类表、旅游资源单体调查表等内容进行修正与完善。

试一试：选择一个熟悉的旅游资源单体，试着填写一份完整的旅游资源单体调查表？

3.1.3.3　整理分析阶段

1）整理资料

整理资料主要是指把收集的零星资料整理成有系统的、能说明问题的情报。包括对文字资料、照片、录像片的整理及图件的编制与清绘等内容。首先，对资料进行鉴别、核对和修正，审核资料的适用性与准确性，剔除有错误的资料，并补充、修正资料，使其达到完整、准确、客观、前后一致。其次，应用科学的编码、分类方法对资料进行编码与分类，以便于分析利用。最后，采用常规的资料储存方法或计算机储存方法，将资料归卷存储，以利于今后查阅和再利用。

2）分析资料

经过整理后的资料、数据和图件，应能表示某种意义，只有通过调查人员的分析解释，才能对资源调查项目产生作用。一般需要借助一定的统计分析技术，才能科学地测定它们之间的关系，然后认识某种现象与某个变化产生的原因，把握其动向与发展变化规律，并探求解决问题的办法，对该调查结果提出合理的行动建议。

3.2 旅游资源评价

旅游资源评价是在旅游资源调查的基础上，对旅游资源的规模、质量、等级、开发前景及开发条件进行科学的分析和可行性研究，为旅游资源的开发规划和管理决策提供科学依据。

具体地说，就是按照一定的标准来确定某一旅游资源在全部旅游资源或同类旅游资源中的地位和作用，从纵向和横向上对其进行比较，以确定其重要程度和开发价值。

只有在对规划区旅游资源评价时遵循一定的原则，如客观实际与动态发展的原则、科学的原则、全面系统的原则、效益兼顾的原则、定性与定量相结合的原则，才能让旅游资源评价为旅游资源分级规划管理提供资料和判断对比的标准，并为旅游资源利用提供可行性论证，为规划区的开发和改造提供科学依据。

3.2.1 旅游资源评价内容

在详细调查了规划区之后，需要从开发环境、开发条件及旅游资源质量三大方面对规划区进行全面准确的评价（图 3-6），从而为规划区后续规划设计提供科学依据。

图 3-6 旅游资源评价的内容

3.2.1.1 旅游资源开发环境评价

1）自然环境

旅游资源开发的自然环境是指旅游资源所在地的地质地貌、气象气候、水文、土壤、植被等要素构成的综合体，会对旅游资源的状况、节律性、开发成本和开发难度等产生深远影响。自然环境是旅游资源存在的背景，必须清洁雅静，令人赏心悦目。若没有好的环境，即使旅游资源价值再大，也会阻碍旅游者的到来。

2）经济环境

经济环境是指旅游资源所在地的经济状况，主要包括投资、劳动力、物资供应和基础设施等条件。资金来源是否充裕，财力是否雄厚，直接关系到旅游开发的广度、深度和进度及开发的可行性。劳动力条件是指能够满足旅游资源开发所必需的人力资源数量和质量。物产和物资供应条件是指旅游资源开发、旅游经济活动正常运行所需要的建筑材料、设备、食品、原材料、地方特产的供给情况。它直接关系到旅游开发的成本与效益。基础设施条件指水、电、交通、邮政、通信等公共设施建设的先进程度和完善程度。

3）社会环境

社会环境主要是指旅游资源所在地的政治局势、政策法令、社会治安、政府及当地居民对旅游业的态度、卫生保健状况、地方开放程度、风俗习惯等，这些都会影响旅游资源开发的规模、速度和综合效益。

4）文化环境

文化环境主要是指旅游资源所在地的文化习俗、礼仪制度等，涉及区域未来旅游资源开发的特色内涵与品牌形象。

"魔都"上海

上海，简称"沪"或"申"，也称"魔都"，地处长江入海口，是国家中心城市，超大城市，沪杭甬大湾区核心城市，国际经济、金融、贸易、航运、科技创新中心，长江经济带的龙头城市、G60科创走廊核心城市。黄浦江在这里划了一道美丽的弧线，有百余年历史，上海的传统工业、金融、贸易、科技、文化共同谱写出上海经济和社会文化的史诗。上海的城市建筑群享有"世界建筑博览会"之誉，尤其是被称为"万国建筑"的外滩；上海著名的风景名胜古迹有豫园、玉佛寺、龙华寺、龙华塔、古漪园、秋霞圃、淀山湖大观园等；城市新景观如南京路步行街、新外滩、人民广场、南浦大桥、杨浦大桥、上海东方明珠广播电视塔、金茂大厦、国际会议中心、观光隧道、上海野生动物园、上海世纪公园、上海大剧院、上海博物馆、上海科技馆、上海迪士尼旅游度假区等（图3-7）。

想一想：上海的主要旅游吸引物是什么？

（a）　　　　　　　　　　　　　　　　（b）

图 3-7　上海旅游资源示例

（a）上海陆家嘴；（b）城隍庙

3.2.1.2　旅游资源开发条件评价

1）区位条件

区位条件是旅游资源所在地的地理位置、交通条件、与主要客源地的距离、区内旅游资源与区域内其他旅游资源及周边区域旅游资源的组合关系等。

位置优越、交通方便，旅游者"进得来、出得去、散得开"，开发价值大；相反，位置偏远、交通不便，使旅游者到达此地所需路途费用过多、时间过长、出入不畅，旅游者就会越来越稀少，开发价值则小，因此，交通不便的地区旅游资源质量再高，也不具有开发价值。

（1）地理位置。地理位置是否偏远或特殊会对旅游资源的吸引力、开发规模和开发价值产生影响。例如，中国的北极村就是利用其特殊的地理位置进行的一系列开发打造。

中国北极村

北极村位于黑龙江省大兴安岭地区漠河市漠河乡，地处北纬53°33′30″、东经122°20′27.14″，是国家5A级旅游景区，中国观测北极光最佳地点，中国"北方第一哨"所在地，也是中国最北的城镇（图3-8）。北极村凭借中国最北、神奇天象、极地冰雪等国内独特的资源景观，与三亚的天涯海角共列最具魅力旅游景点景区榜单前十名。

北极村民风纯朴，静谧清新，乡土气息浓郁，植被和生态环境保存完好。每年夏至前后，一天24小时几乎都是白昼。午夜向北眺望，天空泛白，像傍晚又像黎明。每年夏至前后及深秋朗月夜常常万里晴空，是观赏北极光的最佳时节。北极村不仅是一个历史悠久的古镇，它逐渐成了一种象征、一个坐标，每年都有很多从世界各地到这里的旅游者，来体会那份最北的幸福。

图3-8　中国北极村

资料来源：https://baike.baidu.com/item/%E5%8C%97%E6%9E%81%E6%9D%91/78083?fr=aladdin

（2）交通条件。旅游资源的交通条件决定了旅游地的可进入性和旅游资源开发的难易程度。例如，随着近年来青藏铁路、318国道的持续建设，越来越多的旅游者得以圆梦西藏。

天路——青藏铁路

青藏铁路起于青海省西宁市，途经格尔木市、昆仑山口、沱沱河沿，翻越唐古拉山口，进入西藏自治区安多、那曲、当雄、羊八井、拉萨。全长1 956千米，是重要的进藏路线，是世界上海拔最高、在冻土上路程最长的高原铁路，是中国新世纪四大工程之一，是世界铁路建设史上的一座丰碑，被誉为"天路"。青藏铁路开通后，西藏游随之迅速升温。统计显示，青藏铁路全面通车运营一个半月的时间内，全区共接待过夜旅游者约50万人次，比上年同期增长50%，其中乘火车来西藏的旅游者达到 20 万人次。图 3-9 所示为青藏铁路的通车运营。

图 3-9　青藏铁路的通车运营

资料来源：https://baike.baidu.com/item/%E9%9D%92%E8%97%8F%E9%93%81%E8%B7%AF/1284
00?fr=aladdin

2）市场条件

一定数量的客源市场是维持旅游经济活动的必要条件，将直接决定旅游资源开发的效益与程度。客源条件评价要摸清客源范围、客源结构、客源市场变化规律、客源地居民的出游水平及资源偏好等情况。旅游资源的规模、特点和等级不同，其辐射范围和吸引层次就会不同，评价时应具体说明。一般来说，一个旅游景区的最优吸引半径是有限的，半径越长，旅游者对该景区的需求也就越低。经研究显示，我国城市居民旅游的可及市场随距离的增加而减少，80% 的出游市场集中在距离客源地 500 千米以内的范围内。另外，客源条件评价要与区位条件评价紧密结合、综合研究，通常位于或者靠近经济发达地区的旅游资源，其开发价值也要有优于远离经济发达地区的旅游资源。

3）投资施工条件

旅游景区开发必须要考虑投资环境，包括地区社会治安状况、地区政策、经济发展战略、当地居民对景区开发的态度、给予投资者的优惠条件等。此外，还要考虑项目的难易程度及由施工场地条件决定的工程量的大小。

3.2.1.3　旅游资源质量评价

1）旅游资源特色、价值和功能评价

旅游资源的价值和功能是构成旅游资源的基础，是旅游资源开发规模、等级、市场定位的决定因素。旅游资源的价值通常包括美学、艺术、文化、科学等各个方面。根据《旅游资源分类、调查与评价》（GB/T 18972—2017）中的要求，按照资源要素价值、资源影响力和附加值三个项目对旅游资源单体进行评价，从而分析出整个景区旅游资源的特色、价值及功能（表 3-6）。

表 3-6 《旅游资源分类、调查与评价》（GB/T 18972—2017）评价项目及内容

评价项目	评价因子	评价内容
资源要素价值	A. 观赏游憩使用价值	旅游资源观赏价值主要是旅游资源通过感官的作用提供给旅游者美感的种类和强度。观赏价值的评价是从美学角度来进行的，主要分析蕴含在其中的自然美、社会美、形式美、艺术美、意境美等。在人类所有的旅游活动中都包含着对美的追求与享受，旅游资源的美学观赏性对旅游动机的产生具有最直接的刺激作用。旅游资源的游憩价值是指旅游资源所具有的休闲、疗养、娱乐等游憩功能的价值成分和因素
	B. 历史文化科学艺术	历史文化价值是指旅游资源中所蕴含的历史文化内涵。评价时要考虑旅游资源的历史年代、历史独特性、保存完整性等，还要注意旅游资源是否和重大历史事件、历史名人有关及遗存文物古迹的数量与质量。科研价值主要评价旅游资源在形成、建造、区分、功能、结构、生产工艺等方面所具有的科学研究价值和科普教育功能
	C. 珍稀奇特程度	珍稀奇特程度是指旅游资源的奇特性，是否有大量的珍稀物种和奇特景观的存在。具体而言，其是指某一旅游资源在省内、全国乃至世界范围内出现的可能性与具备的奇特程度。一般来讲，旅游资源的珍稀奇特程度越高，旅游吸引力越大，旅游资源价值也就越高
	D. 规模、丰度与概率	旅游资源规模的评价对象是那些独立成景的旅游资源个体，主要对这类资源的体量、占地面积的大小等，用长宽高及由此引申的度量指标进行衡量测定。丰度是指同类旅游资源构成的旅游资源集合体，在结构上的和谐程度及空间分布的集中程度。资源的丰度越高，吸引力越大。概率是指自然景象和人文活动发生的周期性和频率
	E. 完整性	完整性是指自然旅游资源和人文旅游资源的形态与结构是否保持完整，是否有明显、巨大的缺陷。旅游资源的完整性关系到旅游资源调查区形象的确立及吸引力的强度。旅游资源的完整性越大，吸引力越强
资源影响力	F. 知名度和影响力	主要评价旅游资源在本地区、本省、全国或世界范围的知名度，或构成本地区、本省、全国乃至世界承认的品牌
	G. 适游期或使用范围	适游期是指旅游资源适宜游览日期的长短。使用范围是指适宜使用和参与的旅游者占全部旅游者的比例
附加值	H. 环境保护与环境安全	环境保护的评价是指对旅游区的气候、地质地貌、植被、水体、土壤和噪声污染、破坏程度进行评价，只有清洁、舒适的环境才会吸引旅游者的到来 环境安全评价是指旅游区内有无地震、火山、滑坡、泥石流、冰川活动、暴风雨、台风、海啸、洪水等自然灾害，以及危害性动植物等。环境安全的评价是旅游资源开发的必要准备，根据评价结果采取合理的措施，消灭安全隐患，杜绝旅游安全事故的发生，才能保证区域旅游业的顺利发展

2）旅游资源的数量、密度和结构评价

即旅游景区旅游资源的多少（主要是指景物、景点的数量）、旅游资源的集中程度（单位面积内容旅游资源的数量，即密度）及旅游资源的分布和组合特征（即结构），能进一步说明旅游资源的吸引强度。旅游资源只有数量大、类型多，分布集中，且搭配协调，形成了一定规模的旅游资源，才具有较高的旅游价值。不同性质或不同风格的旅游资源可以相互补偿，开展多种旅游活动，有利于扩大客源市场；旅游资源的分布越集中，则更有利于减少开发中的投资成本，

一些独立的旅游资源，即使特色、价值较高，但开发前景不一定好。

　　3）旅游资源总体评价的结论

　　在前述旅游资源特色、价值、功能评价和数量、密度、结构评价的基础上，需要提出一个总结性的评论。该评论应包括旅游景区旅游资源的数量特征、类型特征、品质特征、分布特征及典型特色等相关内容。如总量丰富，类型多样，以自然旅游资源为主，自然旅游资源与人文旅游资源兼容并蓄；平均价值高，优良级旅游资源多，且有为数不少的极品资源单体；资源分布呈大分散、小集中格局等。

3.2.2　旅游资源评价方法

　　旅游资源评价的方法总体来说包括定性评价和定量评价，在实际操作时通常两种评价方法结合使用，更加科学、准确。

3.2.2.1　旅游资源的定性评价

　　旅游资源定性评价是指评价者凭借已有的知识、经验和综合分析能力，通过在旅游资源区的考察或游览及其对有关资料的分析推断之后，给予旅游资源的整体印象评价。包括一般体验性评价、美感质量评价法、卢云亭的"三三六"评价法、黄辉实的"六字七标准"评价法等。

　　定性评价是揭示旅游资源事物现象和发展变化本质属性不可缺少的必要手段，它简单易行，对数据资料及其精度要求不高。定性评价结论的非精确性和推理过程的相对不确定性成为它的不足之处。

> ### 卢云亭的"三三六"评价法
>
> 　　"三三六"评价法即"三大价值、三大效益、六大开发条件"评价体系。
>
> 　　"三大价值"是指旅游资源的历史文化价值、艺术观赏价值、科学考察价值。
>
> 　　"三大效益"是指旅游资源开发之后的经济效益、社会效益、环境效益。
>
> 　　"六大开发条件"是指旅游资源所在地的地理位置和交通条件、景象地域组合条件、旅游环境容量、旅游客源市场、投资能力、施工难易程度六个方面。
>
> 　　资料来源：郎富平《旅游资源调查与评价》（中国旅游出版社）

3.2.2.2　旅游资源的定量评价

　　旅游资源定量评价是指评价者在掌握大量数据资料的基础上，根据给定的评价标准，运用科学的统计方法和数学评价模型，揭示评价对象的数量变化程度及其结构关系之后，给予旅游资源的量化测算评价。定量评价避免了定性评价的主观片面性，使评价结论更加科学明确。

　　定量评价方法包括技术性单因子评价法、综合性多因子评价法，国家标准规定的综合打分评价法等。本书重点介绍《旅游资源分类、调查与评价》（GB/T 18972—2017）评价法。

　　1）旅游资源单体赋分

　　根据旅游资源单体评价的内容，构建如下评分体系，对旅游资源单体的资源要素价值、资源影响力进行打分，总分为100分；而附加值中的环境保护与环境安全分正分和负分，分数范围

为 –5~3 分（表 3–7）。

表 3–7 旅游资源评价赋分标准

评价项目	评价因子	评价依据	分值
资源要素价值（85分）	A.观赏游憩使用价值（30分）	全部或其中一项有极高的观赏价值、游憩价值、使用价值	30~22
		全部或其中一项有很高的观赏价值、游憩价值、使用价值	21~13
		全部或其中一项有较高的观赏价值、游憩价值、使用价值	12~6
		全部或其中一项有一般的观赏价值、游憩价值、使用价值	5~1
	B.历史文化科学艺术价值（25分）	同时或其中一项有世界意义的历史价值、文化价值、科学价值、艺术价值	25~20
		同时或其中一项有全国意义的历史价值、文化价值、科学价值、艺术价值	19~13
		同时或其中一项有省级意义的历史价值、文化价值、科学价值、艺术价值	12~6
		历史价值、文化价值、科学价值或艺术价值具有地区意义	5~1
	C.珍稀奇特程度（15分）	有大量珍稀物种，或景观异常奇特，或此类现象在其他地区罕见	15~13
		有较多珍稀物种，或景观奇特，或此类现象在其他地区很少见	12~9
		有少量珍稀物种，或景观突出，或此类现象在其他地区少见	8~4
		有个别珍稀物种，或景观比较突出，或此类现象在其他地区较多见	3~1
	D.规模、丰度与概率（10分）	独立型旅游资源单体规模、体量巨大；集合型旅游资源单体结构完美、疏密度优良级；自然景象和人文活动周期性发生或频率极高	10~8
		独立型旅游资源单体规模、体量较大；集合型旅游资源单体结构很和谐、疏密度良好；自然景象和人文活动周期性发生或频率很高	7~5
		独立型旅游资源单体规模、体量中等；集合型旅游资源单体结构和谐、疏密度较好；自然景象和人文活动周期性发生或频率较高	4~3
		独立型旅游资源单体规模、体量较小；集合型旅游资源单体结构较和谐、疏密度一般；自然景象和人文活动周期性发生或频率较低	2~1
	E.完整性（5分）	形态与结构保持完整	5~4
		形态与结构有少量变化，但不明显	3
		形态与结构有明显变化	2
		形态与结构有重大变化	1

续表

评价项目	评价因子	评价依据	分值
资源影响力（15分）	F.知名度和影响力（10分）	在世界范围内知名，或构成世界承认的名牌	10~8
		在全国范围内知名，或构成全国性的名牌	7~5
		在本省范围内知名，或构成省内的名牌	4~3
		在本地区范围内知名，或构成本地区名牌	2~1
	G.适游期或使用范围（5分）	适宜游览的日期每年超过300天，或适宜于所有旅游者使用和参与	5~4
		适宜游览的日期每年超过250天，或适宜于80%左右旅游者使用和参与	3
		适宜游览的日期每年超过150天，或适宜于60%左右旅游者使用和参与	2
		适宜游览的日期每年超过100天，或适宜于40%左右旅游者使用和参与	1
附加值	H.环境保护与环境安全	已受到严重污染，或存在严重安全隐患	−5
		已受到中度污染，或存在明显安全隐患	−4
		已受到轻度污染，或存在一定安全隐患	−3
		已有工程保护措施，环境安全得到保证	3

试一试：选择一个熟悉的旅游资源单体对其进行打分并评级。

2）旅游资源单体计分与等级划分

（1）计分。根据对旅游资源单体的评价，得出该单体旅游资源共有综合因子评价赋分值。

（2）旅游资源评价等级指标。依据旅游资源单体评价总分，将旅游资源评价划分为五个等级（表3-8）；未获等级旅游资源，得分≤29分。

表3-8　旅游资源评价等级与图例

旅游资源等级	得分区间	图例	使用说明
五级旅游资源	≥90分	★	1.图例大小根据图面大小而定，形状不变； 2.自然旅游资源（表3-2中主类A、B、C、D）使用蓝色图例；人文旅游资源（表3-2中主类E、F、G、H）使用红色图例
四级旅游资源	75~89分	■	
三级旅游资源	60~74分	◆	
二级旅游资源	45~59分	▲	
一级旅游资源	30~44分	●	

注：五级旅游资源称为"特品级旅游资源"；四级、三级旅游资源被通称为"优良级旅游资源"；二级、一级旅游资源被通称为"普通级旅游资源"。

3.2.3　旅游资源调查与评价成果提交 ≫

在提交成果时，本部分应包括以下全部文（图）件：

（1）正文应当涵盖调查区旅游环境、旅游资源开发历史和现状、旅游资源基本类型、旅游资源评价等内容。

（2）附件包括《旅游资源调查区实际资料表》。调查区基本资料、各层次旅游资源数量统计，各主类、亚类旅游资源基本类型数量统计、各级旅游资源单体数量统计、优良级旅游资源单体名录、调查组主要成员、主要技术存档材料。

（3）图件包括《旅游资源图》和《优良级旅游资源图》。《旅游资源图》表现五级、四级、三级、二级、一级旅游资源单体。《优良级旅游资源图》表现五级、四级、三级旅游资源单体。

本章小结 →

旅游资源调查是进行资源评价和编制开发规划的基础。所谓旅游资源调查是依照《旅游资源分类、调查与评价》（GB/T 18972—2017）中的分类标准，对旅游资源单体进行的研究和记录工作。具体来说就是运用文案调查法、遥感调查法、实地调查法、询问调查法、统计分析法等调查方法对调查基本情况、资源本体情况、开发现状及条件进行调查。调查程序包括准备工作阶段（成立调查小组、制订调查计划、收集二手资料、预填与设计表格、物资装备）、调查实施阶段（索取二手资料、搜集一手资料、修正与完善表格）及整理分析阶段（整理资料、分析资料）。

旅游资源评价是在旅游资源调查的基础上，对旅游资源的规模、质量、等级、开发前景及开发条件进行科学的分析和可行性研究，为旅游资源的开发规划和管理决策提供科学依据。具体来说就是运用定性、定量方法中国家标准打分评价方法对旅游资源开发环境（自然环境、经济环境、社会环境、文化环境）、旅游资源开发条件（区位条件、市场条件、投资施工条件）、旅游资源质量（特色、价值和功能，数量、密度和结构，总体评价的结论）进行评价。

复习思考 →

一、单选题

1.《旅游资源分类、调查与评价》（GB/T 18972－2017）把旅游资源分为"主类""亚类""基本类型"3个层次，共计8主类（　　）亚类110基本类型。

　　A. 21　　　　　　　B. 22　　　　　　　C. 23　　　　　　　D. 24

2.在描述旅游资源单体所处的旅游区域进出条件时，下列哪项内容不用描述（　　）。

　　A.与附近村庄、河流、山体的位置关系　　B.与县城或市区的交通距离

　　C.进出旅游景区的道路等级与路面状况　　D.旅游资源单体所在的村庄名称

3.某项旅游资源单体的评价得分是85分，应该属于（　　）级旅游资源单体。

　　A.五　　　　　　　B.四　　　　　　　C.三　　　　　　　D.二

4.下列评价方法中，哪一项不属于定量评价法（　　）。

　　A.国标评价法　　B.质量等级评价法　　C.美感质量评价法　　D.层次分析法

5.旅游资源单体评价中的资源要素价值评价满分分数为（　　）。

　　A. 85　　　　　　　B. 30　　　　　　　C. 25　　　　　　　D. 15

二、多选题

1. 在旅游资源的评价内容中，下列哪些属于旅游资源的本体评价（　　）。
    A. 政策条件   B. 规模结构   C. 价值功能   D. 资源特色

2. 旅游景区旅游资源调查的前期准备工作包括（　　）。
    A. 成立调查小组并制订计划   B. 收集二手资料
    C. 预填与设计表格   D. 物资准备

3. 以下属于独立性旅游资源单体的有（　　）。
    A. 都江堰鱼嘴   B. 青城山道观   C. 峨眉山金顶四面佛   D. 麻浩崖墓

三、名词解释

旅游资源调查　旅游资源单体　旅游资源评价

四、判断题

1. 旅游资源调查人员只需要旅游专业人才，不需要具有建筑园林、生物、环境保护等多学科背景知识。（　　）

2. 定性评价结论的非精确性和推理过程的相对不确定性成为它的不足之处。（　　）

3. 旅游资源的交通条件决定了旅游地的可进入性和旅游资源开发的难易程度。（　　）

4. 在旅游资源等级图中自然旅游资源使用红色图例，人文旅游资源使用蓝色图例。（　　）

五、简答题

1. 旅游资源调查的方法有哪些？
2. 旅游资源调查的程序是怎样的？
3. 旅游资源评价的内容是什么？

六、应用题

选择你熟悉的旅游景区，确定需要参加访谈的对象及访谈主题，设计访谈内容问卷。

第4章

旅游景区市场调查与分析预测

学习目标

知识目标: 掌握旅游景区市场调查的内容。

熟悉旅游景区市场调查的程序及方法。

熟悉旅游景区市场分析的内容。

了解旅游景区市场定位,掌握旅游景区市场细分,熟悉旅游景区市场定位主要步骤,并能正确运用旅游景区市场定位基本方法。

了解旅游市场预测,能正确应用旅游景区市场预测的方法。

能力目标: 能够对旅游景区进行市场调查和分析,并对旅游景区市场进行科学定位与预测。

知识结构

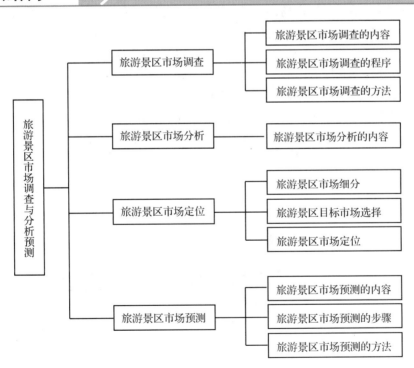

嘉阳·桫椤湖旅游景区喜迎2018年第一季度开门红

近日，川投峨旅传来捷报，2018年第一季度，嘉阳·桫椤湖旅游景区旅游者接待人次和旅游景区收入同比双双大幅增长，顺利实现"开门红"。在2018年春节假期和3月"花季之旅"系列活动的加持下，一季度嘉阳·桫椤湖旅游景区今年共接待旅游者7.9万人次，同比增长5 000多人次，增幅5.9%，实现营业收入700.79万元，同比增长92.3万元，增幅15%。特别是2018年3月"花季之旅"活动期间，针对旅游景区内油菜花期仅15天，较往年减少近30%的不利因素，川投峨旅加大宣传推广工作和销售渠道建设力度，扩大旅游景区知名度，挖掘潜在客源市场，在四川电视台和国航入川航班持续播送旅游景区广告，积极与重庆恒通、泸州美途、四川铁青等62家线下旅行商和驴妈妈、携程、要出发等13家线上旅行商达成旅游者输送协议，推动景区在3月期间旅游者接待量和营业收入双双实现井喷式增长，3月旅游景区共接待旅游者6.7万人次，同比增长12 481人次，增幅25.2%，实现营业收入530.19万元，同比增长142.67万元，增幅36.8%。

旅游景区市场对于旅游景区究竟有多重要？该旅游景区采用了哪些方式进行市场开发？

资料来源：https://www.invest.com.cn/news/member-news/19509.html

在大众旅游、全域旅游新时代下，旅游景区越来越离不开市场推动。市场在资源配置中起决定性作用，在市场化导向的机制下，我国旅游景区建设发生了显著变化：旅游消费市场越来越重视旅游景区的品质内涵与休闲价值，旅游投资市场越来越需要旅游景区业态的创新融合与持续发展。因此，旅游景区规划与开发需要对旅游景区市场进行深入挖掘、详细分析、明确定位、准确预测。高度关注旅游景区市场，不仅在规划期间能够有助于充分挖掘旅游景区市场，而且在运营期间能够及时获取和融合市场新鲜元素对旅游景区进行持续整改，最终形成旅游景区特色化、差异化、可持续经营，为旅游景区的进一步拓展留有余地。

旅游市场从经济学角度看，属一般产品市场范畴，具有产品市场的基本特征，包括旅游供给的场所（即旅游景区）和旅游消费者（即旅游者），以及旅游经营者与旅游者间的供给经济关系。狭义的旅游市场是指旅游产品交换的场所，如旅游景区、度假地、酒店宾馆。广义的旅游市场是指旅游产品交换过程中的各种经济行为和经济关系的总和，即旅游市场反映了旅游产品实现过程中的各种经济活动现象和经济活动的关系。

4.1 旅游景区市场调查

旅游景区市场调查就是指运用科学的调查方法，有针对性地、有计划地、有目的地、系统地发现和提出旅游景区的问题与需求，从而系统地、客观地、科学地识别、收集、分析相关信息，以了解旅游景区运营环境与市场状况，为旅游景区规划开发、经营决策提供依据的过程。

4.1.1 旅游景区市场调查的内容

旅游景区市场调查的主要内容应包括旅游景区外部环境、旅游景区市场需求、旅游景区产品和旅游景区竞争对手四个方面的调研。

4.1.1.1 旅游景区外部环境：政治、经济、社会、文化环境

旅游景区外部与市场经营有关的环境因素便是旅游景区外部环境。分析调查外部市场环境可以帮助旅游景区了解外部市场的机遇和挑战，进而适应外部市场环境，挖掘市场机会，拓展新的市场，获取更多市场。

政治环境：旅游业对政治环境十分敏感。一个国家政局稳定、社会秩序良好对旅游业有重大的影响。旅游市场需求的形成和实现需要稳定政治环境的支撑。

经济环境：经济条件是人们产生旅游需求、进行旅游活动的必要条件之一。经济水平影响着人们的消费水平和消费偏好。个人收入，尤其是个人可自由支配的收入更是影响旅游者消费水平和消费偏好的决定性因素。

社会环境：在社会化、市场化背景下，现代旅游业受社会因素影响颇深，主要包括旅游者相关群体、旅游者家庭和旅游者所属社会阶层等。

文化环境：文化包含了一个国家或地区的民族特征、民族传统、价值观念、宗教信仰、教育水平、社会结构、民族风俗等情况。人们的生活方式、消费需求、消费结构和消费偏好及人们对旅游的观点态度等受文化影响和支配，因此，旅游景区规划与开发必须要迎合文化的特点。如何增强旅游景区对某一国家或地区的旅游者的吸引力，深入调查了解当地的文化十分重要。只有适应当地文化，旅游景区的市场营销活动才能成功。

4.1.1.2 旅游景区市场需求：需求规模、结构、层次和发展趋势

大众旅游、全域旅游时代，人们对旅游的需求日益增长，旅游景区市场需求规模的大小决定着旅游景区规划与开发的方向。旅游景区市场需求调查主要包括旅游者需求调查、旅游消费结构调查、旅游者行为调查等。旅游需求市场结构、层次和发展趋势，主要是指由旅游者市场所决定的旅游需求类型、层次及其变化趋势，如旅游者地区分布、性别构成、年龄构成、阶层构成等。

4.1.1.3 旅游景区产品：产品类型、产品价格、产品的营销手段与销售渠道

调查旅游景区产品，便于旅游景区规划者为满足旅游者游览观光、娱乐体验、休闲度假等需要而规划开发一系列有形产品和无形服务。

4.1.1.4 旅游景区竞争对手：竞争对手旅游产品、竞争对手价格策略、竞争对手销售渠道、竞争对手营销策略、竞争对手宣传策略

调查旅游景区竞争对手，调查其旅游产品、价格策略、销售渠道、营销策略、宣传策略等，

对其进行充分了解，分析竞争对手的优势与不足，寻找本旅游景区可以利用的机遇，扬长避短，创新求异，避其锋芒，发挥自身优势，巩固自身市场，拓展新兴市场。

> 试一试：请对你家乡的某景区进行旅游市场调查。

4.1.2　旅游景区市场调查的程序

旅游景区市场调查是一个富有科学性、系统性、流程化的旅游景区开发的前期工作。旅游景区市场调查需要工作人员收集调查目标材料，整理统计调查所获取的调查材料，分析统计结果，并能为旅游景区的规划开发提供准确定位、合理开发、正确预测的依据。旅游景区市场调查需要一定的调查主题。调查工作的开展需要严格合理的工作程序。

4.1.2.1　旅游景区市场调查准备阶段

旅游景区市场调查准备阶段，首要工作是将旅游景区规划与开发中面临的问题与实际需求转换成详细的、可以清楚表达出来的市场调查问题。这一阶段是要明确当次旅游景区市场调查需要调查的问题、调查的范围及当次市场调查想要达到的效果，包括确定当次调查的调查目标、确定需要调查的项目、选择合适的调查方法、估算调查所需费用、编写调查项目书等。

4.1.2.2　旅游景区市场调查资料收集阶段

确定了旅游景区市场所要调查的问题后，旅游景区市场调查工作人员就需要收集相关资料来解决问题。调查资料的收集，就是运用科学、经济的方法，对调查所得的各种一手资料进行分类、筛选和初步整理综合，使调查资料系统化和条理化，从而使调查对象总体情况以集中、简洁的方式反映出来。旅游景区市场调查资料收集阶段的主要任务是组织旅游景区市场调查工作人员按照调查项目书的要求和工作流程的安排，系统地收集各种调查资料，包括原始资料与加工过的资料。

4.1.2.3　旅游景区市场调查资料整理分析阶段

旅游景区市场调查资料整理分析阶段包括调查资料的整理、资料的分析和旅游景区市场调查报告的撰写。旅游景区市场调查工作人员将所收集到的调查信息和资料加以整理、筛选、分类与整合，根据整理后的资料撰写旅游景区市场调查报告。

4.1.3　旅游景区市场调查的方法

旅游景区市场调查的方法多样而丰富，常见旅游景区市场调查的方法有询问调查法、文案调查法、网络调查法、观察法、实验法。

4.1.3.1　询问调查法

询问调查法是工作人员实地调查旅游景区市场的方法，旅游景区市场调查工作人员通过将提前准备好的调查问题以各种方式向被调查者提出询问，通过其回答获得调查的一手资料。询问法常用的四种调查方法有面谈、电话、邮寄和留置问卷。

4.1.3.2　文案调查法

文案调查法是指旅游景区市场调查工作人员通过收集各种过去和现实的动态调查资料，从中收集与景区市场调查有关的信息，进行整理分析的调查方法。

4.1.3.3　网络调查法

网络调查法是指旅游景区市场调查工作人员利用互联网收集和整理旅游景区市场信息的方法。

4.1.3.4　观察法

观察法是旅游景区市场调查工作人员到调查点进行观察和记录的市场调查方法。由于被观察者处于"无意识状态"，被观察者没有感觉到自己正被调查，不受个人主观影响，因此，获取的调查资料较为真实。

4.1.3.5　实验法

实验法是指旅游景区市场调查工作人员将调查对象置于特定的实验环境之中，通过控制变量和改变实验条件来发现变量之间相互关系的一种调查方法。

旅游景区市场调查的技术

1. 调查样本的选取

市场调查样本的选取按照调查对象的范围可以分为市场普查和抽样调查两种方法。其中，抽样调查分为简单随机抽样、等距抽样、分层抽样和整群抽样等。

2. 旅游市场调查问卷的设计

问卷设计应做到：内容简明扼要，信息包含要全；问卷问题安排合理，合乎逻辑，通俗易懂；便于对资料分析处理。一份问卷通常由四部分组成：题目、说明书（前言与结束语）、主体内容和编码。

4.2　旅游景区市场分析

旅游景区的发展不仅依靠于其旅游产品的独特性，更依赖于旅游景区市场的可开发性。旅游景区市场状况决定了旅游景区开发方式、旅游产品和项目设计、旅游服务和基础设施、旅游景区投资方向等，因此，旅游景区需要在旅游景区市场调查的基础上，对旅游景区市场状况进行进一步分析，为旅游景区开发规划提供下一步发展的依据。旅游景区市场分析的内容一般包括对市场环境的分析、对市场接待现状的分析及市场竞合分析。

4.2.1　旅游景区市场环境分析

旅游景区市场环境分析是指对旅游景区的社会、经济、政治、文化环境等相关信息进行整理和分析，并为旅游景区规划与开发提供必要的指导。旅游景区市场环境分析可从以下六个方面，即人口、经济、社会、政治、文化、区位进行分析。

4.2.1.1　人口因素——人口总量、人口增长速度

人口总量、人口增长速度、城乡人口分布状况、年龄结构、性别结构、家庭结构等人口因素都对旅游市场有一定的影响。人口总量：指某一客源国或地区总人口数；人口结构：指人口的年龄、性别、职业构成；城乡人口分布状况：指人口的城乡分布状况。

4.2.1.2　经济因素——国民经济总量、个人收入状况

1）某一客源国或地区国民经济总量

某一客源国或地区国民经济总量一般用该国或该地区近年来国内生产总值（GDP）的高低等指标来衡量。国内生产总值的数值越高则说明该国或该地区的经济发展态势越好。

2）个人收入状况

个人收入。个人收入（PI）是指一个国家或地区的一年内个人得到的全部收入。即个人在一定时期（通常是一年内）从各种途径所获得的收入的总和。从个人收入可以预测个人的消费能力。

个人可支配收入。个人可支配收入是人们将个人收入用于日常基本生活开支后的剩余部分。个人可支配收入是影响旅游者消费水平和消费偏好的决定性因素。相关研究指出，当人均收入达到 300 美元时就会兴起国内旅游，而人均收入达到 1 000 美元就会引发出境旅游的需求，当人均收入达到 1 500 美元以上时，旅游需求更是急速增长。可见，旅游者个人可支配的收入越多，其旅游消费水平也就越高。

4.2.1.3　社会因素——文化水平、社会阶层、相关群体、家庭

社会文化条件深刻影响着旅游需求，社会文化条件主要包括文化水平、社会阶层、相关群体和家庭。

（1）引起旅游者消费行为差异的重要因素之一是文化水平的不同。文化是指人们从实际生活中不断形成的信仰、三观、道德、理想等的综合表现。不同的价值观念、文化教育水平会影响人们在进行消费时的需求倾向，所以旅游者会对旅游产品产生不同的需求，因此，在分析旅游市场时要考虑人们的三观、不同的生活方式和购买方式对旅游需求可能产生的不同影响。

（2）社会阶层是根据旅游者的不同职业、主要收入来源、有差异的教育文化水平来进行划分的。不同的阶层具有不同的三观和差异化的生活方式，所以存在个性化的旅游消费行为。

（3）相关群体是指旅游者的社会联系，是能够对旅游者行为产生影响的个人和团体。旅游

者在与相关群体的接触过程当中，会逐步将他们的标准和行为转化成自己的标准和行为，从而形成较为一致的需求特征。

（4）家庭因素同样也能对旅游者的消费需求产生重要影响，人在日常生活中或多或少都会受到家庭其他个体对其消费行为的影响。

4.2.1.4　政治因素——政治的氛围和社会的稳定程度、政府的态度和相关的政策

旅游景区所在地区的政治因素主要包括以下两方面内容：一是当地政府对其旅游发展的态度和所制定的相关政策，二是当地政治的氛围和社会的稳定状况及政府所制定的相关政策法规对经济的发展速度及发展方向进行了相应规划，因此，会对社会购买力和旅游市场的消费需求等产生一定正面或者负面影响。此外，还应当注意，除要看到旅游景区所在地的政策和法律法规外，还应将客源地政府所制定的相关旅游政策考虑在内。

4.2.1.5　文化因素——消费行为和消费市场会受到消费个体差异化文化背景的影响

文化在很多方面都会影响人们的日常行为，人类在意识形态、生活方式、消费行为等方面会因为不同的成长文化背景存在较大的差异。当地文化背景对于该地旅游景区旅游形象的塑造也具有决定性的意义。旅游地形象的建立往往与其历史文化有分不开的联系。

4.2.1.6　区位因素——自然、经济、交通及旅游区位

1）自然区位

自然区位是指旅游景区所在地的自然地理位置，表明该地与其他不同地区在空间上的位置关系。自然区位决定了该旅游景区的自然条件，比如高海拔地区与低海拔地区在可开发的资源基础上就存在很大的差异性。

2）经济区位

经济区位是指该旅游景区所在区域的经济地位，包括其与周边其他地区在经济发展过程中的合作与相互竞争关系。一般来说，经济发达、经济区位好的区域在开发旅游时通常具有较强的发展潜力，相比于那些经济欠发达地区，其所能提供更加优质和全面的旅游公共基础设施和相关的旅游配套服务。

3）交通区位

作为旅游业的三大传统支柱，旅游交通在旅游业中扮演了一个非常重要的角色，如果没有旅游交通，那么旅游的通达性也无从说起，人们跨地域的旅游也就更加不可能。在分析一个旅游景区的交通区位时，一定要将其水、陆、空等交通要素的通达率、覆盖率等进行全面分析。

4）旅游区位

是指旅游景区在一定区域旅游活动中所处的地位及其与周边地区在旅游发展中的关系。例如，一个旅游景区在一条重点旅游线路中的地位及与其周边重点旅游区之间的关系。

试一试：请从以上6个方面分析你家乡某旅游景区市场环境。

4.2.2 旅游景区市场接待现状分析

旅游景区市场接待现状能直接反映出旅游景区开发现状，因此，旅游景区市场接待现状分析尤为重要，主要涉及以下3个方面：

4.2.2.1 旅游者的特征及旅游行为特征

旅游者客源地：外国旅游者的国籍地或常住地、国内旅游者的居住地；旅游者旅游的目的：包括度假、商务、公务、走亲访友等（有助于了解吸引力结构）；旅游者逗留时间：旅游产品的使用和消费情况；旅游者年龄结构、性别及家庭人数；旅游者的职业和收入水平：如商人、公务人员、家庭主妇、学生、退休人员等。

4.2.2.2 旅游者的消费结构和消费模式

旅游者在食、住、行、购、娱五个方面的消费结构与模式：交通、住宿、餐饮、购物、景点娱乐及其他。通过分析旅游者的消费结构可以了解旅游消费中的潜在增长点。

4.2.2.3 旅游者的满意度

旅游者的到访次数直接反映了其对该景区的满意程度。

4.2.3 旅游景区竞合分析

规划一个旅游景区时，必须准确判断该旅游地及主要竞争者所处的市场地位，从而确定该旅游景区所面临的市场机会和发展存在的所有限制因素，见表4-1。

表4-1 嘉阳蒸汽小火车与国内知名小火车比较分析

小火车	轨道长度及轨距	特色	用途
嘉阳蒸汽小火车	长约19.8km，轨距762mm	古老而又珍稀的蒸汽机车、原始的手动操作方式、独特的窄轨和沿线优美的自然风光	客运
南京窄轨小火车	长约15km，轨距762mm	窄轨铁路、柴油内燃机车	货运
云南建水小火车	长约13km，轨距1 000mm	中法风格相融、充满异域风情的车厢	古城旅游观光
台湾阿里山小火车	长约71.4km，轨距762mm	珍藏版红色蒸汽火车、乘火车赏樱花	森林旅游观光
日本京都岚山小火车	非蒸汽小火车，正常轨距	复古小火车，沿线竹林等风光	旅游观光

4.3 旅游景区市场定位

旅游景区市场调查和分析之后即可通过对旅游景区市场细分、目标市场选择来进行旅游市场定位。目前，我国的旅游需求结构正在悄然发生着变化，旅游消费层次和旅游品质要求在不断提高，旅游方式、旅游体验、消费习惯也在朝着更加多元化发展，旅游市场不断横向的碎片化及旅游景区产品更加纵向的专业化特点越发凸显，所以，对于绝大多数旅游景区来讲，当前"有所为有所不为"是对目标市场策略选择和对旅游景区定位采取的最朴素的真理，旅游景区产品必须要"做专做精做特色"是目前旅游市场定位的基本出发点（表4-2）。

表4-2　嘉阳·桫椤湖旅游景区客源市场定位

细分市场	市场组成
一级客源市场	以成德绵乐城市群、重庆城市群为主的川渝两地客源市场，乐山大佛—峨眉山旅游景区的延伸市场及以成都为目的地、过境地的外来客源市场
二级客源市场	云南、贵州、陕西、甘肃与四川临近区域及昆明、贵阳、西安、兰州等特大城市客源市场
三级客源市场	以珠三角、长三角、京津唐为主的国内远程市场及日本、韩国、东南亚各国和欧洲、北美等为主的海外市场

4.3.1 旅游景区市场细分

旅游景区市场细分即旅游景区根据旅游者对旅游景区旅游产品的需求、旅游行为和消费习惯的不同，将旅游市场细分为若干个分市场，从众多细分市场中选择目标市场的过程。旅游景区市场细分有利于旅游景区了解市场组成和开拓新的市场；有利于旅游景区根据市场变化及时调整营销策略；有利于旅游景区制订灵活的竞合策略；为中小型旅游景区另辟蹊径、选择独特发展空间提供了机会。

4.3.1.1 旅游景区市场细分的原则

1）可衡量原则（可区别原则）

可衡量性是指细分后的旅游景区市场具有明显差异，可以区别看待，每一细分的旅游子市场的需求和规模都能被衡量，从质与量两个方面可以为旅游景区制订营销策略提供可靠依据。

2）可进入原则

指细分后的旅游景区市场是旅游景区利用现有的人力、资源、资金可以进入和占领的。

3）有价值原则

细分后的旅游景区市场必须具有一定价值，要可供开发，细分后的市场在旅游者规模和购买力方面足以获取巨大的综合效益。

4）稳定性原则

严格的旅游景区市场细分是一项复杂而又细致的工作，因此，要求细分后的旅游景区市场在很长一段时期内应具有相对的稳定性。如果细分后的旅游景区市场变化太快，那么会使制订的营销策略很快失效，旅游景区资源需要重新分配，资源浪费，给旅游景区规划与开发带来难度及前后工作脱节。

4.3.1.2　旅游景区市场细分标准

旅游景区对旅游市场进行细分时，通常会从地理、人口、心理和旅游消费行为上进行划分（表4-3）。依据这些标准细分之后即可针对不同的细分群体进行需求分析（表4-4）。

表 4-3　旅游市场细分的标准及其影响内容

划分标准	具体影响的内容
地理	地区、地形、地貌、气候、城市规模等
人口	年龄、性别、家庭规模、家庭生活生命周期、家庭收入、职业、教育状况、宗教信仰、种族
心理	社会阶层、生活方式、个性特征
行为	旅游动机、旅游方式、旅游距离、旅游时间

表 4-4　嘉阳·桫椤湖旅游景区目标客群细分

	目标客群	市场分析	需求定位
分级	大众观光游市场	基础客源市场，涵盖多种人群、不同消费层次的大众观光群体，游览行为主要为观光游览	对于该市场，设计提供一系列可参与、可体验的观光休闲产品，进一步延长旅游者的逗留时间，改善旅游消费结构
	中高端度假游市场	核心客源市场，由于高消费行为特征，市场潜力巨大	该部分客群强调个性需求和深度体验，对旅游产品的品质、服务、质量均有较高要求。通过完善度假设备、深度挖掘旅游景区文化内涵等，大力开发该部分市场
	精品小众市场	机会客源市场，一般为主题化消费者：历史研学人士、婚纱摄影人士及影视拍摄人士等。其游览目的性强	对于该市场，应着力于主题化、特色化环境氛围的营造并强化对于目标客群及相关机构的定点式宣传营销
分群	中青年旅游市场	以探亲访友、商务会议、康体休闲、度假为主要动机，具有一定的消费水平，是景区目前主要客源市场	对于该市场，抓好工业文化活遗产这一主题，大打怀旧型旅游品牌，提供怀旧型文化体验，并着力于提升六要素，使其满足不同经济水平需求
	儿童旅游市场	以求知、猎奇为主要动机，偏好探险、体验、修学等类型旅游活动	依托旅游景区矿山工业主题及湖泊峡谷的特殊地形地貌，打造为小火车基地、户外探险基地，从而带动亲子游、家庭游等群体性出游
	银发旅游市场	银发客群是一个长期稳定、有充足旅游时间的市场，养生、休疗、度假是旅游主要目标	合理组织旅游景区的慢行交通系统，依托良好的生态环境与自然资源，推出"生态养生、文化养心"的康养度假项目

续表

	目标客群	市场分析	需求定位
分类	自驾游、自助游市场	目前主要客源市场，旅游者一般为学生、普通工薪阶层群体、中高端休闲度假人群。自主性及随意性强	对于该类市场，着重于便捷、多样的外部交通系统，包括公路、铁路等多样的交通方式，通达顺畅的游线组织及完善的停车、营地等配套服务
	组团游市场	旅游者为旅行社组织的团体游，一般作为旅游环线上的一个节点，停留时间较短，主要为观光游览	旅行社作为行程安排的主导者，旅游景区需要完善购物、休闲等消费类旅游项目，以满足其需要的旅游产业链
分程	近程客源市场	目前主要客源市场。成渝经济区及周边2小时车程范围内大中城市	依托旅游景区丰富的旅游资源，打造多样化的主题型度假，如芭沟浪漫风情度假、桫椤生态野奢度假、同兴乡村避暑度假等。以近程优势，延长停留时间
	中远程客源市场	经成渝集散地，从全国各地至峨眉山、乐山大佛的延伸旅游者	构建旅游景区的核心吸引力，树立特色品牌，使其与峨眉山、乐山大佛等地形成差异化发展，并运用多样化的营销手段，扩大市场影响力

4.3.2　旅游景区目标市场选择

旅游景区目标市场是指旅游景区在市场细分的基础上进行营销活动所要满足其需求的旅游者群体。

4.3.2.1　旅游景区目标市场选择的依据

选择目标市场的第一步是分析评估各细分旅游景区市场，评估依据有：各细分市场规模和增长率、旅游景区营销目标和资源。

1）各细分市场规模和增长率

潜在旅游景区细分市场要具有合适的规模和一定的预期增长率，才具有相应的旅游市场发展潜力，才能驱使旅游景区进入。

2）旅游市场营销目标与资源

除对细分市场进行深入细致的评估以外，旅游景区还须明确自身的发展方向和拥有的资源。对适合旅游景区发展方向的细分市场，旅游景区则要考虑自身的资源能力，合理利用各种资源和技术，不能选择旅游景区自身无法满足的细分市场，否则得不偿失，切忌贪多求快。

4.3.2.2　旅游景区目标市场选择策略

1）无差异营销策略

旅游景区经过市场细分之后，不考虑各细分子市场的独特性，而只关注旅游景区市场的共性，决定只推出单一的旅游产品，运用单一的旅游市场营销组合，力求尽可能满足旅游者的需要，即无差异营销策略，如图4-1所示。

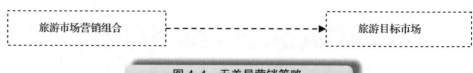

图4-1　无差异营销策略

优势：规模效应显著；旅游服务标准化和劳动效率得到显著提高，易于形成垄断性的名牌旅游产品的声势和地位。

劣势：市场适应能力差；加剧了市场竞争，从而降低了经济效益，增加了旅游景区的经营风险。

适用条件：中小型旅游景区，旅游景区能够进行大规模推广营销；有广泛的分销渠道；旅游产品质量好，独特性强。

2）差异性营销策略

旅游景区经过市场细分后，从若干个细分市场中选择两个或两个以上的细分市场作为本旅游景区的目标市场并有针对性地进行营销组合以适应旅游者不同的需求，希望凭借旅游产品与目标市场的差异化，争取获得尽可能多的旅游者流量，即差异性营销策略，如图4-2所示。

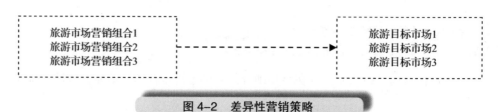

图4-2　差异性营销策略

优势：有利于增加旅游者对旅游景区的信赖感和提高出游频率；有利于树立旅游景区在旅游者心中的形象；可以在一定程度上减小旅游景区的经营风险。

劣势：目标市场数量越多，旅游景区经营成本与营销宣传费用越多，旅游景区营销难度越大。

适用条件：大、中型旅游景区。

3）集中性营销策略

集中性营销策略又可称为密集型目标战略，旅游景区经过市场细分后，选择一个或少量细分市场作为旅游景区目标市场，充分满足某些旅游者群体特定的需求服务，而集中旅游景区全部的营销力量实行高度的专业化经营，以求占领其大量市场份额，如图4-3所示。

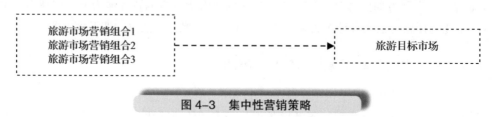

图4-3　集中性营销策略

优势：可以提高旅游景区在一个或几个细分市场上的占有率；可以降低成本；可以使旅游景区打响名声，增加销售量，提高利润率。

劣势：旅游景区营销具有很大风险性；如果选定较大的细分市场，竞争者太多，市场竞争过于激烈。

适用条件：中、小型旅游景区。

4.3.2.3 影响目标市场策略选择的制约因素

1）旅游景区的自身实力条件

旅游景区的自身实力条件主要包括其人力、资金、资源。

2）旅游产品或服务的特点

同质性旅游产品或服务适宜无差异性市场策略，而对于一些差异性较大的旅游产品或服务，则应采用差异性市场营销策略或集中性市场营销策略。

3）旅游市场需求状况

旅游市场需求相近时，适宜采用无差异市场策略；而当需求异质程度很高时，一般要采用差异性市场策略或集中性市场策略。

4）旅游市场竞争状况

旅游景区采取哪种市场策略，往往视竞争旅游景区的策略而定，一般采取与之相抗衡的策略。

5）旅游产品生命周期

旅游产品的生命周期分为导入期、成长期、成熟期和衰退期四个阶段。旅游产品处于导入期或成长期时，应采用无差别市场营销策略；进入成熟期后，宜采用差异性市场营销策略；进入衰退期，则应采用集中性目标市场营销策略，收缩旅游景区的产品线。

4.3.3 旅游景区市场定位

旅游景区市场定位是在对旅游景区市场细分后，确定目标市场的基础上，通过分析目标市场的旅游者需求特征和偏好，结合旅游景区自身资源，对旅游景区所提供的产品和服务进行组合设计，以加强旅游景区在目标市场上的地位优势。其本质是让旅游景区在目标消费群体心中形成清晰的、准确的、具有排他特征的品牌形象，定位追求的首要目标是旅游景区某个或某些旅游产品成为目标市场心目中的第一。例如，一想到休闲度假，热带海风与浪漫的三亚就跳入旅游者的脑海中，旅游行为就有可能发生。

4.3.3.1 旅游景区市场定位的主要步骤

1）深度剖析自己

深度剖析探究旅游景区特色，旅游景区的核心吸引物是什么；替代旅游产品的确定；分析、确定目标顾客对可替代旅游产品选择的依据（需求特点）；旅游产品重要职能的评估；了解旅游者的要求。

2）客观评价对手

确定旅游景区的主要竞争对手是谁，分析竞争对手的优势与价值；确定旅游景区的竞争对手；调查、分析旅游景区竞争者的数量、实力、优势及营销策略；确定竞争旅游产品的重要属性。

3）寻找差别优势

避开竞争对手在旅游者心中的优势地位，或是利用差异化来确立品牌的优势地位。

4）锁定核心优势

为旅游景区的市场定位寻求一个核心依靠，寻找一种证明，为旅游景区市场定位造势。

5）无限放大优势

将旅游景区市场定位从策划、规划、设计、建设、开发、营销等方面进行无限放大，并且环环相扣，逐步加深，最后融入旅游景区的方方面面中。

4.3.3.2　旅游景区市场定位的基本方法

1）根据产品特色进行定位

这是使用频率最多的一种定位方法，即根据旅游景区产品的核心特点或某些优点，或者说是根据旅游者所关注的某种或某些旅游产品去进行定位。

2）根据旅游者进行定位

是指经过旅游景区市场细分后，主要针对某些特定目标市场进行的促销活动，以期在这些目标市场心目中建立起旅游景区产品"专属性""特有性"的特点，激发旅游者的旅游需求与动机，即旅游景区通过营销活动，会变得为某些类型的目标市场所关注。

3）根据旅游产品类别进行定位

旅游景区通过变更旅游产品类别的归属或分类去进行定位。此类定位方法可使旅游景区扩展或控制自身的目标市场范围。

4）借助竞争者进行定位

旅游景区通过将自己同市场地位较高、优势较明显的某一旅游景区进行比较，借助竞争对手的知名度、品牌度来实现自己的市场定位。通常做法是，旅游景区通过推出比较性广告，说明（诉求）自身产品与竞争对手产品在某一或某些功能特点等方面的相同甚至更优之处，从而达到引起旅游者注意并在其心目中形成认知、产生情感、树立形象、促发旅游行为的目的。

长沙橘子洲头旅游风景区市场定位分析

橘子洲位于长沙市区中湘江江心，是湘江中最大的名洲，由南至北，横贯江心，西望岳麓山，东临长沙城，四面环水，绵延数十里，狭处横约40米，宽处横约140米，形状是一个长岛，是长沙的重要名胜之一、国家5A级旅游景区、国家重点旅游风景名胜区。

根据市场定位的步骤，可知要明确长沙橘子洲头旅游风景区的定位。

首先应明确深度剖析自己。

（1）长沙橘子洲头起名于伟人毛泽东的著名诗句；其地理位置为我国中部崛起的先锋城市——长沙，并且位于长沙市湘江之上。

（2）长沙橘子洲头风景优美，闹中取静；景区建筑古朴迷人，有浓厚的文化气息；是休闲娱乐的好去处。

（3）长沙橘子洲头交通便利，临近商业繁华圈，离市中心约3分钟车程，周围交通发达。

（4）长沙橘子洲头实行免费游览政策，亲近普通市民的要求。

其次，要寻找差别优势。

对于长沙橘子洲头来说风景优美不应成为其区别于其他旅游风景名胜竞争对手的核心优势。通过分析，"伟人毛主席""湘江"这两个名词对于全国的旅游者来说是具有足够吸引力的。从这个作为其差异化战略分析的切入点，要想突出长沙橘子洲头的竞争优势则必须以"文化底蕴"作为基础。

另外，与其他旅游风景区常常要身车劳顿才能到达不同的是，长沙橘子洲头交通便利，临近商业繁华圈，周围交通便利。

综上，可以得到长沙橘子洲头核心竞争优势是"文化底蕴深厚""低成本高享受""即想即到"。

最后，应该要锁定核心优势，并且无限放大大优势。

以上明确了长沙橘子洲头的竞争优势，包括成本优势（"低成本高享受""即想即到"）和其产品差别化优势（"文化底蕴深厚"），现在需要的就是必须物尽其用。

由此，长沙橘子洲头应在其旅游景区服务上加强投入，树立起服务差异化战略。另外，旅游景区建设应将"文化与休闲相结合"，让人们在享受闲暇的同时，感受来自湘江、来自湖湘的文化冲击。同时一些定期举行的音乐会、文化交流会、讲演都可选址在长沙橘子洲头，增加其文化魅力。此外，在电视、报纸等各种媒体上加大其宣传力度，突出其"文化底蕴深厚""低成本高享受""即想即到"的优势，吸引潜在旅游者。

资料来源：https://wenku.baidu.com/view/1be62b4ef7ec4afe04a1df20.html?from=search

4.4　旅游景区市场预测

旅游景区市场预测是指旅游景区通过市场调查与分析，获取各种资料与情报，然后针对景区的实际需求，运用科学、客观、经济的方法，对未来一段时期内旅游景区市场的发展规模和趋势做出的分析与判断。旅游景区市场预测是旅游景区市场调查的发展与延续。

旅游景区市场预测的主要作用是为旅游景区战略性决策提供支持和帮助。旅游景区市场预测是旅游景区建设运营的前提，是旅游景区制订长期规划的基础，是及时更改营销策略的重要依据，是增强旅游景区及其产品竞争力的有力途径。

4.4.1　旅游景区市场预测的内容

旅游景区市场预测的内容很多，主要包括以下几个方面：旅游市场环境预测；旅游市场需求预测；旅游容量预测；旅游价格预测；旅游效益预测。其中，市场需求预测是市场预测的核心内容，市场需求预测也是市场价格预测和旅游效益预测的基础。

4.4.1.1　旅游市场环境预测

旅游业是一个高度依存和广泛衍生的行业，受周围环境、相关行业因素的变化影响较大，主要包括国际、国内的政治环境，经济形势及国家产业结构变化趋势；自然环境和社会条件的变化趋势。

4.4.1.2 旅游市场需求预测

旅游市场需求是旅游市场形成、旅游行为产生的基础，没有旅游市场需求，就没有旅游市场，更没有旅游活动。规划者在进行旅游景区规划时，必须以旅游者的需求和动机为依据并在此基础上有针对性地开发旅游产品。旅游市场需求包括：①旅游市场需求总量预测；②旅游需求结构预测；③旅游客源预测；④购买力投向和需求偏好预测。

4.4.1.3 旅游容量预测

规划者在进行旅游景区规划与开发时，必须考虑旅游景区的承载力即旅游容量，任何旅游景区规划与开发不得超出其最大承载量。旅游容量包括：旅游心理容量、旅游资源容量、旅游生态容量、旅游经济发展容量和旅游地域容量等。

4.4.1.4 旅游价格预测

旅游价格是旅游市场波动的重要标志和信息载体，直接影响旅游行为和旅游市场需求。

4.4.1.5 市场占有率预测

市场占有率预测是指一个旅游景区的市场需求量或旅游产品销售量在旅游市场总量中所占的比例或份额。

4.4.1.6 旅游效益预测

旅游效益预测是指对未来一段时间内旅游景区效益的预测。

4.4.2 旅游景区市场预测的步骤

旅游景区市场预测是一个复杂的系统性、流程化工程，要获得准确、科学的旅游景区市场预测结果，就必须有计划地进行，其步骤如图4-4所示。

图4-4 旅游景区市场预测的步骤

4.4.2.1 确定预测目标

首先，根据规划与开发的需要确定旅游景区市场预测目标，即预测的内容和目的。

4.4.2.2 收集整理资料

确定旅游景区市场预测目标后，收集相关资料，包括一手资料和二手资料。相关资料的收集与整理是预测的基础。

4.4.2.3 选择预测方法

选择预测方法是指根据旅游景区市场预测的内容与目标来选择合适的定性或定量预测方法。

4.4.2.4 实施具体预测

实施具体预测是指采用定性或者定量预测方法进行旅游景区市场预测并得出预测结果。

4.4.2.5 提出预测报告

提出预测报告是指分析和修正市场预测结果并撰写旅游景区市场预测报告。

4.4.3 旅游景区市场预测的方法

旅游市场预测方法多种多样，主要有定性预测方法和定量预测方法两大类。除此之外，还有定性和定量相结合的综合预测法。

4.4.3.1 定性预测方法

定性预测是指具有丰富经验、熟悉业务知识和综合分析能力的专家或工作人员，依靠已经收集和掌握的各种资料、信息、情报，运用知识、经验、分析能力，对事物在未来一段时间内的发展变化做出性质和程度上的判断；然后再运用一定的形式，结合各方面的判断，得出一定的结论。值得注意的一点，定性预测技术一定要与定量预测技术相结合使用。

定性预测方法又被称为主观预测方法。其简单明了，不需要复杂的数学公式，依据的是专家或工作人员根据经验判断的各种主观意见。该方法简单易行，但预测结果往往存在精确度低的现象，可信度较低。

1）专家意见预测法

专家意见预测法又称德尔菲法，特点有：①结果真实；②多次反馈；③便于统计。

德尔菲法本质上是一种反馈匿名函询法。工作流程是：明确预测的问题；征求专家意见；整理、归纳、统计专家意见；再匿名反馈给各专家；再次征求专家意见；再集中；再反馈，直至得到一致的意见。其过程可简单表示如下：匿名征求专家意见——整理、归纳、统计——再次匿名反馈——整理、归纳、统计……若干轮后停止。

具体步骤：①确定预测题目，选定专家小组；②设计调查表，准备相关材料；③初次征询专家判断意见；④征询专家对初次判断的修改意见，预测组织者回收的初次判断意见并进行综合整理，加以必要的说明，然后再次"反馈"给各位专家，请他们重新考虑其判断意见；⑤经过几轮回后，专家小组的意见比较稳定之后，预测组织者可运用统计分析方法综合专家意见，最后做出预测结果。

特尔菲法预测示例

1974 年，Shafer E L、Moeller G H 和 Getty R E 应用特尔菲法预测未来有哪些发展将会影响美国的公园和游憩管理，预测结果如下：

1980 年

（1）计算机将被用于给旅游者提供去哪儿游览的咨询；

（2）一些主要的公共游览点将会备有动植物和历史方面的解说材料。

1985 年

（1）政府将建立对私人土地拥有者的税额减免制度以保护风景资源；

（2）在主要的露营地将有有线电视；

（3）荒地的利用将被限制；

（4）城市区域将为残疾人、老年人和青少年修建特别的垂钓场所。

1990 年

（1）滑雪运动将在人造滑雪场全年开展；

（2）捕捞海鱼的渔民需要持有联邦颁发的许可证；

（3）将为公共公园建立国家露营地预定系统；

（4）公立学校将交错放假全年上课；

（5）大部分家庭将拥有录像系统。

2000 年

（1）800km 是周末旅行的单程合适距离；

（2）平均退休年龄为 50 岁；

（3）美国中产阶级家庭到其他州度假就像 20 世纪 70 年代在国内度假那样普遍；

（4）旅游车辆的内燃发动机将被电力发动机或其他无污染发动机取代；

（5）大型公园的旅游限制于用影响最小的集中运输方式，如有轨电车、空中运输和地下快速运输。

2020 年

（1）将建造专用于旅游和娱乐的人工岛；

（2）大部分大都市区将提供适宜的户外娱乐场所，使得大量的城市居民不会感到需要到乡村去娱乐；

（3）2030 年大部分美国中等收入家庭将拥有度假住宅。

2050 年

（1）第一个月球公园建立；

（2）公共娱乐场所收费以收回投资和维修成本；

（3）个人拥有水下娱乐场所；

（4）平均寿命达 100 岁。

2）旅游者意图调查法

旅游者意图调查法是向旅游景区目标市场即潜在的旅游者了解预测期内旅游意图的方法。旅游者意图调查法适用于有明确旅游目的地的旅游客源预测。此方法能直观地获取潜在旅游者的意图，即是否愿意前往旅游目的地，但只能获取一个意图概率，不能直接获得目标市场具体数值。

具体步骤：①向旅游者说明调查目的，并请其填写旅游意向调查表；②对旅游者所填旅游意向情况进行汇总；③计算出游者所占比例的意向期望值（表4-5）。

表4-5 旅游意向调查表

明年你是否打算去目的地A旅游？					
0.0	0.2	0.4	0.6	0.8	1.0
不可能	可能性很小	可能性一般	很可能	非常可能	肯定

3）销售人员意见综合法

销售人员意见综合法是进行短期或近期市场预测常用的方法。其适用范围：缺乏以往历史数据或旅游景区又难于直接接触旅游者时。销售人员意见综合法的特点：①其优点是简单可行，能够快速产生预测结果，集思广益；②其缺点是存在一定风险性，主观性过强，预测的精确度不高。

具体步骤：①选择销售人员对旅游景区某项旅游产品在未来一定时期的最高销售量、最可能销售量和最低销售量及旅游者出游的概率分别进行预测，然后再计算旅游者的期望值；②由于每位销售人员对于该旅游产品未来销售量的看法对旅游景区决策的影响程度不同，即所占权重不同，给每位销售人员赋予一个权重；③将每位销售人员的期望与各人的权重之积相加，再计算其平均值。

4.4.3.2 定量预测方法

依据以往和现在的数据、信息、资料，利用统计方法和数学模型近似提出预测对象的数量变动关系的定量测算的预测方法。

1）成长率预测法

成长率预测法是一种最简单、常用的定量预测方法，其基本立足点是市场的成长率并已知其他条件。该方法的公式如下：

$$Q = P_i \cdot T_i \cdot E_i$$

式中，Q 为市场需求总量；P_i 为预测年份的预测总人口，T_i 为预测年份的预计出游率；E_i 为预测年份的人均旅游消费额。P_i、T_i、E_i 的数值能直接从政府的统计资料中获取。

2）时间序列分析方法

时间序列分析方法也叫时间序列预测法、历史延伸法、外推法。时间序列分析方法是在时间序列变量分析的基础上，运用一定的数学方法建立预测模型，使时间趋势向外延伸，从而预测未来旅游景区市场的发展变化趋势，确定变量预测值。

具体步骤：①收集、整理过去资料，确定时间序列；②确定趋势变动形态；③选择预测方法；④确定预测值。

3）简单移动平均法——算术平均法

简单移动平均法主要是通过收集一段时间内，如几个月或者几年内旅游市场的相关数据，相加以上数据，除以对应时间，计算其移动平均数，从多个时期的数据中预测未来旅游市场的数据或额度（表4-6）。

表 4-6　某旅游区的旅游收入　　　　　　　　　　　　　　　　单位：万元

年份	2014	2015	2016	2017	2018	2019	2020
旅游收入	64	68	71	69	76	74	?

$Y2020$= 前六年的算式平均值，即：

$Y2020$=（64+68+71+69+76+74）/6=70（万元）

4）季节变动法

旅游产品经常受季节、时间因素的影响，季节变动性和不稳定性很强，从旅游接待人数和旅游业收入的波动上能直接表现出来。旅游接待人数在不同月份、不同季节均有一定的变化性，同时这种季节的差异性变动又在很长一段时间内表现为强烈的稳定性。季节变动法是考虑长期趋势下旅游者接待量变动受季节变动影响的预测方法。

方法流程：①预测出趋势值；②根据若干年的每月的平均接待量和月平均接待量，求出季节变动率 R；③根据月预测值和季节比率 R 的乘积求出预测年的每月的接待量。一般预测时的数据应以 3~5 年为宜。

已知某旅游景区 2016—2019 年各月的旅游接待情况，并知该旅游景区 2020 年月平均接待旅游者数为 85 万人次。请预测 2020 年 2 月、9 月和 11 月的接待旅游者数（表 4-7）。

表 4-7　预测 2020 年 2、9、11 月接待旅游者人次（万）

月份 \ 年份	2016	2017	2018	2019	合计	月平均	R/%
1	30	36	43	52	161	40.25	34.23
2	21	24	30	37	112	28	23.81
3	60	72	82	99	313	78.25	66.54
4	83	99	114	134	430	107.5	91.41
5	96	117	130	157	500	125	106.29
6	100	120	141	164	525	131.25	111.60
7	94	116	128	153	491	122.75	104.38
8	104	126	147	172	549	137.25	116.71
9	167	201	254	303	925	231.25	196.63
10	172	209	261	317	959	239.75	203.58
11	85	102	108	128	423	105.75	89.92
12	48	56	69	84	257	64.25	54.63
年合计	1 060	1 278	1 507	1 800	5 645	1 411.25	1 200
年均	88.33	106.5	125.58	150	—	117.60	100

每月的季节变动率为：月平均 / 月份年均。

从表 4-7 可以计算出旅游区 1 月的季节变动率为：

$R1$=40.25/117.60 ≈ 34.23%

照此方法可以计算出其他月的季节变动比率为：23.18%、66.54%、91.41%、106.29%、111.60%、104.38 %、116.71 %、196.63 %、203.85 %、89.92 %、54.63%。

计算 2020 年每月的接待旅游者人数，用 2020 年预计的月接待旅游者 × 该月的季节变动率即可。

2 月的接待旅游者人数为:

$$85 \times 23.81\% = 20.23 （万人次）$$

9 月的接待旅游者人数为:

$$85 \times 196.63\% = 167.14 （万人次）$$

11 月的接待旅游者人数为:

$$85 \times 89.92\% = 76.43 （万人次）$$

5）权重法

越接近预测年的数据,权重越大(表 4-8)。

表 4-8 权重法预测举例

年份	2016	2017	2018	2019
旅游人数	$T16$	$T17$	$T18$	$T19$
权重	2	3	5	7

根据以上数据,预测 2020 年旅游人数

预测公式 $T20 = （T16 \times 2 + T17 \times 3 + T18 \times 5 + T19 \times 7）/（2+3+5+7）$

本章小结 →

在大众旅游、全域旅游新时代下,旅游景区越来越离不开市场推动,市场在资源配置中起决定性作用,因此,旅游景区规划与开发需要对旅游景区市场进行市场调查和分析,并对旅游景区市场进行科学定位与预测。

旅游景区市场调查是进行旅游景区市场定位与预测的基础。旅游景区市场调查是运用科学的调查方法(询问调查法、文案调查法、网络调查法、观察法、实验法),进行旅游景区外部环境、旅游景区市场需求、旅游产品和旅游景区竞争对手四个方面的调研,有针对性地、有计划地、有目的地、系统地发现和提出旅游景区的问题与需求,从而系统地、客观地、科学地识别、收集、分析相关信息,以了解旅游景区运营环境与市场状况,为旅游景区的规划开发、经营决策提供依据的过程。

旅游景区市场分析是在旅游景区市场调查的基础上,对景区市场状况(包括旅游景区市场环境分析、旅游景区市场接待现状分析、旅游景区竞合分析)进行进一步分析,为旅游景区的开发规划提供下一步发展的依据。

旅游景区市场定位是通过旅游景区市场细分(即旅游景区根据旅游者对旅游景区旅游产品的需求、旅游行为和消费习惯的不同,将旅游市场细分为若干个分市场,从众多细分市场中选择目标市场的过程),确定目标市场,通过分析目标市场的旅游者需求特征和偏好,结合旅游景区自身资源,对旅游景区所提供的产品和服务进行组合设计,以加强旅游景区在目标市场上的地位优势。

旅游景区市场预测是指旅游景区通过市场调查与分析,获取各种资料与情报,然后针对旅游景区的实际需求,运用定性或定量的预测方法,通过确定预测目标、收集整理资料、选择预测方法、实施具体预测、提出预测报告的预测步骤,对未来一段时期内旅游景区市场的发展规模和趋势(包括旅游市场环境预测;旅游市场需求预测;旅游容量预测;旅游价格预测;旅游效益预测)做出的分析与判断。

复习思考 →

一、单选题

1.（　　）从经济学角度看，属一般产品市场范畴，具有产品市场的基本特征，包括旅游供给的场所（即旅游景区）和旅游者，以及旅游经营者与旅游者间的供给经济关系。

　　A.旅游市场　　　　　B.旅游景区　　　　　C.旅游业　　　　　D.旅游经济

2.能为实地调查提供经验和大量的背景资料的是（　　）。

　　A.探测性调查　　　　B.描述性调查　　　　C.第一手资料调查　　D.文案调查

3.（　　）又称专家小组法或专家意见征询法，是以匿名的方式，逐轮征求一组专家各自的预测意见，最后由主持者进行综合分析，确定市场预测值的方法。

　　A.德尔菲法　　　　　B.层次分析法　　　　C.观察法　　　　　D.旅游者意图调查法

4.科学预测和正确决策的前提和基础是（　　）。

　　A.市场信息　　　　　B.市场调查　　　　　C.市场分析　　　　D.预测模型

5.（　　）是旅游景区经过市场细分之后，不考虑各细分子市场的独特性，而只关注旅游景区市场的共性，决定只推出单一的旅游产品，运用单一的旅游市场营销组合，力求尽可能满足大众旅游者的需要。

　　A.无差异营销策略　B.差异性营销策略　　C.集中性营销　　　D.排他性营销

二、多选题

1.旅游景区市场调查中旅游景区外部环境调查包括（　　）。

　　A.政治环境　　　　　B.经济环境　　　　　C.文化环境　　　　D.社会环境

2.旅游景区市场调查的方法包括（　　）。

　　A.询问调查法　　　　B.文案调查法　　　　C.网络调查法　　　D.实验法

　　E.观察法

3.旅游景区市场细分的意义包括？（　　）

　　A.有利于旅游景区了解市场组成、开拓新的市场

　　B.有利于旅游景区根据市场变化及时调整营销策略

　　C.有利于旅游景区制订灵活的竞合策略

　　D.为中小型旅游景区另辟蹊径、选择独特发展空间提供了机会

三、名词解释

旅游市场　旅游景区市场调查　旅游景区细分市场　旅游景区市场预测

四、判断题

1.从事市场调查与预测工作的人员学历越高越好。（　　）

2.市场调查与预测策划书是规范市场调查与预测整个活动过程的指导书，是市场调查与预测的行动纲领。（　　）

3.旅游区位是指旅游景区在一定区域旅游活动中所处的地位，以及其与周边地区在旅游发展中的关系，例如一个景区在一条重点旅游线路中的地位及与其周边重点旅游区之间的关系。（　　）

4.定性预测方法又被称为主观预测方法，简单明了，不需要复杂的数学公式，依据是专家或工作人员根据经验判断的各种主观意见。该方法简单易行，但预测结果往往存在精确度低的现象，可信度较低。（　　　）

5.旅游景区市场定位是对旅游景区市场进行细分后，在确定目标市场的基础上，通过分析目标市场的旅游者需求特征和偏好，结合旅游景区自身资源对旅游景区所提供的产品和服务进行组合设计，以加强旅游景区在目标市场上的地位优势。（　　　）

五、简答题

1.简述旅游景区市场调查的内容。
2.简述旅游景区市场分析的内容。
3.简述旅游景区市场细分的原则。
4.简述旅游景区目标市场的策略。
5.简述旅游景区市场定位的方法。
6.简述旅游景区市场预测的内容。

六、应用题

请对本地某旅游景区做出未来 3~5 年的旅游市场定位与预测。

实训操作 →

实训任务：×× 旅游景区旅游市场调查与分析。

实训目的：参照示范案例，结合所学的旅游市场调查方法，能够对旅游景区进行市场调查与分析，并撰写旅游景区市场调查分析报告。

实训要求：

• 全班分组，5~7 人一组，任意选择一熟悉的旅游景区进行市场调查；
• 每个小组分别撰写市场调查方案，编制市场调查问卷，制订调查工作计划；
• 市场调查前，收集与旅游景区相关的各种二手资料，了解旅游景区的基本情况；
• 进行旅游景区市场调查；
• 整理分析调查所得资料；
• 撰写该旅游景区的市场调查分析报告。

实训操作示范 →

嘉阳·桫椤湖旅游景区旅游市场分析与定位

一、旅游市场现状分析

为了更好地分析旅游者市场现状，选取了携程旅行网、去哪儿网、马蜂窝旅游网等几大知名网站，以"犍为"为目的地，随机抽取了 120 份相关游记，其中与嘉阳·桫椤湖旅游景区相关的游记有 72 份。再结合乐山新闻网、乐山旅游和体育发展政务网公布的旅游统计数据，作为基础数据。

得出以下结论：

　　旅游者停留时间：目前以半日游和一日游等短时游为主。

　　旅游者游览方式：以自驾游、自助游等自由行游览为主。

　　旅游者年龄群：以年龄来分，嘉阳小火车景区的旅游者，多为少年儿童与中青年。

　　旅游者来源地：据统计，当前旅游景区主要的旅游者来源仍以成渝及乐山周边城市居民为主，共占62.3%，一日游、两日游均有。同时，经由成渝集散地至旅游景区的旅游者也占多数，占33.3%，这其中峨眉山—乐山大佛的延伸旅游者占绝大部分，游览时间以半日游、一日游为主。

　　游览季节：据统计，依托于油菜花开的秀美景观，3月份是全年中旅游者接待量最大的季节，占46.2%，除了3月份外，节假日较多的4、10月客流量也较多。春季游客量最多，冬季则为大幅减少。

　　出游主要动机：据统计，科普教育和人文体验是至景区出游的主要动机（图4-5~图4-7）。

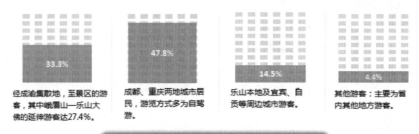

图 4-5　旅游来源地统计

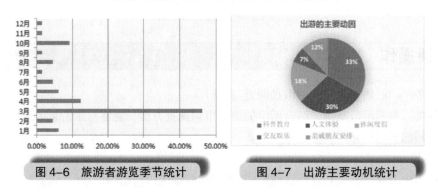

图 4-6　旅游者游览季节统计　　　　图 4-7　出游主要动机统计

二、客源市场定位

见表4-9。

表 4-9　嘉阳·犍楼湖旅游景区客源市场定位

细分市场	市场组成
一级客源市场	以成德绵乐城市群、重庆城市群为主的川渝两地客源市场，乐山大佛—峨眉山旅游景区的延伸市场及以成都为目的地、过境地的外来客源市场
二级客源市场	云南、贵州、陕西、甘肃与四川临近区域及昆明、贵阳、西安、兰州等特大城市客源市场
三级客源市场	以珠三角、长三角、京津唐为主的国内远程市场及日本、韩国、东南亚和欧洲、北美等为主的海外市场

实训操作表格 6　旅游景区市场调查

调查区名称			调查时间		调查方法	
采样地点						
A. 调查内容						
调查区外部环境（政治、经济、社会、文化环境）						
调查竞争对手（旅游产品、价格策略、销售渠道、营销策略、宣传策略）						
调查市场需求（需求规模、结构、层次和发展趋势）						
B. 旅游景区市场调查问卷问题设计						
C. 调查组主要成员						

责任	姓名	分工	责任	姓名	分工
组长			成员 4		
副组长			成员 5		
成员 1			成员 6		
成员 2			成员 7		
成员 3			成员 8		

填表人：	联系方式：	电话：	填表日期： 　年　月　日

第5章

旅游景区发展定位

---- • ----

学习目标 →

知识目标: 深入理解旅游景区发展战略的抉择。

正确认识旅游景区主题定位的层次及内容。

掌握与灵活运用旅游景区形象定位的方法及形象主题口号的概括。

能力目标: 能够进行旅游景区发展战略分析,对旅游景区进行科学而富有吸引力的主题定位和

形象定位。

知识结构 →

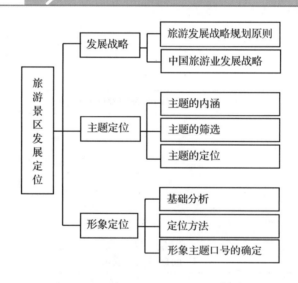

导入案例 →

资源枯竭型矿山转型升级的重要性与必要性

随着煤炭资源枯竭,嘉阳人抓住机遇转型,修复废弃矿山生态,实施绿化、净化、美化工程,嘉阳矿区 2010 年获批第二批国家矿山公园,2015 年被正式命名为国家级绿色矿山。以发展旅游为突破口,逐步实现资源枯竭型矿山的绿色转型。

政策导向: 绿水青山就是金山银山,近年来,针对生态文明建设的总体战略,陆续出台了建设绿色矿山、实施矿山生态环境恢复的相关政策。探索矿山转型发展的新模式和新路径是建设生态

文明总体战略的迫切要求，也是新形势下资源枯竭型矿山持续发展的必然选择。

环境治理：作为仍在运行中的煤矿企业，嘉阳年产煤量达120万吨，环境治理和生态恢复面临着严峻的形势。必须从源头上抓好转型升级，形成有利于生态环境的产业布局和产品结构，通过旅游项目的建设，促进环境污染的治理和生态环境的优化。

资源保护：保护好以嘉阳小火车为代表的矿山文化遗产及桫椤植物群，是实现资源枯竭型矿山转型升级的必要前提，也是矿山发展工业旅游、实现可持续发展的基础和突破口。

富民增收：矿产资源的枯竭使得许多矿山职工外迁，人口萎缩，区域内老龄化趋势日益加重，社会经济缺乏活力。实现矿山从传统工业向旅游、现代服务、文化创意转型，可以吸收大量厂矿企业下岗职工再就业，并为当地农民中的部分剩余劳动力提供一定的就业机会。

该案例中的旅游发展思路你作何评价？

旅游景区发展定位的概念起源于20世纪70年代，是由著名的美国营销专家艾·里斯（Al Ries）与杰克·特罗（Jack Trout）提出，强调通过定位促使商品进入潜在旅游者心中并占据心灵位置。随着旅游业的快速发展和竞争的日趋激烈，旅游者的自主决策意识大大增强，旅游景区通过正确的定位和严密的科学规划，树立一个鲜明、独特而富于吸引力的旅游形象，提高知名度、识别度、美誉度及积极引导旅游者做出旅游决策具有极重要的作用。

5.1 发展战略

发展战略是关于企业如何发展的理论体系，真正目的是如何摆脱传统竞争陷阱的困扰与折磨，解决企业的根本发展问题，实现企业快速、健康、持续的发展。发展战略思想运用到旅游业，即一个国家或地区对其旅游发展所作的长期谋划和指导原则，其主要内容有旅游发展的战略目标及实现旅游发展战略目标的对策、途径和手段。旅游发展战略思想是在旅游规划发展过程中逐步产生的。

5.1.1 旅游发展战略规划原则

规划原则就是规划规律的一种归纳总结。旅游发展战略规划可以按照归纳总结形成的原则进行。

5.1.1.1 与时俱进原则

遵循与时俱进原则，避免旅游发展战略水平滞后。"时"是旅游业发展面临的新"形势"、新"趋势"。"进"就是创新、变化和前进。与时俱进就是在进行旅游发展战略规划时，时刻关注旅游业发展的新形势、新趋势，时刻保持旅游发展战略规划思路和内容，与旅游发展趋势形成连动和同步发展；时刻关注旅游产业环境的微妙变化，研究旅游产业管理实践的最新发展，运用管理学新的研究成果，提高旅游发展战略规划水平，实现所规划的旅游产业发展目标。

5.1.1.2 超前创新原则

超前创新原则是旅游发展战略规划的生命和灵魂。超前：时间上有一定超前性。创新：有新思想、新方法、新发明。创新有两个层次：

（1）适应型创新。在旅游业发展环境发生了变化，已经发生旅游业发展滞后于旅游业发展形势的不协调现象，旅游发展战略规划方案需要有新措施、新方法来适应已经发生的变化，以实现新的协调，新的发展。

（2）超前型创新。根据对旅游发展环境未来可能发生的变化进行预测分析，充分发挥旅游发展战略规划的主动性，拓展思路，创造条件，引导旅游发展环境向有利于旅游产业的方向发展。旅游发展战略规划超前性，要求旅游发展战略规划方案在时间的延续上要经得起历史的考验，具有较长时期的适应性、实用性、领先性。

旅游发展战略规划的创新，就是要求旅游规划人借助于系统科学的观点，利用新思维、新技术、新方法，创造一种更新的更有效的旅游产业资源整合配置方式，以促进旅游产业系统的综合效益不断提高，实现以尽可能少的投入获得尽可能多产出的旅游产业发展目标。

5.1.1.3 技艺融合原则

旅游发展战略规划技艺融合原则，就是在进行旅游发展战略规划的工作中，运用技术和艺术两种方法将科学性和艺术化统一于旅游发展战略规划方案之中，应用于旅游产业的发展中。

讲究"技术"：就是要研究将现代新科学、新技术、新材料和计算机辅助应用等技术可以运用于旅游产业，策划出的旅游产品和旅游项目要有技术含量，要有科学分量，要有先进科学技术的体现，营造美轮美奂的旅游体验，构建具有科学精神的旅游发展战略。

讲究"艺术"：就是讲究旅游发展战略规划的艺术性，将艺术化思想贯穿整个旅游发展战略规划活动始终。在规划开始前，把握艺术的总基调；在策划创意阶段，注重灵感、激发、愉悦、包装、渲染的艺术；在规划方案形成阶段，注重结构、语言、效果的艺术。

旅游发展战略规划注重技艺融合原则，实现技术性和艺术性的连动优化，既有技术的说服力，又有艺术的魅力，体现规划的创造力。

5.1.1.4 综合集成原则

综合：把各种不同类别的旅游产业资源或科学技术方法组合在一起。

集成：将各类社会经济与自然界事物中好的方面、精华部分集中组合在一起。

旅游发展战略规划的综合集成：综合运用各种不同的科学方法、手段、工具，促进各项旅游产业要素、功能和优势之间的互补、匹配，使之产生 1+1>2 的效果。

综合集成原则的四个特点：

第一，优化性。重视旅游规划系统和旅游产业系统的集成，如策划、设计、技术、管理、运行的旅游策划系统集成，旅游景区、旅行社、酒店、交通、市场的旅游产业系统集成等。

第二，动态性。时刻关注旅游系统内外环境要素的变化，及时调整相关的参量，保证旅游系统的运行适应外界的变化要求。

第三，模糊性。旅游发展战略规划要面临着许多难以精确定量描述的要素，同时，规划要突破现有的旅游产业系统的边界，从而使诸多问题的边界难以准确界定。

第四，协同性。综合集成协同旅游产业发展中各种管理要素、对象、手段，形成旅游产业发展超乎寻常的和谐、协调的状态。

综合集成原则综合各种旅游规划原则与方法，优化成为一个整体功能更强的新系统的原则和方法，调动一切可以调动的各种科学与社会资源中的优势因素，共同为旅游发展战略规划工作服务。

5.1.2　中国旅游业发展战略

中国旅游业近几年重要战略主要包括"旅游+"战略、全域旅游战略、"一带一路"旅游发展战略、中国旅游"515战略"等。

5.1.2.1　"旅游+"战略

"旅游+"是指充分发挥旅游业的拉动力、融合能力及催化、集成作用，为相关产业和领域发展提供旅游平台，插上"旅游"翅膀，形成新业态，提升其发展水平和综合价值。

2015年8月，国家旅游局研究部署实施"旅游+"战略（图5-1），受到了中国各地和社会各界的积极影响和全力推动。通过智慧旅游、乡村旅游、工业旅游、商务旅游、研学旅游、医疗旅游、养老旅游、健康旅游等领域，重点推进"旅游+"融合发展。

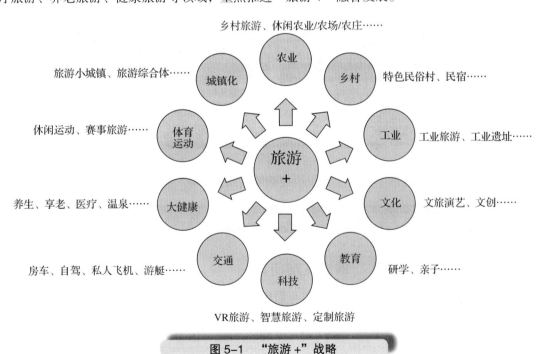

图5-1　"旅游+"战略

资料来源：http://www.ocn.com.cn/touzi/chanye/201708/dxqoz04102623.shtml

"旅游+"具有天然的开放性、动态性，"+"的对象、内容、方式都不断拓展丰富、多种多样，"+"的速度越来越快。经济社会越进步发展，"旅游+"就越丰富多彩，"旅游+"成为中国旅游业发展的重要战略，也是中国社会全面发展的重要成果和标志。

5.1.2.2 全域旅游战略

全域旅游战略（图5-2）是指在一定区域内，以旅游业为优势产业，通过对区域内经济社会资源尤其是旅游资源、相关产业、生态环境、公共服务、体制机制、政策法规、文明素质等进行全方位、系统化的优化提升，实现区域资源有机整合、产业融合发展、社会共建共享，以旅游业带动和促进当地经济社会协调发展的一种新的区域协调发展理念。

2015年8月19日，在全国旅游工作研讨班上，国家旅游局局长李金早提出推进全域旅游发展。随后，国家旅游局发布《关于开展"国家全域旅游示范区"创建工作的通知》，并于2016年1月在全国旅游工作会议上全面提出从景点旅游走向全域旅游，开创中国"十三五"旅游发展新局面，将推进全域旅游作为新时期的旅游发展战略。

推进全域旅游是贯彻五大发展理念的重要途径，是经济社会协调发展的客观要求，是旅游业提质增效可持续发展的必然选择，是旅游业改善民生、提升幸福指数、服务人民群众的有效方式，符合世界旅游发展的共同规律和整体趋势，代表着现代旅游发展的方向。

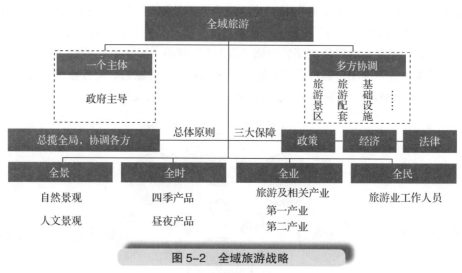

图5-2 全域旅游战略

资料来源：http://www.chinabgao.com/freereport/75010.html

想一想：旅游景区实施全域旅游发展战略有哪些举措？

5.1.2.3 "一带一路"旅游发展倡议

国家主席习近平于2013年9月和10月先后提出共建丝绸之路经济带和21世纪海上丝绸之路（简称"一带一路"）的理念和倡议。"一带一路"贯穿欧亚大陆，东边连接亚太经济圈，西边进入欧洲经济圈（图5-3）。无论是发展经济、改善民生，还是应对危机、加快调整，许多沿线国家同我国有着共同利益。历史上，陆上丝绸之路和海上丝绸之路就是我国同中亚、东南亚、南亚、西亚、东非、欧洲经贸和文化交流的大通道，"一带一路"是对古丝绸之路的传承和提升，获得了广泛认同。一带一路是中国新一轮对外开放的新格局，是沿途国家共同繁荣之有益路径，是中国梦与世界梦的有机结合。

图 5-3 "一带一路"倡议

资料来源: https://image.baidu.com/search/index?tn

5.1.2.4 中国旅游"515 战略"

2015 全国旅游大会在江西南昌召开，国家旅游局局长李金早在会上做了重要讲话。我国旅游业发展要实施"515 战略"，即紧紧围绕"文明、有序、安全、便利、富民强国"五大目标，推出旅游十大行动，开展 52 项举措，推进旅游业转型升级、提质增效，加快旅游业现代化、信息化、国际化进程。

旅游景区的发展同样要有前瞻性的思考与谋划，如何深挖自身资源，顺应时代潮流，满足旅游者需求，占领旅游市场，是每个旅游规划师和旅游景区经营管理人员必须面对和重视的问题。

金佛山旅游景区发展战略构想

金佛山旅游大力发展之际，也正处在我国旅游快速转型期，由原先简单的观光旅游等初级阶段向体验旅游和产业链经济为特征的未来阶段发展，由原先单一的"门票经济"向深度精品旅游的"泛旅游模式"转变，旅游景区营销也由"产品为中心"向"消费者为中心"的转变，在新形势下，发展金佛山旅游必须转变思路，顺应市场，才能实现预期目标。

金佛山旅游发展必须把握三大战略：区域联动战略、跨越发展战略、机制创新战略。

（一）区域联动战略

加强与周边区域的联合与协作，构建区域旅游合作网络，以整合和服务周边的理念，做大做强区域旅游品牌，并不断强化自身中心地位，成为区域旅游品牌的领导者和代言人。

1.对外，区域联盟。省际联盟。利用地处渝黔川湘三省一市交界的优势，与川东、黔北、渝南形成的川黔渝生态旅游金三角旅游区。整合武隆、彭水旅游资源，形成渝南旅游线，同时，依托一小时经济圈的交通便利，与市内资源整合，将其并入都市游旅游环线中，分享长江三峡黄金旅游通道输送的大量旅游者资源。

2. 对内，旅游景区联动。区域内旅游景区内部联动。对旅游小景区进行要素整合，合理组合旅游资源，如整合神龙峡、楠竹山等资源形成大旅游景区，丰富旅游内涵。

（二）跨越发展战略

全佛山旅游发展不能走其他地方旅游发展的传统道路（旅游产品从低层次观光到高层次观光，观光旅游再升级为休闲旅游，最后发展到休闲度假旅游和各种专项旅游），这是一条追赶型发展道路，永远跟在后面走没有出路。全佛山旅游可以充分发挥后发优势，按照国际旅游流行的趋势，高举高打，以高带低，打造相应的旅游产品，大力发展休闲旅游和体验旅游，引进最先进的旅游开发和管理模式，实现全佛山旅游的跨越式发展，如图 5-4 所示。

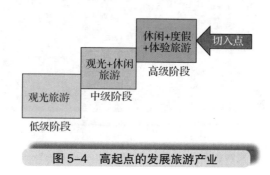

图 5-4　高起点的发展旅游产业

（三）机制创新战略

当前国内很多旅游景区面临的最大问题存在于机制上，长期"管理经营"不分，既是所有者，又是管理者、经营者，导致产业运作市场化、专业化程度欠缺，产业竞争能力不足，经济效益较低。全佛山旅游新的发展，必须建立专业化经营平台，分清责权利，"政府经营环境、企业经营市场、民众经营文化"，建立健全良好的用人机制，进行机制创新，尤其是管理机制的创新，保障金佛山旅游的良性和健康发展。

资料来源: http://www.doc88.com/p-9129627247869.html

5.2　主题定位

旅游景区规划与开发需要围绕一定的主题。主题是旅游景区规划的理念核心，是旅游景区发展的灵魂。主题定位是旅游景区充分开发特色资源、形成特色旅游产品、开展市场营销、促进旅游者产生购买决策的关键因素。

5.2.1 旅游景区主题的内涵

主题（Theme）一词源于德国，最初是一个音乐术语，是指在音乐中被不断重复和不断扩张的那部分旋律，是构成音乐作品的骨架。它表现一个完整的音乐思想，是乐曲的核心。后来，这个术语被广泛用于一切文学艺术的创作中，是文艺作品中或者社会活动等所要表现的中心思想。

主题既反映了现实生活本身所蕴涵的客观意义，又集中体现了创作者对客观事物的主观认识、理解和评价。

旅游景区主题是旅游景区规划与开发的理念核心，是在规划与开发过程中不断被展示和体现出来的一种旅游理念或旅游审美价值观。它决定着旅游形象、项目、旅游产品等内容的规划、开发和设计，是旅游景区特色的高度凝练，也是旅游景区潜在的发展目标。只有主题选择准确，旅游景区规划才能获得成功。

鲜明的主题是旅游景区的旗帜和形象，是旅游景区内涵的具体化，也是旅游景区规划与开发的核心，因此，旅游景区通过旅游景区主题定位，强调"主题"的主导作用，使与"主题"相关的各种资源在有限的空间里高度聚集，形成一个整体，集聚吸引力，实现区域旅游经济的快速发展。

在旅游规划中，一个旅游景区可供选择的主题线索非常多，如何提炼出既能体现旅游景区资源特色，又能迎合旅游市场需求的主题类型是旅游景区开发中的首要问题。

旅游景区主题选择取决于旅游景区的地脉、文脉和人脉。在主题化策划过程中，以环境调查、提炼亮点、主题选择、主题项目策划为路径，确定旅游景区发展主题。

5.2.2 旅游景区主题的筛选

旅游景区主题是旅游景区规划的中心思想，往往旅游景区可供选择的主题类型非常多。从旅游景区的旅游资源的构成上来看，往往不是由单一资源组成的，可能包含有许多资源类型，如自然风光、历史文化传说等。对主题公园类旅游景区来说，可供选择的主题范围就更广，因此，确定主题类型比确定主题范围更为重要。

5.2.2.1 与旅游景区性质协调一致

旅游景区的性质一般是指由风景资源的构成和特色、旅游开发的区位优势、旅游景区的主体及该旅游景区在一定的旅游区域中的地位、分工等所决定的功能、作用和地位。

旅游景区的性质实际上是由两方面内容所确定的：第一，构成旅游景区旅游资源的类型与特征；第二，旅游景区在区域旅游系统中的地域分工。

也就是说，旅游景区性质的确定不但要考虑资源本身特色，而且要符合区域旅游产业发展的总体布局。

5.2.2.2 突出旅游资源特色

特色是旅游目的地吸引力、竞争力和生命力的源泉。

旅游景区主题策划要深入挖掘旅游景区资源特色，尤其针对外地客源市场的旅游景区更要在旅游资源上多做文章，对旅游资源的分析不能仅仅停留在表面所具有的特征上，更要把注意力集中在对抽象人文要素的发掘与整理上，力求从整体上把握资源特色。

对旅游景区旅游资源状况分析主要从旅游资源类型、旅游资源品味、旅游资源的数量与规模及不同类型的旅游资源的分布与组合等方面进行的。不仅要对旅游景区内旅游资源类型进行深入调查和客观评价，还要与周边地区旅游资源进行横向对比，挖掘出具有特色的资源进行重点开发。

5.2.2.3　适应旅游市场需求

旅游资源是旅游景区产品的主要原材料，其本身并不是旅游产品。旅游资源开发以市场为导向，是由旅游产品的商品性质决定的。

在市场经济条件下，市场需求决定产业的发展方向、发展规模、发展速度及发展前景。这就要求旅游景区规划要进行准确而细化的市场定位，以客源市场的现实和潜在需求为导向，去发现、挖掘、评价、筛选和开发旅游资源，提炼旅游景区开发主题，设计、制作和组合旅游产品，推向旅游市场进而引导市场、开拓市场。如北京奥普乐主题运动乐园就在冬季推出了欢乐冰雪季旅游活动，受到旅游者的喜爱（图 5-5）。

图 5-5　奥普乐主题运动乐园欢乐冰雪季

图片来源: http://bj.bendibao.com/tour/2016111/213815_5.shtm

5.2.3　旅游景区主题的定位

旅游景区规划主题的定位过程可划分为旅游景区发展目标定位、旅游景区功能定位、旅游景区旅游形象定位三个层次，如图 5-6 所示。

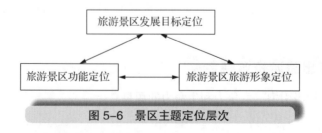

图 5-6　景区主题定位层次

旅游景区规划的主题定位是由旅游景区发展目标定位、旅游景区功能定位和旅游景区旅游形象定位这三大要素组成的有机体系。其中，发展目标是根本性的决定因素，是实质性主体；功能定位则是由发展目标决定的内在功能；形象定位是发展目标的外在表现。所以，我们可以将旅游景区规划主题定位内涵归纳为"一体两翼"。

5.2.3.1 旅游景区发展目标定位

发展目标定位是确立旅游景区旅游主题的第一步。所谓的目标指某项规划决策、研究工作等努力的方向和要求达到的目的，具有可达性、约束性、时效性与一致性等特征。

发展目标从根本上影响着旅游景区的功能定位和形象树立，在旅游规划中，发展目标是三个方面中最根本的要素，决定了旅游景区发展的总方向。

从内容上来看，旅游景区规划与开发发展目标定位具有多元化的特点。例如，旅游景区发展目标可以包括如下内容：经济发展目标、社会效益目标、环境与文化遗产保护目标、基础设施发展目标等。

从时效上看，旅游景区规划与开发的发展目标可以分为总体战略目标和阶段性目标两大类型。制订开发目标的作用是监控旅游景区开发的实际产出与总目标之间的差距，以衡量旅游景区规划和开发的成功与否，并对出现的问题加以反馈修正。

在确立旅游景区发展目标时，通常将区域国民经济发展总体目标、区域旅游产业发展总体目标与旅游景区的自身发展相结合。在旅游景区规划与开发中，其发展目标的制订不仅要关注当地的发展，同时，还应将旅游者的需求和满意度置于较为重要的位置，因此，还需要制订出针对旅游者的发展目标，在此过程中应考虑如下几方面的因素。

（1）满足个人需求。随着大众旅游时代的到来，旅游成为人们生活中不可或缺的一部分，他们的旅游动机不尽相同。满足旅游者多样化的个人需求和占领旅游市场，是诸多旅游景区发展最根本的目标之一。

新时代下旅游者的需求变化

地点，在意新鲜与稀罕。旅游者对新鲜目的地的向往，除了冬季北方冰雪旅游的继续走俏、乡村旅游的继续升温外，新辟旅游目的地旅游、西部旅游（包括青藏高原旅游、宁甘陕旅游、新疆旅游）、温泉旅游等，都成为新的热点。

近地，热衷自驾与亲朋。由于时间和道路的便捷性，近地旅游常常是居民出游的第一选择。而自驾车旅游，既满足了旅游者休息旅游的需求，又带来了亲朋知己聚会和驾车的乐趣。

观光，讲究主题与深度。越来越多的旅游者和旅游经营者都已经注意到了旅游的主题和深度，即使是观光旅游也是如此。

游乐，更爱新潮与心跳。早期的中国传统旅游，比较喜爱清净与闲适的环境，但是现在年轻人由于受到新思潮的影响，更偏爱快节奏的游乐与刺激。

休闲，趋向健身与轻松。当人们不再以观光旅游作为唯一选择的时候，休闲旅游便自然而然地补充了进来。或偏爱城市周边的农家乐，或乐意选择去温泉或度假村。

品位，追求野趣与豪华。他们追求具备个性化需求，远离普通人的地方。或许在荒凉的地方享受着奢侈的旅游生活，以赢得更多的私人空间与更多的个人体验。

（2）提供新奇经历。对大多数旅游者而言，他们所向往的旅游经历是逃避常规生活中的高密度人群、快节奏的生活压力与严重污染的环境，因此，旅游景区发展目标中应体现出"回归自然"的特色，能够给旅游者带来新奇体验。

• 在充满惊奇和神秘的旅途中享受出游的乐趣，探索异域独特的自然奇观，或者感受与众不同而又略带神秘的古文明、人文景观，深度体验异域文化的精髓。

• 与大自然、阳光、海水、沙滩、森林、山地的亲密接触。

• 异质文化与生活方式的新型体验。

（3）创造具有吸引力的旅游景区形象。旅游景区规划与开发应尽可能赋予旅游景区一种新颖的个性特征，同时，使这种个性特征易于旅游者辨识、记忆和传播。旅游景区主题形象设计应综合考虑旅游景区所在的环境及其所蕴含的文化特色，充分挖掘旅游景区自身优势、考虑周边同质资源竞争和旅游市场发展态势等因素，对当地主要旅游产品总体高度概括和评价，创造新颖、积极、科学的旅游景区主题形象，为旅游景区更好地开发与发展提供技术支撑。

值得一提的是，上述旅游景区发展目标定位的内容只是为旅游景区发展目标定位的制订提供了理论框架和方法。在规划与开发的实际工作中，对于旅游景区发展目标定位的确定，需要考虑当地实际情况进行。

金佛山旅游景区规划—发展目标定位

根据对金佛山的规划设计，把握国际国内旅游发展趋势，充分利用金佛山的区位交通和资源优势，深度挖掘特色自然资源和地域人文资源，以发展生态旅游为主线，贯穿慢动生活和乐活生活两大国际生态理念，将自然观光、休闲度假、商务会议、健康养生、文化体验等功能进行有机融合，通过 8~10 年的努力，将金佛山打造成国际一流的都市山水休闲胜地，如图 5-7 所示。

图 5-7　金佛山旅游景区

依照工程建设和市场发展（分期开发、梯次推进，突出重点、滚动发展），金佛山旅游景区发展分为三个阶段：建设期（近期）、成长期（中期）、成熟期（远期），三个时期旅游景区发展战略目标如下：

1. 建设期（2007—2010 年）战略目标

近期调整阶段目标：本阶段，主要任务是在建设中做好旅游景区营销，完善各项制度，磨炼队伍，将金佛山打造成重庆周边游市场的领跑者，成为重庆市旅游龙头精品之一；南川旅游成为重庆市龙头旅游区之一，成为渝南黔北旅游环线的重要节点；成为重庆山水都市名片，同时能够辐射西南地区，有一定影响力的4A级旅游景区。

2. 成长期（2010—2014年）战略目标

中期提升完善阶段目标：目前，规划设计的"慢动乐活"人文元素与旅游景区自然资源结合，同时，配套设施的打造已经到位，基本能全面释放资源能量，主要树立一种全新的生活方式。将旅游景区打造成为西南著名、辐射全国的5A级重点休闲旅游区。

3. 成熟期（2014—2020年）战略目标

远期可持续发展阶段目标：无论是天星的度假酒店、温泉项目，还是山顶超五星酒店都已建设完毕，对于接受高端市场旅游的条件已经具备，加之旅游景区自身资源状况、市场对度假旅游的需求及国内相关政策的出台（对省部级领导每年的度假疗养），都将推动金佛山度假旅游的发展，将旅游景区打造成国内著名、国际知名的都市山水度假休闲胜地。

资料来源：http://www.doc88.com/p-9129627247869.html

5.2.3.2 旅游景区功能定位

旅游景区功能定位是在旅游景区发展目标的指导下，以当地拥有的历史文化和资源条件为基础，对旅游景区功能的系统设计和安排，其对于指导旅游产品开发设计有重要意义。旅游景区功能定位具有多种可能性，在内容上还具有综合性、多样性的特征。出于为旅游景区的功能进行科学合理定位的考虑，通常从目标市场期望、政治经济环境、技术资金实力及旅游资源基础四个方面加以综合衡量。

政治经济环境和技术资金实力构成了旅游景区功能定位的外部环境，对旅游景区功能定位的可行性产生影响。旅游资源基础是旅游景区功能定位的基础因子，是设计支撑性旅游产品和项目的基础。目标市场期望则是旅游功能定位的方向指南，为旅游功能定位提供市场导向。只有综合考虑以上影响因素，才能准确进行旅游景区功能定位。

在具体的功能细分上，旅游景区旅游功能可划分为以下三个向量：

（1）经济功能。即对旅游景区在地区经济产业结构及区域旅游市场格局中扮演角色的定位。如定位为区域经济中的重要产业、先导产业、支柱产业等；区域旅游市场格局中的市场领导者、市场追随者、市场补缺者等。

（2）社会功能。即该旅游景区适应的旅游需求类型，对应于旅游消费行为层次，因此，必须深入了解旅游者的各类需求，包括物质需求，满足出行的硬件条件，也包括精神需求，如满足旅游者出行预期。追踪溯源，首要解决的问题是了解"旅游的意义"，不知道为什么要去旅游，旅游有什么意义，就谈不上旅游社会功能定位了。旅游景区社会功能定位在整体上表现为普通观光游览型、休闲度假型、探险体验型、民俗游乐型等。旅游景区功能社会定位，要追溯源头，要用心体会，注重细节，做好服务。不管是观光，还是体验，是养生还是度假，一切功能围绕让旅游者游出自我，产生情感共鸣。

（3）环境功能。即旅游景区的开发及后期管理对自然环境的影响作用。由此又可划分出如下功能类型：依托利用环境型，如自然风光旅游区——长江三峡等（图5-8）；有限开发型，如生态旅游区、自然保护区；改善环境型，如沙漠绿洲；人工改造环境型，如大型主题公园等。

图 5-8　长江三峡

资料来源: http://brand.gzmama.com/store.php?id=489&action=good&xid=4457

5.2.3.3　旅游景区旅游形象定位

如果说城市形象还带有一些客观性，是长时间积累而成的，那么旅游形象则相对带有人的主观色彩了，这与旅游相关部门、旅游企业、旅游策划者、旅游者有着密不可分的联系。所以，关于旅游形象的定义就存在不同的表述方式。有学者概括旅游形象是指旅游地的内外部公众，包括该地的居民、旅游从业者和现实或者潜在的旅游者等，对旅游地的外在因素如整体环境、基础设施、建筑布局、景观特色等和内在文化历史底蕴进行相应的体验和判断所形成的认识与评价，这种认识与评价具有总体性、概括性和抽象性，其实质就是对旅游地的过去（历史印象）、现在（现实感知）和将来（未来信念）的一种理性综合。

其实，旅游形象的概念在本质认识上是相同的，属于认知心理学的研究领域。对旅游形象研究成果突出的学者李蕾蕾认为旅游形象的核心可以概括为旅游者对旅游地的直接和间接信息处理过程及其结果，旅游形象包括形象的主体、客体和本体三部分。旅游形象的主体毋庸置疑肯定会包含旅游者。此外，还包括本地居民和形象策划师，他们也关系到旅游地的感知形象。旅游形象的客体则毫无疑问是旅游地，指的是某个区域小到旅游景区，大到省、市，甚至国家所表现出来的旅游形象。旅游形象的本体可分为两个基本类型：直接感知形象和间接感知形象，分别对应于"旅游地信息"和"关于旅游地信息"，前者由旅游地的人—地感知因素系统和人—人感知因素系统构成，后者由现代信息媒介产生的或媒介环境中的人—地感知系统和人—人感知系统构成，如图 5-9 所示。

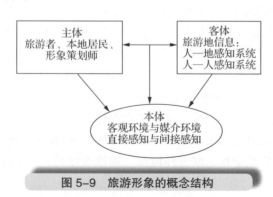

图 5-9　旅游形象的概念结构

建立一个鲜明、独特而富于吸引力的旅游形象，对于旅游景区形成自身优势，提高知名度、识别度、美誉度及积极引导旅游者做出旅游决策具有极大的推动作用。旅游景区形象定位就是要使旅游景区深入潜在旅游者心目中，占据心灵的某处位置，使旅游景区在旅游者心目中形成生动、深刻而鲜明的感知形象。借助此形象定位，旅游景区在旅游市场中便拥有了明确的立足点和独特的销售优势。

旅游景区形象定位的运作也就是形象定位的最终表述，一般称为核心理念或主题口号。一般来说，旅游形象口号应能反映一个旅游景区的独特性、差异性和深厚文化内涵，还要有领先性和新奇性，能引导旅游者想象，能适应一个阶段旅游需求的热点主体和潮流。此外，旅游形象口号还要能满足人们对美的追求，要比较亲和，不能过于居高临下、自我陶醉。口号应符合营销传播原则，文字精炼、朗朗上口，容易被旅游者记住，给人留下深刻的印象。

有了独特、鲜明的旅游景区形象核心理念的指导，进行旅游景区形象感知系统的设计就水到渠成了，分为人—地感知形象和人—人感知形象，两要素的整合为后面旅游景区形象的传播与推广提供载体。

由于旅游景区主题形象是旅游者认知旅游景区的重要途径，是旅游者选择旅游景区的决策因素之一，因此，本书将重点介绍旅游景区主题形象定位的原理方法。

5.3 形象定位

旅游景区形象影响着旅游者的决策行为，一个适宜的旅游景区形象有助于提高旅游景区旅游的可识别度，带动旅游景区三大效益的增长，实现旅游景区的可持续发展。

5.3.1 形象定位基础分析

旅游景区旅游形象的基础分析主要包括对旅游景区的四脉分析、旅游景区的市场分析及旅游景区的形象替代性分析。

5.3.1.1 旅游景区四脉分析

四脉理论即地脉、文脉、商脉、人脉，是对传统的旅游形象定位分析的延伸和扩展，更全面地了解旅游目的地的各种资源，为后面旅游景区旅游形象的定位奠定坚实的基础。四脉的分析是旅游景区旅游形象定位的灵魂，通过四脉的分析，旅游景区可以重新审视自己，旅游景区旅游今后发展的方向和目标围绕形象定位的四脉分析而展开，具体表现为：

地脉指一个地域（国家、城市、风景区）的地理背景，即自然地理脉络，包括地质地貌、生物、气候气象、水体等自然资源禀赋及交通区位。

文脉指一个地域（国家、城市、风景区）的社会文化背景，即社会人文脉络，包括旅游目的地有形的历史文化遗产和无形的非物质文化遗产，是一种综合性的历史文化传统和社会心理积淀的组合。

商脉则是指分析目的地目标市场的需求及特点，结合当地具有比较优势和竞争优势的资源，提供与其需求相吻合的旅游经历和体验，是旅游目的地吸引旅游者，获得竞争优势，产生经济、社会和环境效益的最重要前提，这也是四脉理论的核心。

人脉原指人际关系，人际网络，在此是指当地居民和其他利益相关者对旅游目的地形象的心理判断和接受度。当地居民和其他利益相关者（如旅游企业人员、旅游相关部门人员）的态度会对旅游景区旅游发展产生很大的影响，外地旅游者来到一个旅游景区需要的是宾至如归的感觉，希望被得到认同和尊重。

5.3.1.2　旅游景区市场分析

旅游景区的市场分析主要是分析旅游者对旅游景区旅游形象的认知与偏好，目的在于揭示公众对旅游景区的认知、态度、印象和预期。将旅游者作为无差别的大众进行旅游地形象定位时，只要宣传一切都是标准化或达到标准化要求的就几乎不必有所作为了，但大众社会的旅游者也会在不断经历标准化的旅游服务之后，产生需求的分化和差异，分众的旅游者诞生了。而在旅游形象的传播过程中，就要正确认识媒介与受众的互动关系，才能有效地使形象的定位凭借媒体的传播深入受众式的旅游者心中。

5.3.1.3　旅游景区形象替代性分析

旅游景区的形象替代性分析是在旅游景区旅游发展背景和形象现状分析的基础上，分析旅游景区所在区域内外的其他旅游景区的形象空间格局和联系，以及未来可能发展和创新的方向，为独特性形象的构建提供依据。其实质就是，找出谁是竞争对手、描述竞争对手状况、分析竞争对手状况、掌握竞争对手方向、洞悉竞争对手意图、引导竞争对手的行动和战略。

5.3.2　旅游景区形象定位方法

旅游景区形象定位反映了旅游地的资源品级和产品开发的前景，也为其市场正确定位提供参考。只有通过差异化的、特色鲜明的形象策划，旅游景区才能发挥持久的魅力，形成各自的竞争优势。

5.3.2.1　旅游形象定位的三要素

美国营销学家菲利普·科特勒（Philip Kotler）认为，形象定位的差异主要由以下三个要素决定：一是主体个性，是指旅游企业组织或产品的品质和价值内涵的独特风格；二是传达方式，是指把主体个性有效准确地传递到目标大众的渠道和措施；三是大众认知，在完成主体个性和传达方式两步之后，真正达到形象定位完成的衡量标志是大众感知和认知。它是指地区形象被目标受众（旅游者）所认识、知晓和感受的程度。

5.3.2.2 旅游景区形象定位的主要方法

着眼于不同视角，就有不同的旅游地形象定位方法论，在实践中比较常用的定位法主要有如下几种。

1）综合定位法

综合型定位是一种普遍采用的旅游主体形象设计类型，主要适用于文化元素比较宽泛的区域。当然，综合型定位并非不要特色，只是在选择旅游形象定位点时，更具概括性，进而从更高层面体现旅游地的旅游特色。杭州宋城旅游景区就巧妙地用"给我一日，还你千年"的综合形象俘获人心，吊足旅游者胃口，从而产生旅游动机，一探究竟。

在很多旅游城市，特别是在一些国际大都市，其旅游形象影响因子之间相对比较平衡，众多的资源要素都比较优越，因而在城市形象定位总体选择上不能顾此失彼，需要采取一种兼容性、概念化定位，这种方式就是综合型定位。比如，香港的"动感之都"，巴黎的"浪漫之都"，曼谷的"天使之城"，山东的"好客山东"（图5-10）等。此类旅游形象定位没有一个明确的具象，而是用一种高度抽象的概念来界定这个城市的旅游特点，以达到高屋建瓴、包容万象的效果。综合定位必须注意与地域文脉相承，若定义不准，或太窄，会觉得有所缺憾；反之，若定位过于宽泛，则容易指向不明，引起歧义。

图5-10 好客山东

资料来源：http://blog.sina.com.cn/s/blog_4d8071090100gw8n.html

2）领先定位法

领先定位是指在旅游者心目中树立市场领导者的形象，适用于独一无二或无法替代的旅游资源或产品。在众多同质化的资源中能够占据第一位是不可多得的。第一位是根据旅游者各种不同的标准和属性建立形象阶梯，通过对资源进行分析比较后确定的领先位置。杭州西湖"天下湖，看西湖"的形象定位，瞬间传达给旅游者的是世界第一湖的品牌形象。这种第一品牌形象，使西湖永远有别于其他湖泊，"第一印象"会永远根植在旅游者的脑海里。再如，千岛湖的"天下第一秀水"、平遥的"华夏第一古县城"（图5-11）。

图 5-11　平遥古城

资料来源: http://www.tuniu.com/tour/210479085

有的旅游景区为了吸引市场注意，在旅游宣传形象设计上不惜建立市场区隔，抬高自己，贬低对手，不仅不能达到应有的宣传效果，反而失去了自身的特点和优势。适度提升和点化本无可厚非，但如果过于目空一切、言过其实，则无疑触犯了广告文案设计中的基本禁忌。例如，对于"感受黄山，天下无山"，网友早有非议，尽管此语出自"黄山归来不看岳"，但此广告"太焦躁、太狂妄、太没有品位，也与中国和谐文化背道而驰"，使各山岳旅游景区不服，旅游者不满。三山五岳各有千秋、各领风骚，旅游者各有所需、各有所爱，怎能以一概之？这样的形象设计势必存在争议。

3）比附定位法

比附定位是一种"借光"的定位方法。该方法借用著名旅游景区的市场影响来突出、抬高自己。能够与较高级别的同质化资源并驾齐驱当然是不错的选择。比附法就是借壳上市、借船出海，通过比拟名牌、借用著名旅游景区的市场影响来设计和传播旅游形象。比附性定位避开第一位，抢占第二位，看似退而求其次，实际是以退为进。例如，三亚定位为"东方夏威夷"（图 5-12），由于与美国夏威夷形成区位间隔，尽管在各方面都不可比拟，但对东半球旅游者仍很有诱惑性；宁夏的"塞上江南，神奇宁夏"是双面性的定位，对江南说塞上风光，对江北说江南水乡，两面买好，没有遗漏；腾冲的"中国的北海道"则借北海道的知名度，传播了温泉的自然特色，南方旅游者不用跑到北边去，国内的旅游者不用跑到国外去。

图 5-12　三亚——东方夏威夷

资料来源: http://m.sohu.com/a/192704524_99991439

比附性定位方式应注意三点：其一，确实具备攀附的条件和特色，切忌乱学乱仿。现实中很多中小城市竞相模仿国际旅游大城市定位，动辄打出"东方××""小上海""小洞庭"之类的名号，或以小攀大，或以次充好，甚至无中生有，不切实际，大而空，虚而假，往往"画虎不成反类犬"。例如："肇庆山水美如画，堪称东方日内瓦"，日内瓦是一个国际性城市、文化艺术中心，集中了联合国日内瓦总部、国际红十字会等国际机构，悠久、宽容、恬然中透着古朴、典雅、凝重，勃朗峰白雪皑皑，莱蒙湖烟波浩渺，人工美与自然美相映生辉，无与伦比；但肇庆山水、文化与之有天壤之别，这样的定位显得不伦不类。其二，已经出名的旅游景区和具有独特风格的旅游景区不宜采用比附法，以免让自己失去品牌、降低格调。我国旅游景区现有旅游形象设计和宣传口号中，经常见到低劣的攀移附会现象，这是没有自信、缺乏创见的表现。例如，长白山的"南有亚龙湾，北有长白山"就有自我矮化的意味，长白山为什么去傍海南？这是《海南日报》关于这则广告做的新闻标题，海南人都觉得意外。这则旅游形象设计忽视了自身传统，淡化了对自己个性的肯定和尊重，而意图套用或抄袭他人的创意来展现自己，无疑模糊了旅游景区的形象，降低了旅游景区的品位，使其丧失长远的影响力和感召力。其三，与比附对象的空间距离不可太近，因为这种设计方法属于区域性定位，目的是吸引远离比附对象的旅游者，在这种情势下，如果"霸王硬上弓"，就是自取其辱。如泰山周围有数个号称"小泰山"的旅游景区，纯属当地人自娱自乐，没有任何价值。

4）依托定位法

依托定位法是依托效应来塑造旅游景区形象的方法。名人、名句、著名事物、权威评价等本身就有较好的传播深度和可信度，稍加改进或直接"拿来主义"，即可收到很好的形象宣传效果。

● 名人效应

旅游实践中依托名人效应设计的主题形象很多。例如，印度——探索圣雄甘地的生平；曲阜——孔子故里，东方圣城（图5-13）；诸暨——西施故里，美丽诸暨；富阳——富春山水，孙权故里；莆田——妈祖故乡，福建莆田。天津盘山的"早知有盘山，何必下江南"的形象设计借助了乾隆皇帝的威名，乾隆第一次巡幸盘山就发出了如此的感叹。临沂马鬐山成功借用岳飞风波亭遇害后在一个雷电交加的雨夜，天马行空，魂归马鬐山的民间传说，将"马鬐山"更名为天马岛，从而使旅游一发而不可收。

图5-13 曲阜——孔子故里，东方圣城

图片来源：http://m.sohu.com/a/241665194_661219

● 文化效应

古往今来流传的名句很多，有古诗，有名言，有民谚俚语，如"上有天堂，下有苏杭""新疆是个好地方"是广为流传的名句；安徽天柱山的"天柱一峰擎日月，洞门千仞锁云雷"直接套用了白居易的诗句；八达岭长城则套用了毛泽东的"不到长城非好汉"诗句；"烟花水都，诗画扬州"借用的是孟浩然的"烟花三月下扬州""登泰山而小天下"则是孔子的名言。

好莱坞电影《阿凡达》轰动全球后，张家界借此推出"阿凡达的故乡，神仙居住的乐园"主题形象，好莱坞电影《阿凡达》借用了张家界的一个如梦似幻的场景（图 5-14），张家界却由此拓宽了自己的想象，正所谓"出于此，还于此，升于此"。

图 5-14　阿凡达哈利路亚山原型取景地——张家界乾坤柱

资料来源：http://m.sohu.com/a/134481397_651142

河南登封市利用少林寺的名气，定位为"中国少林武术之乡"。开封的清明上河园本身就发端于《清明上河图》这幅名画。在景观上依照张择端《清明上河图》按 1：1 比例建设，在表演、体验、服务等方面，都有明显的"宋文化"的痕迹，以此立体地构筑了清园完整的宋文化主题公园形象，确立了"一朝步入画卷，一日梦回千年"的形象理念，使理念、视觉、行为得到完美统一。

● 权威效应

一些权威机构的权威评价对旅游主体的宣传效果是巨大的，一些旅游景区形象直接由此设计，简单易行，立竿见影。例如：联合国最佳人居奖"烟台——最佳人居城市"；公众评选的"最具幸福感的城市——杭州"；联合国教科文组织评选的"西递宏村——世界遗产，世外桃源"（图 5-15）。

图 5-15　安徽歙县宏村

5）逆向定位法

个别旅游景区不具备唯一性，第一、第二没得争，效应也没得依托，干脆采用逆向法，反其道而行之，负负得正，目的就是出名。逆向法是从心理上突破常规，打破消费者一般思维模式，以相反的内容和形式来塑造旅游形象，同时，搭建一个新的易于为旅游者接受的心理形象平台。逆向法运用在旅游领域，就是避开与强有力竞争者直接对抗，设计和提供该旅游市场上目前没有的特色旅游产品。它所强调和宣传的定位对象一般是消费者心中第一形象的对立面，正所谓剑走偏锋，歪打正着。这种设计方法可以在被其他旅游景区遗忘的市场角落，迅速站稳脚跟，于夹缝中求生存并能在旅游者心目中较快树立良好的形象。例如，河南林虑山风景区以"暑天山上看冰堆，冬天峡谷观桃花"的奇特景观征服市场；宁夏镇北堡影视城推出的主题定位就是避开繁华，"出售荒凉"（图5-16）；加拿大的广告用语是"越往北，越使你感到温暖"。

图5-16 宁夏镇北堡影视城

资料来源：http://www.0379gg.com/news/lvyouzhinan/2410.html

6）类型定位法

类型定位法是根据旅游地总体特征或某一种旅游地的属性将自身定位于某一类旅游地的定位方法。类型定位法是根据类型、风格、特色等对比要素来表明特点。此方法适用范围很广，因为旅游地所属分类是所有旅游地形象都需要表明的信息，也是公众必须获取的旅游地信息。例如，长城属于古建筑旅游地，青城山属于宗教旅游地，黄山属于山岳型旅游地，都需要通过一定的语言表达出来，如"问道青城山"说明了该处属于道教旅游胜地（图5-17），"生态王国"说明了该处属于生态旅游胜地，"佛教圣地""泉城""水城""江南水乡""湿地公园""地质公园""生态乐园"等语言都具有表述类型的功能，只要用一定的语言传达这些信息，旅游地特色也就很明确了，未必所有的旅游地都要抢占领先位置。一旦明确所属类型，旅游地的特色也就被大家所了解。旅游产品类型不仅可以从不同角度划分，而且可以从不同层次划分，给形象设计者留下了发挥空间。

图 5-17　问道青城山

资料来源：https://www.u0351.com/lvyou7453.html

类型定位可从两方面入手：

其一，从选择分类方法入手。是指选择最有利于显示自身的特色的分类方法，树立形象参照系来占据有利位置。旅游产品分别可以根据旅游动机、审美特征、资源性状、资源成因、适宜人群等来分类，采用其中对自己有利的一种分类建立产品体系参照系来进行定位，说明旅游地的特色。

其二，从分类级别入手。首先定位于某一种分类体系中一级分类中的某一类，如果不能显示出自身的优势或特色，就需要在二级分类中寻找位置，如果仍然不能显示出自身的优势或特色，就需要继续在三级分类中寻找位置。越是低级分类，越容易显示出自身的个性。例如，自然类和人文类就是一种对比度很大的分类，最简单的旅游形象定位是告诉旅游者本旅游地属于人文旅游地还是自然旅游地。如果这样还难以说明本旅游地特色的话，还可以根据自己是属于地文景观、水域风光、生物景观、天象与气候景观、遗址遗迹、建筑与设施、旅游商品、人文活动等分类中的哪一类来说明本旅游地形象特色。如果这样仍然难以强化本旅游地主要特色，还可以在低一级类型里寻找自己旅游地形象的位置。如果按照上述分类仍然不足以体现自己产品的优势，还可以加上更多的限定性词语来表述。这里所举的例子只是旅游资源分类的一种，其他分类方法同样可以采取类似的方法来定位旅游地形象。这种定位方法不仅思路清晰、便于操作，而且有一定的发挥空间。

例如：

◇ 祈福类。贺州——贺喜之州。灵山九华，福佑天下。

◇ 休闲类。宜居宜良，度假天堂——云南宜良；成都——休闲之都。

◇ 宗教类。大德盈江——云南盈江；佛教禅宗发祥地——常德。

◇ 猎奇类。丹霞山——千古奇观阴阳石，万代风流丹霞山；九乡石林，滇游之魂。

◇ 修学类。绩溪龙川——木雕艺术博物馆。

◇ 原生态类。草长莺飞，美丽草堰——江苏草堰；新西兰——百分百纯正新西兰。

◇ 爱情类。鲁迅故里沈园——千年爱情，不老沈园；一拜天地，二拜高唐——山东高唐。

◇ 寻古类。还是明貌的古城——陕西韩城；最后的帝陵，最美的风景——清西陵。

◇ 风水文化类。浙江金华——风水金华。

◇ 购物类。浙江义乌——小商品的海洋，购物者的天堂。

◇ 赏花类。福建漳州——水仙花的故乡；国花牡丹城——洛阳。

◇ 寻根问祖类。广东江门——侨乡山水风情画；黄皮肤祖庭——湖北黄陂。

◇ 阳光度假类。海南——阳光海南，度假天堂；舞阳——与太阳共舞。

◇ 养生类。普洱——妙曼普洱，养生天堂。

◇ 红色旅游类。老山兰，麻栗坡绿——云南麻栗坡；江西——红色摇篮，绿色家园。

◇ 山水类。浙江——诗画江南，山水浙江；山水大爱——阿勒泰。

◇ 故里游类。天津——津门故里，故里寻踪。

◇ 武术类。河南登封——中国少林武术之乡。

◇ 刺激体验类。宁夏沙坡头——沙都（滑沙、羊皮筏、沙漠冲浪）。

◇ 茶文化类。游武夷山，品大红袍。

5.3.3　旅游景区旅游形象主题口号的确定

旅游地形象的提炼和界面意象毕竟是抽象的，在宣示给大众过程中必须是旅游者易于接受的，尤其是广告用语，因此，在一定设计原则和设计方法下，还要考虑旅游形象语言的设计特点。一个语言设计有特色、有品位、朗朗上口、韵味十足的旅游形象往往能产生神奇的广告效果，对旅游目的地的形象塑造与传播具有十分重要的作用。

5.3.3.1　个性化语言

在进行旅游形象广告语设计时，要在充分进行地方性研究和受众调查的基础上，提炼反映地方特色与个性的形象元素并融入宣传口号之中，其表述必须有特色、有新意、易识别，最忌简单比附和套用。这就产生一个新问题，易识别往往就容易被复制，所以还要与难替代性结合，因此，语言设计务必要抓住特质，运用特殊的语言来区分。例如：九寨沟——童话世界，人间天堂（图5-18）。"童话"和"天堂"概念极贴切地诠释了旅游景区的特色意境和旅游者的惬意感受，彰显了旅游景区个性。绍兴——梦幻水乡，人文绍兴。作为首批联合国人居奖城市、著名水乡、桥乡，"梦幻水乡"名不虚传；作为首批中国历史文化名城、著名酒乡和书法之乡，拥有诸多名人故居和文化遗迹，在江南城市中"人文绍兴"可谓实至名归。

图 5-18　九寨沟

资料来源：http://www.sohu.com/a/145606045_156934

相反，国内不少旅游区盲目攀附巴黎"浪漫之都"的形象语言设计，嵌入"浪漫"词汇的比比皆是，诸如"浪漫之城""浪漫之都"等，出现大量雷同，沽名钓誉不说，即使果真浪漫，也不必人人趋之若鹜，处处拾人牙慧，显得极没情趣，俗不可耐。"浪漫"有多种表现形式，不同旅游景区各有各的"浪漫"，像上面所说的童话、梦幻，再如，炫丽、风流、逍遥、燃情等，为什么就不能契合自己的特质，换个新颖的说法？

5.3.3.2　通俗化语言

旅游本质上是一种休闲，不能过多将历史考辨带进旅游，应努力用最浅易、最通俗的语言方式传达最明确的形象信息。在旅游形象设计中应该使用易懂、易记的语言，将历史变得时尚化，让文化变得生动化，通过旅游释放自己、放松心情，不能故弄玄虚，尤其不要使用含典故和比较生僻的语汇。例如，"想到了就去，普陀山"（图 5-19），这句广告语最大的特点就是采用了口语化的语言风格，易于人们接受和记忆，也易于口头传播，朗朗上口，明明白白。这种简约而不简单、通俗而不庸俗的口号式语言，可以让不同类型的受众在轻松愉悦的状态下，完成多频度、多层次传播，产生极好的口碑影响力。

图 5-19　普陀山

资料来源：http://www.lvmama.com/trip/user/3903

通俗化语言设计需要注意两点：一是力避晦涩难懂。例如，汕头——海滨邹鲁，美食之乡。"邹鲁"二字较为晦涩，太过斯文，意指孟子和孔子的诞生地邹国和鲁国，喻指此地深受鲁家文化熏染，乃礼仪之邦，但是，试问普通旅游者有几人晓得邹鲁？如果再靠诠释或别人解释，岂不费劲！为什么不一次说明白？二是要释放正能量，宣传美，升华美，创造美，用词要有格调，通俗绝不是庸俗和粗俗，更不能媚俗。例如，前几年出现的"一座叫春的城市""我靠重庆，凉城利川"，虽然使两地一夜之间声名鹊起，但喧嚣过后便是沉寂。对于此类庸俗的语言，人们往往一笑了之，至于笑过之后对于春城和凉城留下什么印象，旅游效应如何，没人说得清。再如，一些旅游景区迎合部分旅游者的心理，大肆宣传本地如何有灵气，定位为"幸运之地""转运之城"等，宣扬什么"××人来了回去就升官发财""治好了久治不愈的病"等，这有媚俗之嫌。

还有就是一些地方故意诱导旅游者去观赏、联想一些不健康的事物，专注于猎艳、猎奇，并编排出五花八门、荒诞不经的故事，这些宣传给人的感受是粗俗的，让人感到别扭、不自在。

5.3.3.3 精准化语言

主题形象广告语宜简练、准确，忌哗众取宠、空洞无味，既然是说给公众听，就要表达透彻，获得广泛认同和接受，不能产生根本性的歧义，让人听了如坠云里雾中。例如：浙江的旅游主题形象是"诗话江南、山水浙江"，浙江以山水见长，浩瀚的人文历史画卷让如诗如画的江南锦上添花。这一语言设计对浙江形象特征的概括比较客观、准确和全面。大理一年四季风景如画，有许多名胜古迹，但以"下关风、上关花、苍山雪、洱海月"四景最为著名（图5-20），其"风花雪月"的形象定位，使用了浓缩化语言，准确洗练，干脆利索，且别具诱惑。"文化千岛、生态贵州"，也恰如其分地反映了贵州的原生态的民族文化风俗及和谐自然的人文生态环境。

图5-20 大理"风花雪月"四景之———洱海

资料来源：https://weibo.com/u/5870009472

相反，"魅力周庄，时尚周庄"的形象定位则显得笼统空泛，语焉不详，没有体现出景区的特色和风貌，既不能使没去过景区的人产生生动活泼的审美联想，又不能让去过的人记起江南水乡的特点，产生从具象到意象的二次审美，从而丧失了旅游形象的基本功用。"精彩湖南，浪漫潇湘"的语言特点也有这个弊端。"魅力、时尚、精彩、浪漫"的具象是什么，从何说起？不知所云。再如，有些地方动辄冠以"××之乡""××之城""××之都"。其实，在资源特色上，"乡、城、都"的概念是不一样的，所谓"乡"应是淳朴的、相对集中的、有民间基础的，所谓"城"应是悠久的、普遍的、有文化传承的，所谓"都"应是高层次的、大规模的、有深厚文化底蕴的，然而此类特点在这些地方是否相符？上述宣传俯拾皆是，不能不说是旅游主题形象定位与设计的败笔，旅游者实地感受后往往大呼后悔，有识之士则嗤之以鼻。

5.3.3.4 梦幻化语言

国人很容易陷入历史的自恋，历史学者进入旅游领域，往往将本来很休闲的旅游变得沉重、生硬和僵化。旅游者不是不追求历史的真实，在旅游的环境和语境中，更希望历史、文化的表达是轻松的。张艺谋"印象系列"的盛行说明在旅游者心中，希望得到的不仅有知识，还有情感；不仅有具象，还有抽象；不仅有结果，还有过程；不仅有实景，还有感受。这便要求在旅游形象表达方面，关注诗性的发挥，注重发散性思维，以自由随性的方式设计形象，以诗化的语言传达美感，使人产生美好的联想。人说乌镇"晴不如阴，阴不如雨，雨不如夜"，在暮色苍茫、灯火阑珊时坐上乌篷船，在哗啦哗啦的桨声中，看着两岸的迷人夜色缓缓从身边掠过，时光似乎停下了脚步，仿佛进入梦乡。这就是物我两忘、天人合一的美妙意境。"来过，便不曾离开——乌镇印象"，给人的印象是美妙的，有种梦幻的感觉，可以使人忘掉自我、皈依自然。这句广告词堪称对"中国最后的枕水之乡"描述的神来之笔（图 5-21）。

图 5-21　乌镇印象

资料来源：https://www.zcool.com.cn/work/ZMzYwOTQ2OA==/1.html

5.3.3.5 感性化语言

感性化语言重在感召性，意在用极富感情色彩的语言触及旅游者的心动点。一句感性的、时尚的、回味无穷的旅游形象广告语，往往能引起无尽的遐想，产生意想不到的感召力，使旅游者产生出游的冲动。休闲时代，感性化语言尤其吻合旅游者的心境，当然，这要反映旅游需求的热点、主流与趋势。这方面不乏经典范例。例如，瑞典——瑞典是奇妙的，即使在冬天；加拿大魁北克——感觉如此不同；台湾地区——台湾地区能触动你的心；香格里拉——心之旅，风之行（图 5-22）。再举普陀山的例子："想到了就去，普陀山"，除了其通俗的语言风格，还包含着特别的意蕴，"想到了就去"是一种逍遥、洒脱的情怀，是一种想得开、放得下的境界，无拘无束，逍遥自在，什么时候想到了，背起行囊就走，多么惬意和超脱，正好折射出观音文化中圆通、自在的精髓理念。

图 5-22 香格里拉

资料来源: https://baike.baidu.com/item/%E9%A6%99%E6%A0%BC%E9%87%8C%E6%8B%89/5785?fr=aladdin

5.3.3.6 诱惑化语言

诱惑美在许多成功的广告中体现得淋漓尽致, 诱惑化语言所追求的不是单纯的物质需要, 而是上升到了感情层面, 与感性化语言比, 不只是让人心动, 而是让人心颤。诱惑化语言在于他触动、刺激甚至激发受众内心深处的情感, 包括乡情、亲情、爱情、友情等, 撩动人们心灵的琴弦, 引起受众情感上的共鸣, 从而实现促销的目的。如 "您不曾见过的泰国" 是谜一样的诱惑; "伊春, 森林里的故事……" 是梦幻般的诱惑; "到南非来, 你可以得到意料之外的享受" 和 "成都——一座来了就不想离开的城市" 是解不开的诱惑; "意大利——一座露天博物馆" "横店影视城——每天都有新发现" 和 "旅游到曲阜, 胜读十年书" 是求知的诱惑; 避暑山庄的 "皇帝的选择" 是尊贵荣华的诱惑; "来嘉兴看南湖, 送一个古镇" 是利益的诱惑; "钦州——红荔枝, 白海豚, 绿钦州" 近乎赤裸裸的色诱; "留下西溪只为你" 简直就是专为你设的诱局了 (图 5-23)。这些诱惑必须破解, 非去不可。

图 5-23 西溪

资料来源: https://www.quanjing.com/imginfo/ph1235-p05316.html

5.3.3.7 艺术化语言

"红花需要绿叶配",好的主题形象还需要艺术化的语言来表达,旅游地形象广告语最终需要通过各种媒介向受众传播。基于此,旅游形象的广告语设计在赋予文化内涵的同时,还要运用多种修辞手法和技巧,增加艺术色彩和审美情趣,形成浓缩的语言、精辟的文字和绝妙的组合,使广告语简洁、生动、凝练、优雅、新颖,具有感染力和吸引力,表现出均衡美、联系美、含蓄美、简洁美、繁复美、韵律美。语言的艺术化还可以使主题形象及广告语产生特有的文学价值和独特的艺术魅力。

1)均衡美

均衡美是美学的基本原则之一,建筑、绘画、音乐、舞蹈都追求均衡美。均衡,也是语言艺术的基本原则之一,广告语中均衡美尤为重要。

(1)以对仗表现对称美。形象和广告语中并列对仗形式最为常见,由于上下两句的音节字数相等,布局匀称,念起来上口,具有优美的节奏和韵律。例如,世界的重庆,永远的三峡;云上金顶,天下峨眉(图5-24);避暑之都,休闲胜地——中国贵阳;威海——拥抱碧海蓝天,体验渔家风情;拜水都江堰,问道青城山。

图5-24 云上金顶 天下峨眉

图片来源:http://travel.sina.com.cn/domestic/news/2016-08-23/detail-ifxvcsrn9004067.shtml

(2)以排比表现整齐美。排比结构相同,句意相类,句式整齐且富有气势,给人以整齐划一的美感。例如:法国——浪漫之都,魅力国度,优雅之都;成都市——成功之都,多彩之都,美食之都;魏都、钧都、中国许昌——花都;新赣州,新旅游,新感受;山东——一山、一水、一圣人。

2)联系美

联系是美学的一个基本原则,也是语言美的一个基本原则。形象及广告语如果单纯地就事论事,就会显得平淡寡味,缺乏艺术感染力;如果与有意义或相似的事物联系起来,而且联系得自然、合理、巧妙,就会产生联系美。产生联系美的手段主要有比喻、比拟、比照、夸张等。

(1)运用比喻表现联系美。本体和喻体具有相似性,自然就会有某种联系。例如,美国夏威夷——太平洋中的十字路口。十字路口一般都是诱人的,何况是在连接东西方、南北通达的大洋中,如此独特的地域环境,在人生的十字路口走上一遭,必然有所启示。"上有天堂,下有苏杭"（图5-25），这是句流传千古、妇孺皆知的名句，天堂可望而不可即，既然人间有天堂，怎能不向往？

图5-25 上有天堂 下有苏杭

图片来源：https://www.mianfeiwendang.com/doc/fe01836682dd618a1efbe8bd

（2）运用比拟表现联系美。拟体和被拟体如果联想奇特，就对旅游者产生吸引力。例如，天津"一部中国近代史的教科书"，通过教科书的比拟起码宣示了以下几个意思：一是醇厚的历史和文化氛围，二是典范与纯正，三是近现代独有，四是可以慢慢品读，增加知识，慢生活恰恰是现代人所崇尚的。"阿拉斯加，一见倾心"，阿拉斯加被拟人化了，像一个是热情的、火辣辣的女子，你会毫无顾忌地爱上她。"夏威夷是微笑的群岛，这里阳光灿烂"，阳光下的一切都是美好的，整个海岛都在对着你微笑，如此灿烂、妩媚，足可打动人心。

（3）运用比照表现联系美。通过比较、对照突出主题形象，产生联系美。例如，七彩云南，精彩九乡——云南九乡；"古有清明上河图，今有杭州白马湖"是古为今用的比较；三亚的"不是夏威夷，胜似夏威夷"是洋为中用的比较；土耳其的"不是欧罗巴，胜似欧罗巴"强调的是土耳其虽在亚洲，却是欧洲的桥头堡。再如，宁波的"东方商埠，时尚水都"和青岛的"海上都市，欧亚风情"比照的是东西方欧亚文化及海陆特色；日照的"游山登五岳，赏海去日照"则通过与近邻泰山的比照，直接将"山""水"两种不同文化元素联系起来，借用"仁者乐山，智者乐水"之意，撬动泰山旅游者，取得联动效应，成就人生仁智之美。

（4）运用夸张表现联系美。一般来说，广告语或多或少都带有夸张色彩，只是夸张的方式和程度有所不同。当把旅游主题夸大成某一事物时便产生了联系美。例如：好莱坞宇宙城公园的"让游人进入侏罗纪时代"，1.5亿~2亿年前的侏罗纪时代发生过一些重大的地质、生物事件，恐龙统治着世界，这句广告词令人好奇、充满诱惑，但侏罗纪无论如何是无法复制的，然而这种夸张却让人欣然接受；宾夕法尼亚州"地球上最甜的地方"，有那么甜吗？以至于整个土地都那么甜，无非是盛产巧克力而已，然而这种夸张手法极好地突出了地方特色与风物。

3）含蓄美

"水中花，雾中月"是种朦胧美。形象语言要言犹未尽，欲说还休，但必须让旅游者一点就透，绝不能一头雾水。例如：瑞士——上月球之前先来瑞士一游，此句并没有说瑞士如何神奇瑰丽，但有月球衬托着，淡定又含蓄，令人遐思。黑龙江——中国的COOL省（图5-26），此语以冷峻、时尚、神秘、浪漫、精彩、现代、开放的语境，表现特有的冷酷之美。COOL 省有特殊的含义：从气候看，黑龙江夏季爽，爽得惬意，冬季酷，酷在冰雪之美、之奇、之乐；从时尚上看，黑龙江充满活力，是中国与欧洲时尚融合之地，引领时尚潮流。这句广告词言有尽而意无穷，给旅游者留下了充分的想象空间，体现了含蓄美。

图 5-26 黑龙江雪景

资料来源：http://roll.sohu.com/20141205/n406693048.shtml

4）简洁美

古人作文讲究"疏密"。刘勰《文心雕龙》说："句有可削，足见其疏；字不得减，乃知其密。"所谓"疏"，就是简洁，"密"就是繁复。疏密皆美，只要恰如其分，契合主题形象的特点。文字简洁就显得凝练、厚重，言简意赅，洗练流畅。好的广告语言常常是字斟句酌，有时力求字少，乃至一字传神，这样才能显出简洁美。如西安——古都（图 5-27）；重庆——非去不可；青海——大美青海；上海——精彩每一天；南京——博爱之都；佛罗里达——与众不同；新西兰——这里本来就是一个世界。

图 5-27 古都西安

资料来源：https://www.duitang.com/blog/?id=986266869

5）繁复美

单瓣的桃花有种简约美、纯洁美，但多瓣的桃花显得雍容华贵，是一种繁复美。为了强调主题、突出重点，有时就要用墨如泼、极度渲染。如乐山——乐山，乐水，乐在其中（图5-28）；瑞士——世界的公园，瑞士、瑞士，还是瑞士，用反复的手法连用三个"瑞士"，一唱三叹，同样具有繁复美。

图 5-28　乐山

资料来源：http://news.17173.com/content/2008-05-08/20080508102206261-all.shtml

6）回环美

有些广告语句式排列讲究，用回环的手法展现了特有的节奏，给人留下深刻的印象。如世界之窗——您给我一天，我给您一个世界；宋城——给我一天，还你千年（图5-29）；乐山——佛是一座山，山是一座佛；黄山——天地之美，美在黄山；人生有梦，梦圆徽州；新疆富蕴——来富蕴，福运来；贵阳——避暑之都、森林之城，城中有山、山中有城。河南栾川鸡冠洞旅游景区的著名景点"情侣石"的形象广告语是"千年一吻，一吻千年"，既有主题的意蕴美，又有语言的回环美，该景点的形象设计者将拥抱为一体的两块石笋定名为"一吻千年"，将两块即将上下连为一体的石乳和石笋——"天地之和"升华为"天作之合"，更名为"千年一吻"，通过移花接木，化平庸为神奇，使该旅游景区从"不温不火"到"一吻爆棚"。

图 5-29　杭州宋城景区

资料来源：https://www.maigoo.com/top/404317.html

7）韵律美

表现韵律美，可以使用结构相同的一组整句，如青岛——心随帆动，驶向成功（图5-30）；贵州——多彩贵州，醉美之旅。以上两组合辙押韵，读来抑扬顿挫、韵味十足。整句与散句各有所长，正如金兆梓所言："偶句之妙在凝重，奇句之长在流利。"因此，可以使用结构不同、长短不一的散句，以使语言多彩多姿、富于变化，只要适应语意的需要，即可收到异曲同工之效。如瑞典——是奇妙的，即使是冬季；承德——游承德，皇帝的选择；内蒙古——自然、纯洁、浪漫，圆您梦中情结。

图 5-30　青岛

资料来源：http://tianqi.eastday.com/news/44208.html

本章小结

　　旅游发展战略思想是在旅游规划发展过程中逐步产生的，即一个国家或地区对其旅游发展所进行的长期谋划和指导原则，其主要内容有旅游发展的战略目标及实现旅游发展战略目标的对策、途径和手段。旅游景区的发展同样要有前瞻性的思考与谋划，如何深挖自身资源，顺应时代潮流，满足旅游者需求，占领旅游市场，是每个旅游规划师和旅游景区经营管理人员必须面对和重视的问题。

　　"主题"是旅游景区规划的理念核心，是旅游景区发展的灵魂。主题定位是旅游景区充分开发特色资源，形成特色旅游产品，开展市场营销，促进旅游者购买决策的关键因素。旅游景区规划主题的定位过程可分为旅游发展目标定位，旅游景区功能定位，旅游景区旅游形象定位。

　　主题形象是旅游景区的生命，主题形象的定位是旅游的核心问题。可以说，旅游主体之间的竞争在某种程度上就是旅游形象的竞争，一个特色鲜明的形象可以形成较长时间的竞争优势。旅游景区旅游形象定位的方法主要有综合定位法、领先定位法、比附定位法、依托定位法、逆向定位法、类型定位法。旅游景区形象定位的运作也就是形象定位的最终表述，一般称为核心理念或主题口号。形象主题口号的表述要客观、准确、全面地表现出旅游资源的性质特征，既要考虑资源导向，又要考虑市场导向，从旅游者需求出发，向旅游者传递一种信息，即通过到旅游景区旅游，旅游者将获得一种什么样的感受与体验。主题口号的提炼可从个性化语言、通俗化语言、精准化语言、梦幻化语言、感性化语言、诱惑化语言、艺术化语言着手。

复习思考

一、单选题

1. 在进行旅游景区规划制订发展战略时，应遵循（　　　）原则，避免旅游发展战略水平滞后。

　　A. 与时俱进　　　　B. 超前创新　　　　C. 技艺融合　　　　D. 综合集成

2. 发展（　　　）的核心是要从原来孤立的点向全社会、多领域、综合性的方向迈进，让旅游的理念融入经济社会发展全局。

　　A. 乡村旅游　　　B. 智慧旅游　　　　C. 全域旅游　　　　D. "一带一路"旅游

3. 景区的四脉分析中，（　　　）是指一个地域（国家、城市、风景区）的社会文化背景，包括旅游目的地有形的历史文化遗产和无形的非物质文化遗产，是一种综合性的历史文化传统和社会心理积淀的组合。

　　A. 地脉　　　　　B. 商脉　　　　　　C. 文脉　　　　　　D. 人脉

4. （　　　）是指在消费者心目中树立市场领导者的形象，适用于独一无二或无法替代的旅游资源或产品。

　　A. 综合定位法　　B. 领先定位法　　　C. 比附定位法　　　D. 逆向定位法

5. 经典的旅游景区形象主题口号"来过，便不曾离开——乌镇印象"运用了（　　　）的语言描述。

　　A. 精准化　　　　B. 梦幻化　　　　　C. 诱惑化　　　　　D. 通俗化

二、多选题

1. 旅游景区规划主题定位的三个层次包括（　　　）。

　　A. 发展潜力　　　B. 发展目标　　　　C. 旅游功能　　　　D. 旅游景区旅游形象

2. 旅游景区功能目标定位可从（　　　）考虑。

　　A. 经济功能　　　B. 社会功能　　　　C. 环境功能　　　　D. 体验功能

3. 旅游景区形象定位的基础分析包括（　　　）。

　　A. 景区的四脉分析　　　　　　　　B. 景区的市场分析

　　C. 景区的形象替代性分析　　　　　D. 景区的区位

4. 下列哪些旅游景区形象定位采用的是比附定位法（　　　）。

　　A. 杭州宋城景区"给我一日，还你千年"　B. 迪斯尼太远，去苏州乐园

　　C. 杭州千岛湖的"天下第一秀水"　　　　D. 中国南方的呼伦贝尔大草原——南山牧场

三、名词解释

旅游发展战略　旅游景区主题　旅游景区形象定位

四、简答题

1. 什么是旅游＋战略，如何理解旅游景区发展战略？

2. 旅游景区主题定位的层次有哪些，如何理解它们之间的关系？

3. 旅游景区旅游形象定位的方法有哪些？如何提炼旅游景区旅游形象主题口号？

五、应用题

请评析四川最新旅游宣传口号"天府三九大　安逸走四川"？

实训操作 →

实训任务：××旅游景区发展定位。

实训目的：选择家乡最具有代表性的旅游景区，对该旅游景区发展定位进行深入探究，诊断其主题定位是否具有科学性和市场性，运用对所学知识的运用，提出对该旅游景区发展战略、发展目标定位、旅游形象定位的提升建议。

实训要求：

• 全班分组，5~7 人一组，确定某一旅游景区进行发展定位研究；

• 每个小组分别撰写研究方案，制订工作计划；

• 实地考察调研时，重点进行旅游景区原有主题定位的评估，收集旅游景区旅游形象定位基础分析资料；

• 整理资料，小组会议讨论；

• 撰写该旅游景区重新发展定位报告。

实训操作示范 →

嘉阳·犁楼湖旅游景区战略规划

一、旅游发展战略

（一）确立"三大战略"

1. 核心精品战略

实施核心精品战略，以核心体验产品打造精品、以精品铸造品牌，以品牌走向世界，通过 5A 级旅游景区的打造，强力支撑犍为作为乐山旅游的第三极。

2. 产业融合战略

实施"旅游＋工业""旅游＋农业""旅游＋水利"的产业融合战略，通过产业融合，推动旅游产业实现跨越发展，并带动相关产业发展。

3. 区域联合战略

将嘉阳·犁楼湖旅游景区跟乐山旅游的第一极、第二极形成联合，共同构建乐山国际旅游经济圈；并构建无缝快速的旅游交通互联体系，联合进行国际、国内大营销。

（二）实施"四大路径"

铸魂：旅游景区工业文明的遗产，是中国民族工业发展的历史记忆，更是旅游景区文化之魂。

造核：打造三大核心吸引：嘉阳小火车体验长廊、芭沟矿山文化古镇、芭马峡运业时空长廊。

串线：合理规划旅游线路，完善内部交通与游览组织，实现核心区域与周边拓展区联动发展。以矿业运输线串联核心区内蒸汽小火车线（现在的民生客运线、中华人民共和国革命建设运输线）、芭马峡（抗日战争艰辛陆运线）、马庙码头（抗日战争水运线）等线路景点。

标新：创新小镇建设：将芭沟建设成工业文明小镇样板、风情休闲度假样板与创意生活样板。创新美丽新村：以 1+1、N+1 的发展模式，带动新村旅游产业发展。创新设施景观：从建筑到景观小品、导览系统、休息设施、环卫设施都紧紧围绕工矿文化展开。

（三）坚持"四个优先"

对于创建区及其邻近的区域，实行"四个优先"：优先美丽新村建设、优先基础设施建设、优先"两个带动"——产业带动、统筹带动；优先环境综合整治。

二、规划发展定位

1. 主题定位：以寸轨蒸汽小火车为代表的中国工矿文化遗产体验与桫椤秘境休闲度假旅游目的地。
2. 形象定位：民族工矿记忆，桫椤森林秘境。
3. 宣传口号：开往"春天"的小火车（突出四季风光如春、绿色转型之春）；抗战英雄矿山，民族工业雄魂（针对矿山的形象宣传口号）；百年怀旧，亿年穿越；绝版小火车，醉美桫椤湖。

三、旅游发展目标

（一）战略目标

——国家 5A 级旅游景区

——世界工业遗产

规划嘉阳·桫椤湖旅游景区在 2019 年即完成环境质量、服务质量及景观质量的提升，营造出全国最有旅游价值的矿山工业文明展演和体验环境，构建独具特色的核心产品体系，兼具生态观光、文化体验、休闲度假等一系列丰富的旅游产品项目，成功打造资源枯竭型矿山转型的典范和示例，创建国家 5A 级旅游景区。

同时加强对嘉阳矿山工业遗产的研究、保护和管理，积极推进嘉阳矿山工业遗产申报世界工业遗产，并通过深化研究、专题研讨等多种途径扩大嘉阳工业遗产的市场影响力，设立工业遗产保护及申遗的专门机构，确保嘉阳矿山工业遗产保护及申遗工作按既定目标稳步推进，并最终成功申遗。

（二）经济目标

以 2015 年游客量为基数，2020 年前为高速增长阶段，按年均 10% 的速度增长，2020 年后，进入稳步发展阶段，增速有所放缓，按年均 7% 的速度增长，预测旅游景区旅游者接待量。

旅游收入以旅游景区旅游产品打造与接待能力提升为前提，由观光向休闲度假转型，发挥旅游的综合带动能力。

嘉阳·桫椤湖旅游景区旅游开发经济目标预测表

规划分期	2015 年	2020 年	2025 年	2030 年
旅游接待人数（万人次/年）	70.38	113.34	158.96	222.94
旅游总收入（万元/年）	4 938.83	22 668	71 532	178 352

实训操作表格7 旅游景区发展定位

旅游景区名称	
旅游景区地点	

A.旅游景区原有定位评估（原有发展目标、功能定位及形象定位评估）

B.旅游景区发展定位规划设计发展目标、功能定位和形象定位
发展目标定位（经济发展目标、社会效益目标、环境与文化遗产保护目标、基础设施发展目标等）
功能定位（经济功能、社会功能、环境功能等）
形象定位（基础性分析：旅游景区的四脉分析、旅游景区的市场分析及旅游景区的形象替代性分析；形象定位的方法及主题口号的设计）

C.主要成员					
责任	姓名	分工	责任	姓名	分工
组长			成员4		
副组长			成员5		
成员1			成员6		
成员2			成员7		
成员3			成员8		
填表人：		联系方式：	电话：	填表日期： 　　年　月　日	

第6章

旅游景区空间布局

学习目标 →

知识目标：了解旅游景区空间布局的相关概念。

理解旅游景区空间布局的原则与方法。

掌握旅游景区空间布局的主要模式。

能力目标：能够独立分析特定旅游区空间布局的科学性和合理性。

能够对特定区域进行空间布局。

知识结构 →

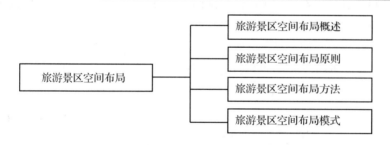

旅游景区空间布局 ——
- 旅游景区空间布局概述
- 旅游景区空间布局原则
- 旅游景区空间布局方法
- 旅游景区空间布局模式

导入案例 →

在《嘉阳小火车—芭沟古镇—桫椤湖—清溪古镇环线旅游产业发展策划方案（2016）》中，将规划区域划分为小火车体验区、芭沟—黄村井体验区和桫椤湖体验区，提出连通清溪古镇、十里香溪、大马欧式风情小镇、桫椤湖、芭马峡谷、芭沟古镇，形成犍为县旅游环线。在《嘉阳小火车旅游区整体提升方案（2016）》中，规划区分为三井工业小镇片区、小火车精华片区、矿井古镇片区，打造矿、湾、馆、田、湖、营、镇、井八大特色站点，定位全程有景可玩。

请你对两个规划方案中的旅游空间布局做出评价。

旅游景区空间布局是依据旅游景区内的资源分布、土地利用、项目设计等状况对旅游景区空间进行系统划分的过程，是对旅游景区经济要素的统筹安排和布置。空间布局决定了旅游景区的内部结构，对于旅游景区内的景观设计、交通游线设计等都会产生深远影响。

6.1 旅游景区空间布局概述

空间布局是旅游景区规划中的重要环节，主要包括两大部分：功能分区和项目选址。

旅游景区功能分区是指将旅游景区在空间上分成具有不同功能的几个部分并对每个空间的主导功能进行界定。旅游景区空间的功能一般具有多元化的特征，因此，在对不同区域进行功能定位时，除确定主导功能外，还应对该分区的辅助功能及支撑功能等加以界定。

旅游景区项目选址是指在确定了旅游景区内功能分区的范围、发展方向的基础上，将规划项目按照一定的规律和原则布置在相关分区空间内。

通过对旅游景区进行空间布局，可以方便旅游者的旅游活动，对旅游者活动进行有效的控制和分流，将人工设施布局在合适的区位中；同时，避免旅游活动对保护对象造成破坏，以保证处于规划区内核心保护区的土地及自然资源保持原生状态（图6-1）。

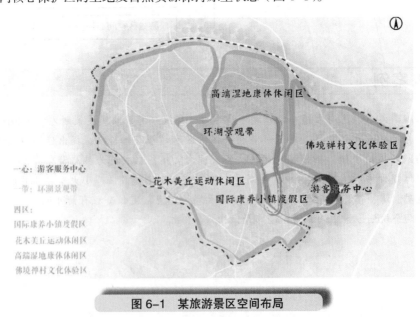

图6-1 某旅游景区空间布局

资料来源：百度图片 .http://image.baidu.com/search/index?tn=baiduimage&ps=1&ct=201326592&lm=-1&cl=2&nc=1&ie=utf-8&word=%E6%99%AF%E5%8C%BA%E7%A9%BA%E9%97%B4%E5%B8%83%E5%B1%80%E5%9B%BE.

6.2 旅游景区空间布局原则

旅游景区空间布局时需要遵循一定的原则，主要包括突出主体特色原则、合理分散集中原则、协调功能分区原则、合理规划线路原则、保护旅游环境原则等。

6.2.1 突出主体特色原则

突出主体特色是旅游景区空间布局的核心原则。旅游者在游玩过程中感触最深的往往是旅游景区中最具特色之处，因此，旅游景区特色是否明确突出，是判断旅游景区空间布局成功与否的基础性标准。旅游景区空间布局的突出主体特色原则主要表现为以下两方面：

首先，旅游景区空间布局应以一定的自然资源条件为基础，即空间的划分和区域特色的确定不能凭空想象，而是应该以实际资源和环境条件为依据，因此，在对旅游景区进行空间布局设计时，应对其各区域内地质地貌、景观环境、历史人文等基础条件进行充分调研，在此基础上，再依据相关理论来确定空间布局的模式。如颐和园在规划之初，依照原有翁山、西湖修建而成万寿山、昆明湖，为整体布局奠定了大框架。

其次，旅游景区空间布局的特色化原则要求旅游景区各分区内的景观和项目应与该区域的功能和形象保持高度一致。旅游景区规划与开发中，旅游景区旅游形象的塑造必须以提供的各种产品与服务为媒介，最终通过自然景观、建筑风格、园林设计、服务方式、节庆事件等来塑造与强化旅游景区形象。因此，旅游景区空间布局中应强调各分区中的景观、项目、活动、服务的特色与分区主题和形象定位的一致性，以此来实现区域的特色化设计。如颐和园在以自然山水为空间布局的大框架下，再细化为政治活动区、生活居住区、风景游览区三个主要功能区块。

因此，空间布局是根据最优的旅游资源和区位条件，将主体因素和综合决策相结合，突出主要特色，从而实现集聚布局相应。

颐和园旅游景区空间布局

颐和园位于北京西北郊，是清代皇家花园和行宫，前身为清漪园。颐和园几经重建，虽然在某些局部上逊色于当年的清漪园，但总体上还是沿用了乾隆年间清漪园的规划与布局。

1. 自然的山水骨架影响布局方式

颐和园依照原有的翁山和西湖修建而成，后根据周围环境进行了整体规划，形成了万寿山和昆明湖。这样的山水骨架为颐和园大的整体布局限定了大框架，以此决定了颐和园的布局方式。设计师还非常巧妙地将山水地形条件加以利用和改造，有取有舍，形成了如今的古典皇家园林所特有的"一池三山"的格局。

2.功能的分区显示布局特点

颐和园旅游景区（图6-2）根据使用功能基本可分为三个区：以仁寿殿为中心的政治活动区，以乐寿堂、玉澜堂、宜芸馆为主体的生活居住区，以万寿山、昆明湖等组成的风景游览区。前两个区集中于东宫门，风景区则主要集中于万寿山和昆明湖周围，有佛香阁、长廊、排云殿、十七孔桥、铜牛、知春亭等著名建筑共同构成。众多建筑和景点构成了颐和园的主要内容，同时也显示出颐和园布局的整体脉络，主次分明。

整个园林依照固有的山水地形加以改造，构成了它本身的大框架，又通过建筑的精巧布局使得全园非常有序。设计上运用散点透视手法，取得建筑全而齐、不显杂乱、景物广布、不显分散的效果，运用多种手法使得园中景色丰富，空间变化多样，给人以多视角的赏景视线。

图6-2 颐和园旅游景区空间布局

资料来源：颐和园官方网站 http://www.summerpalace-china.com/

6.2.2 合理分散集中原则

旅游景区空间布局需要体现大分散、小集中原则。大分散是指旅游景区内各分区的功能及主要项目的相对分散化分布，小集中是指在区域范围内旅游服务配套设施的布局采用相对集中式。

旅游项目是旅游景区中的主要吸引物，若旅游项目在旅游景区空间布局内过于集中，则会造成旅游活动及旅游者人数超出旅游景区环境承载力，突破旅游生态环境的阈值，出现一系列负效应，从而不利于旅游景区内空间上的平衡发展。所以，从旅游景区空间均衡发展、环境保护及突出旅游景区各分区特色的角度看，旅游项目建设要适当地拉开时空距离，空间布局应该实行相对分散的布局模式。

然而，对于旅游景区内不同类型的服务设施（如住宿、娱乐、餐饮等商业设施）应实行相对集中布局。旅游者光顾次数最多、密度最大的商业娱乐设施区域，宜布局在中心与交通便利的区位，如酒店、主要旅游项目附近并在它们之间布设方便的路径，力求使各类服务综合体在空间上形成集聚效应。旅游景区接待设施实行集中布局，不仅可防止人工设施对主要自然景观造成过多视觉污染，更具有众多优势；在开发方面，集中布局可使基础设施建设成本降低、效益增高，且随着旅游景区开发的深入与市场规模的扩大，新的旅游后勤服务部门更易生存；在经济方面，集中布局带来的景观类型多样性还可吸引旅游者停留时间增长，从而增加经济收入；在社会方面，集中布局有利于旅游者与当地居民的交流沟通，许多旅游设施还可兼为当地社区居民使用，一举两得；在环境方面，集中布局有利于环境保护与控制，对污染物处理更为有效，敏感区可得到更为有效的保护。

三亚海棠湾分散集中布局

三亚海棠湾将旅游景区（图6-3）功能主要定为生态旅游功能和城市旅游功能两大板块。生态旅游功能分散于南部环潟湖旅游度假区、中部生态观光区和北部滨海旅游度假区三个区域内。城市旅游功能体系为提供商业、文化、娱乐及服务接待等，主要集中于藤桥镇、林旺镇，其中林旺镇拥有较好的建设基础，且位于旅游景区中南部，可为整个旅游景区提供便利的接待服务保障，是旅游景区旅游服务管理的中心。

该布局模式不仅可让旅游者体验到最为自然的热带滨海景观，同时，从保护环境和滨海景观的角度考虑，将主要接待设施集中布置于抗干扰能力较强的区域，有效减少了旅游者对旅游景区的冲击。

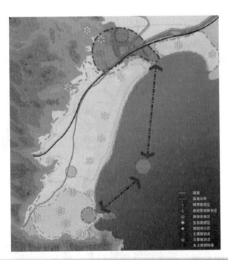

图6-3　三亚海棠湾概念性规划——阿特金斯

资料参考：https://wenku.baidu.com/view/ed745f2ef08583d049649b6648d7c1c708a10bd2.html

6.2.3　协调功能分区原则

在对旅游景区分区划片时，各功能区不仅要服从于整体旅游景区空间布局，也要突出各自特点，形成特有的优势和主题。在体现各功能分区差异性的同时，需要对其进行相互协调，即处理好旅游景区内部各分区与周围环境的关系，功能分区与管理中心的关系，功能分区之间的关系及旅游景区内主要景观结构与功能小区的关系。

旅游景区开发规划时需要根据不同区域的资源和环境状况对其进行适当划分，并通过相应的项目和设施设置来促进其达到最佳的利用状态。如在旅游景区规划设计时，某些功能分区中拥有具有特殊生态价值的旅游资源或景观环境，应将这些区域划为生态保护区。对于环境容量大、恢复能力强的区域可规划为旅游景区中的娱乐接待区。

旅游景区内各功能分区要与旅游景区管理中心保持空间上的互相呼应。通常而言，管理中心位于各功能分区的几何中心位置，便于对旅游景区内事物进行管理和协调。此外，协调功能分区还应确定各类旅游活动是否与功能分区的形象、周围环境相协调，从而更加有效地划分功能分区及布置各种项目设施。

海南禅境禅养特色小镇空间布局

海南陵水小镇以陵水旅游区为重要依托，以"福文化""禅文化"为两大文化主题，串联小镇四大片区（图6-4），为旅游者开辟出一方纳福结缘、感悟自然、修养身心的陵水福地，打造高品质自然人文休闲旅游小镇。

在空间布局时，将整个旅游景区分为四大功能区：灵缘文化体验区、禅修健康度假区、禅意山田休闲区、综合接待服务区。各功能区主题始终围绕旅游景区总体定位，禅福（综合服务区）、禅商（核心商业区）、禅农（休闲社区）、禅养（度假区）与其保持呼应，旅游区综合服务接待中心位于功能区节点，为旅游者提供更加便捷的服务与管理。

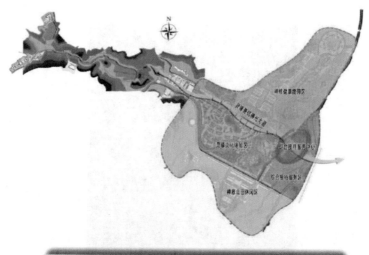

图6-4　海南禅境禅养特色小镇空间布局

资料来源：海南禅境禅养特色小镇规划方案——百度文库．https://wenku.baidu.com/view/e7d1
6b2b53ea551810a6f524ccbff121dd36c5a5.html

6.2.4　合理规划线路原则

旅游景区需进行规划的线路包括动线和视线。动线是指旅游景区内旅游者移动的线路，视线是指旅游者的视力所及范围。合理规划动线和视线要求旅游景区在空间布局上充分考虑旅游者各感官的满足。在为旅游者提供高效的旅游交通服务的同时，还要使其体验到旅途中视觉美感。

旅游景区动线规划目的是将各个功能分区有效串联，而内部交通是动线规划的体现，将旅游景区空间布局与交通线路的规划巧妙结合，可达到旅游者便捷、高效地游览旅游景区的目的。如将园林景观与路径搭配，使旅游者能在步行过程中欣赏周边美景；在交通节点多设置休息区、饮水处；建立无污染的公共交通系统；对于相距较远的景点之间配备公共汽车，邻近景点之间设置人行道、缆车等交通方式，可使旅游景区内部实现低污染的交通优化。

旅游景区视线规划需要在空间布局上体现出层次性，如在功能区内布置若干具有良好景观效果的眺望点和视线走廊，可让旅游者在最佳视线位置充分享受美景。

南京瞻园空间布局上的视线设计

瞻园（图6-5、图6-6）地处市井，占地面积较小且南北狭长，若园内景观处理不当，易给人造成环境狭小的游览体验。因此，在空间布局时，园内以假山造景居多，起到了分割空间的作用。位于园中的主体建筑静妙堂，也将全园分为南北两个部分，弥补了南北空间狭长的缺陷，北部视野宽阔而南部景色生动，北静南喧，形成了鲜明对比。

园中以曲折蜿蜒的林荫小道将各处景点联系在一起，游廊坐落于景点之间，巧妙地连接了空间，使景色变化更为流畅。许多廊道的宽度与水面、建筑的宽度形成比例，使空间的层次感增强。墙体建筑多漏窗、门洞，透视效果增强了景区的宽度与深度。瞻园整体空间布局采用了空间延伸、渗透分隔、空间虚实结合等造园手法，使园林处处透着诗情画意的气息，让游人能更好地感受到意境之美。

北假山　North rockery

岁寒亭　Suihan pavilion

扇亭　Fan pavilion

静妙堂　Jing miao tang

南假山　South rockery

图6-5　南京瞻园空间布局

图6-6　南京瞻园实景

资料来源：中国风景园林网.明朝遗存的老瞻园是怎么布局空间的. http://www.chla.com.cn/htm/2017/1215/265772.html

6.2.5　保护旅游环境原则

旅游景区空间布局的一个重要任务就是保护资源。如加拿大旅游景区空间布局从内到外依次为：特别保护区、原野区、自然环境、游憩区及公园服务区，各层区的配置设施、设备都有严格规定。特别保护区未规划道路和设施，完全禁止旅游者进入；原野区设有道路，仅有露营基地和登山者掩蔽处；自然环境区提供非永久性宿舍和低密度运动设施与信息中心；游憩区及公园服务区集中布局旅游、娱乐、体育等服务设备设施。在我国，由于规划区性质不同，在具体空间布局中也各有差别。例如，森林公园、自然保护区、风景名胜区等类型一般分为核心区、缓冲区、试验区。

　　空间布局必须有利于保护旅游资源，使之能持续被利用，既为当代人观赏，又留给后代广阔的观赏空间。具体而言，旅游环境保护主要为以下三方面内容：第一，保护旅游景区内特殊的环境特色，如主要吸引物景观；第二，使旅游景区的旅游者接待量控制在环境承载力之内，以维持生态环境的协调演进，保证旅游景区的土地合理利用；第三，保护旅游景区内特有的人文旅游环境和真实的旅游氛围。

三亚海棠湾空间布局

　　三亚海棠湾旅游景区（图 6-7）整体空间布局主要分为三个功能区：北部依托现状藤桥镇进行城市功能的开发；中部依托现状村庄和湿地以低密度、低强度的方式开发观光景点；南部围绕潟湖集中开发旅游度假区。功能区内部分散、功能区之间各自集中的开发方式，分别对潟湖、湿地和椰子洲三个生态敏感节点进行了重点保护，同时，在三个节点之间建立生态保护廊道，在对海棠湾旅游景区开发的同时起到生态资源保护的目的。

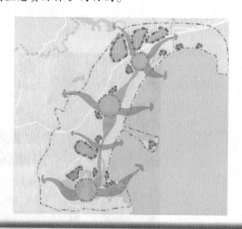

图 6-7　三亚海棠湾概念性规划——阿特金斯

　　（资料参考：三亚海棠湾概念性规划——阿特金斯 https://wenku.baidu.com/view/ed745f2ef08583 d049649b6648d7c1c708a10bd2.html）

6.3　旅游景区空间布局方法

　　旅游景区空间布局方法众多，不同国家、不同规划类型中的应用也各不相同，因此，布局时需要根据具体情况来进行分析。

美国国家公园最初采用自然与游憩两大分区法，即在核心地区保存原有自然状态，而在周边地区设置游客中心、员工宿舍及各种维护设施，后来随着在保护地区周边设置缓冲区理论的发展，又演变为三分法分区，即在周边游憩区与核心保护区之间形成一个带状缓冲区，旨在抵挡人为影响对核心区造成的直接冲击。

澳大利亚东北部大堡礁海洋公园于1981年被批准为世界遗产地，占地面积约为35万平方千米。1992年被管理当局规划为以下区域，以便于管理：保护区（严格控制科学研究）、国家公园区（游憩和旅游、科学研究、有限制的垂钓）、生态保护区（游憩与旅游、科学研究、可以进行商业性和娱乐性的垂钓活动但不能撒网捕捞）和综合利用区（可以进行各种形式的捕鱼、人工建设、游憩和旅游、科学研究）。

在我国，针对不同类型旅游景区，也有不同空间布局方法。如1994年国务院颁布《中华人民共和国自然保护区条例》并于2017年修订《国务院关于修改部分行政法规的决定》规定，自然保护区可以分为核心区、缓冲区和试验区，自然保护区内保存完好的天然状态的生态系统以及珍稀、濒危动植物的集中分布地，应当划为核心区，禁止任何单位和个人进入，除依照本条例第二十七条的规定经批准外，也不允许进入从事科学研究活动；核心区外围可以划定一定面积的缓冲区，只准进入从事科学研究观测活动；缓冲区外围划为实验区，可以进入从事科学试验，教学实习，参观考察，旅游及驯化，繁殖珍稀、濒危野生动植物等活动。国家森林公园可分为森林旅游区、生产经营区、管理生态区三大分区，其中森林旅游区又分为游览区、游乐区、修养区、接待服务区、生态保护区。"风景科学"学科创始人丁文魁从土地利用类型的角度，将风景名胜区分为三类：直接为旅游者服务的；为旅游媒介物（如服务设施用地）服务的；间接为旅游者服务的（如管理用地、生产用地）。

据统计，旅游景区空间布局方法主要包括定位、定性、定量法（三定），聚类分区法、降解分区法、认知绘图法四种方法。

6.3.1　定位、定性、定量法

吴人韦（1999）将旅游规划的空间布局方法概括为"三定"，即定位、定性、定量。

6.3.1.1　旅游景区空间布局的定位

所谓"定位"，是指依据一定的理论和旅游景区的实际情况确定旅游功能区和旅游建设项目的位置。定位工作的理论基础是地理空间理论和经济区位论，基本依据是旅游规划区的背景分析结论、市场分析成果和旅游资源评价结果。

地理空间理论和经济区位论对旅游景区规划中空间布局理论的建立、空间定位方法的形成、最佳开发区位的选择、旅游景区发展模式的确定、旅游景区规划战略的实施及各旅游功能区相互间的协调，都具有重要意义。

旅游景区空间定位，主要依据是旅游区空间分异规律。旅游景区空间分异是由地形、地表物质、地下水等自然因素和社会、历史、文化、习俗等人文因素引起的空间差异。调查与分析这种差异，尽可能保存其原生状态和维护其自发的进化趋势，进一步促使各功能区旅游点、旅游项目、旅游活动特色化、风格化、典型化的形成，是旅游景区建设和可持续发展的关键，也是旅游景区空间布局定位的主要依据之一。

6.3.1.2　旅游景区空间布局的定性

所谓"定性"，是指在空间定位的基础上，对旅游景区各功能分区的类型、命名、主导功能、主题形象等内容加以界定，以明确各自的特色、主题、功能和发展方向，以及各功能区之间的分工协作关系。

旅游景区空间布局需要对各区进行命名并对其功能作进一步阐释，这实际上就是功能分区。

对功能分区进行命名，能使复杂的功能区信息浓缩于一个特有的、便于识别的符号上。这不仅有利于规划管理、旅游者识别，还有利于旅游空间布局单元的市场推销和知名度的迅速提升。如浙江省杭州市著名旅游景点西湖联合其周边的十处特色风景共同打造而成的"西湖十景"：苏堤春晓、断桥残雪、曲院风荷、花港观鱼、柳浪闻莺、雷峰夕照、三潭印月、平湖秋月、双峰插云、南屏晚钟。景名合一，令人如临其境，如见其形，深受国内外广大旅游者欢迎，堪称景点命名的典范之作。

确定功能分区的主导功能，需要遵循资源适宜性原则。以旅游资源类型及其对旅游活动的适宜性为基础，通过各种旅游活动的分布空间及其相应产生的小区分异，反映不同区域的区位与资源的差异。如以山岳型旅游资源为主的，适宜进行观光旅游活动的旅游区，可划为山岳观光区；以竞技活动场所、设施为主的，适宜开展健身旅游活动的旅游功能区，可以划为竞技型健身旅游区。例如，《宜昌三峡极顶黄牛岩风景旅游区修建性详细规划》中的功能分区和项目布局均以区域中的资源和环境特征为基础：地质园景区就以著名地质景观——"黄牛背斜"为依据，始祖园区则以区域内嫘祖遗迹为基础加以提升形成发展设想。此外，对于旅游功能分区的阐释，还应处理好三大关系：①功能区之间的差异性；②功能区内部的相似性；③旅游资源类型的相邻性。规划者只有站在全局的高度统筹安排各个功能区间的相互关系，使各功能区形成互补，在主题形象和发展方向上相互融洽，才能使旅游空间布局构成功能鲜明的旅游区，才能保证旅游景区的顺利发展。

月湖旅游景区空间布局

月湖旅游景区（图6-8）位于汉阳龟山以西，汉水以南，因形似弯月，故名。东西长3150米，南北宽约450米，总面积达1.42平方米。受自然、人文因素影响，月湖旅游景区在空间布局上分为明显的三个部分：古琴台、梅子山、月湖。

古琴台是月湖旅游景区中最为重要的景点，得名于"俞伯牙摔琴谢知音"的历史故事，由汉白玉镶砌而成，有苍劲秀丽的"琴台"二字，悬挂着的橘红色"高山流水"横匾掩映在绿荫丛中。金碧辉煌的楼榭，浓密滴翠的树荫，随风吹来的月湖清香，景色十分宜人。厚重的历史积淀及代表人间真挚感情的历史故事，适宜将古琴台划分为一个单独功能区。

梅子山在月湖之西，以多植梅树而得名，孤峰兀立，四望平远，俯瞰月湖，碧波银浪，浩瀚无涯。山上有"海阔天空""灵鹫飞来"摩崖，据说为清朝人的手笔。从其地形、地势上看，梅子山较独立，也适宜作为独立功能区。

月湖代表了武汉滨江滨湖城市特征，据嘉庆《汉阳县志》载："月湖有八景：古洞仙踪、梅桥花影、僧楼钟韵、宵市灯光、柳映长堤、荷风曲溆、琴台残月、梵寺朝辉"。按照规划，保留并充实其中的柳映长堤、荷风曲溆、宵市灯光、琴台残月四景，同时根据变化了的情况，以红踏朝晖、长虹卧波、龟峰耸翠、梅林踏雪四景代替原来的古洞仙踪、梅桥花影、僧楼钟韵、梵寺朝辉。

图6-8 月湖旅游景区空间

资料来源：武汉市汉阳区旅游网．月湖．http://www.bytravel.cn/Landscape/8/yuehu.html

6.3.1.3 旅游景区空间布局的定量

所谓"定量"，是指在对各功能分区定位和定性的基础上，依据各功能分区的环境条件、旅游线路组织及对旅游者行为的预测而确定各个功能分区的最佳生态容量。

过量的旅游者会给旅游景区及其周边生态环境和自然环境造成众多负面影响，同时会对旅游者自身安全造成威胁。旅游景区空间布局的定量就是为旅游景区内各功能区预测制订合理的环境容量，其预测依据主要有三个：旅游者行为模式、开发类型、区域规模。

不同区域、不同年龄段的旅游者在旅游景区中的行为模式有差异，而旅游者行为模式会直接影响到旅游景区内的周转率，从而对旅游景区内旅游者容量产生影响。

旅游景区开发类型决定了旅游景区的旅游项目，不同类型旅游项目对旅游景区容量要求有所差异。如观光型旅游景区及生态型旅游景区的旅游者容量较小，娱乐型旅游景区旅游者容量较大。

区域规模是指旅游景区功能分区面积大小。一般而言，面积越大的区域其旅游者的容量相应越大。但对于不同类型的地区，实际情况有所差异。如平原地区的旅游景区其旅游者密度可能较山地型旅游景区大，因此，单位面积上容纳的旅游者人数，平原型旅游景区会多于山地型旅游景区。

6.3.2 聚类分区法

聚类分区法（图6-9）又称为"升序分区法"，是指从较小区域系统（如旅游点）入手，将其逐渐归类合并为较大区域的划分方法。具体步骤如下：

（1）在旅游景区内设定 N 个地域样本，即最小的地域空间。

（2）计算样本之间的空间距离，并按相邻样本之间的共性，将其划分为 $N-X$ 类。

（3）进行同类、相邻样本的合并，循环往复。

（4）最终无法继续合并而形成 N–X–Y 类几个数量有限的大区，即为最终需要的对旅游景区的空间划分。

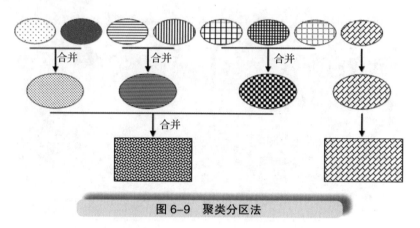

图 6-9　聚类分区法

6.3.3　降解分区法

降解分区法又称"降序分区法"，是由加拿大学者史密斯（Smith）于 1986 年提出的一种大尺度旅游空间区划定位的方法。它与聚类分区法恰好相反，是从较大地域单位入手，按照不同层次的标准将其分解为越来越小的区域的划分方法（图 6-10）。

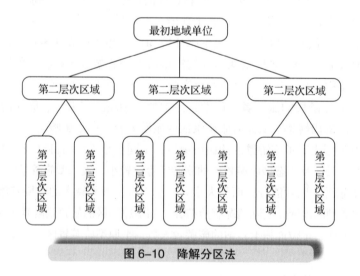

图 6-10　降解分区法

6.3.4　认知绘图法

认知绘图法是 1983 年由弗里根（Vliegen）提出的旅游区域空间布局方法，通过收集旅游者在旅游中对旅游地形象的认知，计算出旅游区各旅游位置的分数来进行分区，是一种定性分析方法。该方法以心理学理论为基础，通过旅游者心理图示的揭示达到旅游景区空间的合理化和人性化布局。基本步骤如下：

（1）选择一种符合实际需要的抽样调查方法，以获得一个具有代表性的随机样本。通过抽样选取一系列旅游者，这些旅游者将作为认知绘图法的受访者参与到旅游景区空间布局中。

（2）向受访者提供一张旅游景区空间布局底图，要求他们在认为是旅游地核心的区域位置上做出标记（x），并标出 3~5 个旅游分区的范围（图 6-11）。

（3）根据受访者画出的旅游景区中心地和旅游分区范围，计算出每个旅游分区的位置分数（TLS），具体计算公式为：

$$TLS = \frac{(A + B + C) \times (A + B)}{1 + C}$$

式中，A 代表每个分区所得的 x 的次数，B 为该区域被受访者划为旅游分区的次数，C 为一个地区被受访者部分划入旅游分区的次数。

（4）将各旅游位置的分数汇总，标注在另一张新的地图上，然后沿低积分处画线得出各区之间的界线，高积分处即为旅游分区的位置中心。

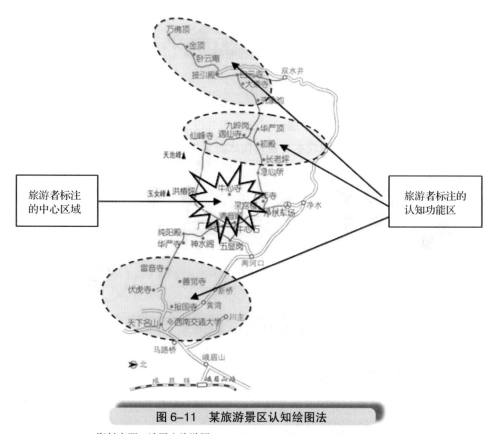

图 6-11　某旅游景区认知绘图法

资料来源：峨眉山旅游网．http://www.ems517.com/trafficinner.html

6.4 旅游景区空间布局模式

合理的空间布局对旺季旅游者分流具有明显作用，旅游景区进行空间布局时应该因地制宜。这里介绍几种常见的旅游景区空间布局模式及不同地域类型旅游景区空间布局模式以供参考使用。

6.4.1 常见旅游景区空间布局模式

6.4.1.1 链式布局模式

链式布局模式（图6-12）适用于旅游资源和服务设施主要沿着交通线路分布的情况。交通线可以是公路、水路等，有时交通线本身也是构成游览的主要内容。

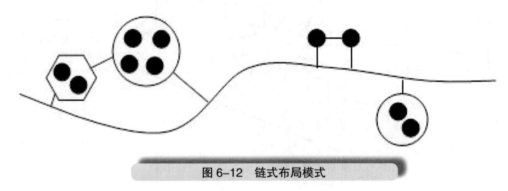

图6-12 链式布局模式

6.4.1.2 环核式布局模式

一般而言，吸引物较单一或匮乏的旅游景区其空间布局往往会呈现出环核式布局模式。该模式下旅游接待服务设施与旅游吸引物之间由交通联系，呈现出伞骨形或车轮形（图6-13）。如广东陆丰市玄武山旅游景区，因该旅游景区较为独立，其周边缺乏其他旅游景区支撑，因此，在旅游景区空间布局上形成了类似于环包围核心式的布局模式，该旅游景区所有接待设施由当地居民自发组织，紧紧围绕该旅游景区的周边地区，形成了包围该旅游景区的一道接待设施环。

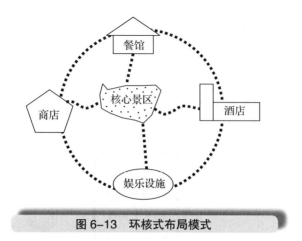

图 6-13 环核式布局模式

以下两种均属于环核式布局模式：

1）环自然风景区布局模式

该模式围绕自然风景区布局，布局的重点是自然景观，其次是住宿等其他服务设施。该模式适用于自然风光秀丽、资源禀赋良好的旅游地，通过这种模式可以进一步提高自然风景区的吸引力（图6-14）。如温泉或天然滑雪场。

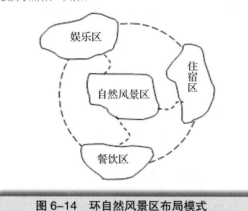

图 6-14 环自然风景区布局模式

2）环旅馆布局模式

该模式适宜于缺乏明显核心自然景点的旅游区，重点和特色在于旅馆的建筑风格和综合服务设施体系。通过这种布局使特色或豪华旅馆成为旅游吸引物（图6-15）。

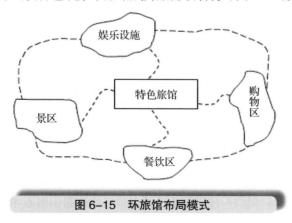

图 6-15 环旅馆布局模式

6.4.1.3　社区—吸引物综合体布局模式

1965 年，美国学者甘恩（Gunn）首先提出"社区—吸引物综合体"的概念，该模式是在旅游区中心布局一个服务中心，外围再分散布局一批旅游吸引物综合体，在服务中心与旅游吸引物之间有便捷的交通相连接（图 6-16）。

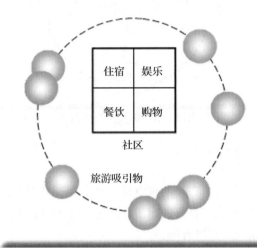

图 6-16　社区—吸引物综合体布局模式

社区—吸引物综合体布局模式与环核式布局模式有类似之处，即在上述两种布局模式下都会出现环状分布。但其不同之处在于：环核式位于环状中心的是旅游吸引物，因旅游吸引物较单一或匮乏而放置于环状中心，由旅游接待服务设施围绕其形成；社区—吸引物式的旅游资源虽丰富，但分布较为分散，由位于环状中心的具有旅游接待功能的社区将其凝聚而成。

例如，野营地式布局模式（图 6-17）。该模式重点是对亚区的旅游服务设施进行布局，以对整个旅游区恰当的亚区划分为基础，兼顾各区之间功能的互补性。该布局模式适用于景点较分散，当地条件有限又不宜建大型设施的旅游区。

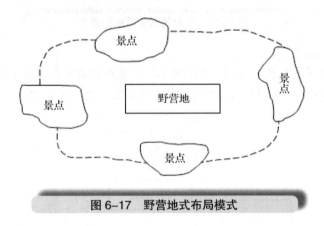

图 6-17　野营地式布局模式

6.4.1.4　双核式布局模式

"双核原则"由特拉维斯（Travis）于 1974 年提出，这种布局模式通过精心设计，将各种服务设施集中于一个辅助性社区内，位于旅游景区保护区的边缘（图 6-18）。

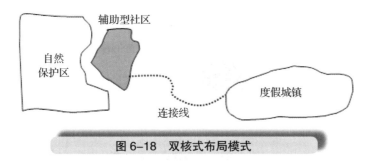

图 6-18　双核式布局模式

另一种使用双核式布局的情形是当旅游景区内出现两个势均力敌的资源集聚体时，也可以采取此布局模式（图 6-19）。

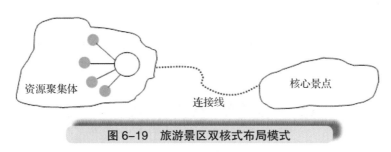

图 6-19　旅游景区双核式布局模式

6.4.1.5　同心圆式布局模式

该模式源于瑞士景观设计师弗斯特（Forster）于 1973 年提出的旅游区空间开发模式——"三区结构模式"。该模式将旅游景区从内到外依次划分为核心保护区、游憩缓冲区、密集游憩服务区（图 6-20）。其中，核心保护区是受到严格保护的自然区，限制乃至禁止旅游者进入；围绕它之外的为游憩缓冲区，该区配备有野营、划船、越野、观景点等服务设施；最外层为密集游憩服务区，该区为旅游者提供各种服务，如酒店、餐厅、商店或高密度的娱乐设施。

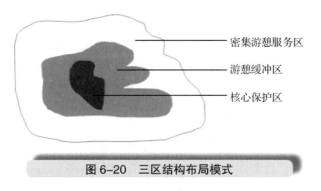

图 6-20　三区结构布局模式

同心圆式空间布局即为三区结构布局模式的延伸，该模式将旅游景区由内向外分为核心保护区、缓冲区、开放区三部分，已经得到世界自然与自然资源联盟的认可，许多国家在对待需要保护的生态型旅游景区时均采用此布局模式（图 6-21）。如美国国家公园土地利用规划中将国家公园分为核心区、缓冲区、边缘区三部分。澳大利亚东北部大堤礁海洋公园规划中，将该规划区域划分为六大分区进行管理：保护区、国家公园区、缓冲区、保护公园区、生态环境保护区及综合利用区。

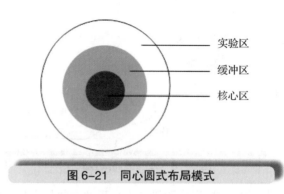

图6-21　同心圆式布局模式

我国在《中华人民共和国自然保护区条例》中也将自然保护区划分为核心区、缓冲区及实验区。其中，核心区是自然保护区内保存完好的天然状态的生态系统及珍稀濒危动植物的集中分布地，除经允许的科研活动外，禁止任何单位和个人进入。核心区外围可以设置一定范围的缓冲区，只准进入从事科学研究观测活动。缓冲区外围为实验区，可以进入从事科学试验、教学实习、参观考察等活动。

6.4.2　不同地域类型旅游景区空间布局模式

按照旅游景区所处地域类型，可将旅游景区分为山地型、河流型、湖泊型、海滨型、草原型和森林型六大类别。对于不同地域类型的旅游景区而言，其空间布局模式有所差异。但总体来看，均是在上述六种基本布局模式的基础上加以变化而成。

6.4.2.1　山地型旅游景区空间布局

山地型旅游景区是指位于山地，地形起伏较大，空间布局受地形影响较大的旅游景区。该类旅游景区中景点和资源往往较为分散，因此，在空间布局时一方面要考虑交通、环境等因素，另一方面应通过空间布局使旅游者能在旅游过程中经过尽可能多的景点。山地型旅游景区空间布局有以下三种类型：分叉式布局、环状式布局、综合式布局。

山地型旅游景区分叉式布局模式如图6-22所示。该类型布局模式是将主要的旅游景点作为旅游景区的核心置于山顶，其他旅游吸引物则因地形的关系而只与该主要旅游吸引物产生单方面的联系，旅游景区内的旅游接待设施则分布于这些旅游吸引物之间。

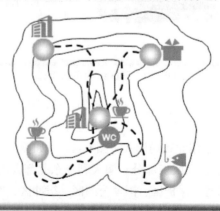

图6-22　山地型旅游景区分叉式布局模式

山地型旅游景区环状式布局如图 6-23 所示。该类布局模式中各旅游吸引物通过环状线路相互串联，旅游接待设施分布于其间。

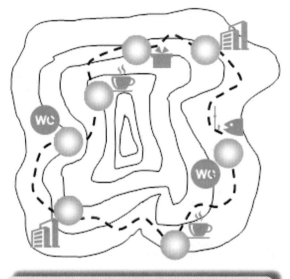

图 6-23 山地型旅游景区环状式布局模式

山地型旅游景区综合式布局模式如图 6-24 所示。该模式融合了分叉式和环状式布局的特点，在空间上旅游吸引物之间通过交通网络的建设而构成网状分布，旅游者在行为模式上可供自主选择的余地更大。

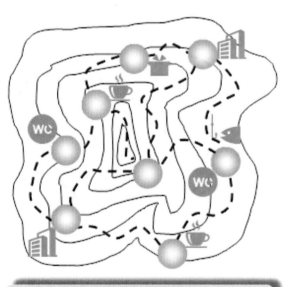

图 6-24 山地型旅游景区综合式布局模式

6.4.2.2 河流型旅游景区空间布局

出于旅游交通设计和旅游者行程安排考虑，河流型旅游景区空间布局多采用链式布局模式中的沿河式布局（图 6-25）。如具有代表性的长江三峡旅游景区、河南洛阳龙门石窟旅游景区，作为我国著名旅游目的地，它们的主要景点均沿河分布，人们通过游船或步行就可一路领略瑰

丽的自然与文化景观。例如，知名江南水乡旅游景区——乌镇，其旅游项目也为典型的沿河道
分布的空间布局模式，沿着镇上的东市河依次分布着传统作坊区、传统民居区、传统文化区、
传统餐饮区、传统商铺区、水乡风情区。

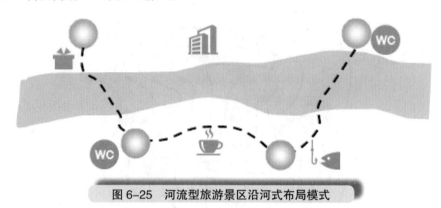

图 6-25　河流型旅游景区沿河式布局模式

6.4.2.3　湖泊型旅游景区空间布局

湖泊型旅游景区空间布局模式可分为两种，即环湖式布局和网状式布局。

环湖式空间布局多见于湖中无岛，而仅将湖作为一种自然环境景观的旅游景区中（图
6-26）。该类旅游景区内旅游吸引物主要分布于湖泊周围，水上至多开发一些康体运动项目，因
此，该类旅游景区在规划时主要通过环湖景观道路将各个旅游吸引物串联起来，打造成为一个
环状旅游景区布局模式。

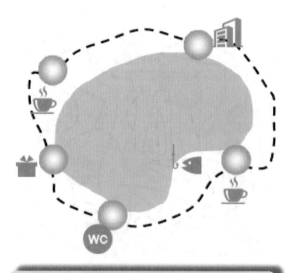

图 6-26　湖泊型旅游景区环湖式布局模式

采用网状式布局模式的湖泊型旅游景区大多湖中有岛，岛上拥有一定数量的旅游吸引物
（图 6-27）。此时，旅游景区布局应全面考虑旅游者的旅游需求，通过开发多元化的旅游交通工
具，实现水陆联动开发，不仅要求视线上互联互通，还应在旅游行程上紧密联系。该布局模式
就是借助水体、陆地甚至空中的交通组织而实现旅游景区内旅游吸引物的开发。

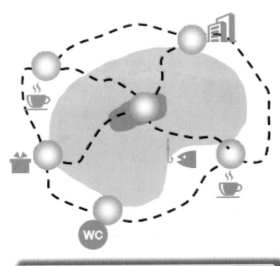

图 6-27 湖泊型旅游景区网状式布局模式

6.4.2.4 海滨型旅游景区空间布局

海滨型旅游景区空间布局模式主要体现在旅游接待和游乐设施的空间布局及其与海岸线的位置关系上。一般而言，海滨型旅游景区在空间布局上会采用递进式的布局模式（图6-28）。从国内外海滨型旅游景区开发的实践经验来看，该类旅游景区在空间上的布局由海上到陆地一般依次为：海上运动区、养殖区、垂钓区、海滨浴场、游船码头、海滩活动区、海滨公园、沿海植物带、娱乐区、野营区、交通线、接待中心等。国外滨海旅游带的开发大部分都按照上述层次进行布局，除海边设置游艇、浴场及沙滩活动区外，在距离海滩较远处还设置有供旅游者免费使用的休闲、野营、烧烤等设施。

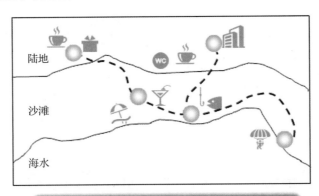

图 6-28 海滨型旅游景区递进式布局模式

6.4.2.5 草原型旅游景区空间布局

草原型旅游景区的旅游吸引物较为分散，分布密度较低，区内差异性小。且一般情况下，受其地质条件所限，不允许修建大规模的旅游接待设施，因此，可将这一类旅游景区划分一定的亚区，在兼顾亚区之间功能互补性的前提下，重点对亚区内的旅游服务设施进行布局。各个亚区应具有相对独立的旅游功能，同时应通过交通网络进行连接（图6-29）。

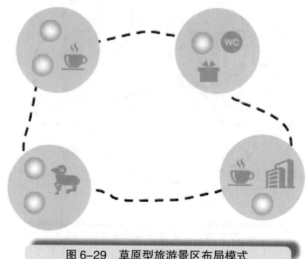

图6-29 草原型旅游景区布局模式

6.4.2.6 森林型旅游景区空间布局

森林型旅游景区一般作为生态观光、休闲度假的场所，属于环境十分脆弱的地域类型，因此，生态环境保护是规划与开发森林型旅游景区的前提。从旅游者的活动来看，观光、游览等活动对于森林环境造成的影响较为有限且负面影响不多；而旅游接待设施、服务设施对森林环境的负面影响最为强烈，如餐饮、住宿等，所以，在进行空间布局时多采用同心圆式（图6-30）或双核式（图6-31）的旅游景区布局模式。

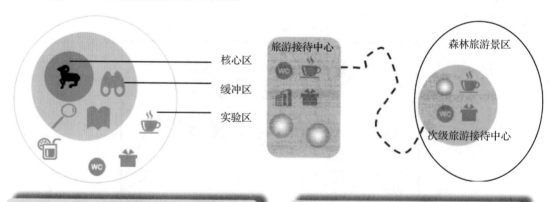

图6-30 森林型旅游景区同心圆式布局模式　　图6-31 森林型旅游景区双核式布局模式

双核式旅游景区空间布局模式是为了尽量避免因旅游接待导致对森林型旅游景区生态环境造成负面影响，而对旅游接待设施予以一定的分散化和远离化，因此，"双核"是指旅游景区拥有两个旅游接待核心。其中，第一个核心是远离旅游景区的旅游者主接待中心，该接待中心所处环境对外界冲击的承受力较旅游景区内强，通常将污染和环境负面影响较为严重的主要接待设施和服务置于此处；第二个核心是位于旅游景区附近或者主入口处的次级旅游接待中心，该接待中心仅提供对环境和资源影响较小的配套服务。森林型旅游景区空间布局的主要影响要素是旅游活动对旅游景区环境的影响。

本章小结

随着旅游业的快速发展，旅游景区合理规划成为当今研究的热点问题。一方面，需要对多景点复合型旅游景区进行合理的空间布局规划，以便各景点各有特色又相互依存，同时，制约各景点客流量的集疏；另一方面，要对旅游景区各类项目进行合理的选址及资源配置，不断提高旅游景区的运作效率，因此，旅游景区的合理空间布局是确保旅游景区自身合理规划的关键问题。

本章内容首先对旅游景区空间布局的概念进行了界定，明确了空间布局与功能分区、项目选址等概念之间的包含关系。在此基础上，对旅游景区空间布局的原则进行归纳，体现了次级功能分区主题、项目等的设置需紧紧围绕旅游景区总体空间布局的主题、特色所进行，但各功能分区需有自己的独特之处。对旅游景区空间布局方法及模式的研究，可帮助旅游景区规划者们判断旅游景区空间布局的合理性、可行性，并在规划过程中对旅游景区空间布局提出合理的规划模式。

复习思考

一、单选题

1. 旅游景区空间布局需要体现的合理分散集中原则是指（　　　）。
    A. 大分散、小集中　　　　　　　　　B. 小分散、大集中
    C. 旅游服务配套设施分散布局　　　　D. 功能及主要项目集中分布

2. 某旅游景区在项目布局中，商业娱乐设施布局在以下哪个区域较为合理（　　　）。
    A. 游客服务中心　　B. 环湖景观带　　　C. 康体休闲区　　　　D. 特色小镇区

3. 以下哪项是对旅游景区空间布局的"定性"（　　　）。
    A. 地形及地表物质的调查　　　　　　B. 最佳开发区的选择
    C. 功能分区的命名　　　　　　　　　D. 生态容量的预测

4. 某旅游景区主体资源和服务设施主要沿道路两侧分布，该旅游景区布局模式属于（　　　）。
    A. 双核式布局模式　　　　　　　　　B. 链式布局模式
    C. 社区—吸引物综合体布局模式　　　D. 环核式布局模式

5. 某旅游景区特色在于独特的建筑风格，但缺乏核心自然景点，则该旅游景区可采用（　　　）布局模式。
    A. 同心圆布局模式　　　　　　　　　B. 双核式布局模式
    C. 社区—吸引物综合体布局模式　　　D. 环旅馆布局模式

二、多选题

1. 保护旅游环境原则主要内容是（　　　）。
    A. 保护旅游景区内特殊的环境特色　　B. 保护主要吸引物景观
    C. 控制旅游者容量　　　　　　　　　D. 保护旅游景区特有人文环境
    E. 保护旅游景区真实旅游氛围

2. 旅游景区三分法是将旅游景区空间分为以下哪三个区域（　　　）。
    A. 核心保护区　　　B. 带状缓冲区　　　C. 国家公园区
    D. 游乐设施区　　　E. 周边游憩区

3. 山地型旅游景区空间布局多采用哪些布局模式？（　　　）

　　A. 分叉式布局模式　　　B. 综合式布局模式　　　C. 递进式布局模式

　　D. 环状式布局模式　　　E. 链式布局模式

三、名词解释

旅游景区空间布局　旅游景区功能分区　旅游景区项目选址

四、简答题

1. 旅游景区空间布局的原则有哪些？

2. 旅游景区空间布局采用的方法主要有哪些？

3. 旅游景区空间布局常见模式主要有哪些？

五、应用题

1. 选择你熟悉的旅游景区，结合所学的旅游景区空间布局原则与方法分析其空间布局的科学性与合理性，并判定该旅游景区采用的空间布局模式。

2. 请在你所熟知的旅游景区中，列举一个采用双核式进行空间布局的旅游景区并分析其空间布局特征。

实训操作　→

实训任务：××旅游景区空间布局。

实训目的：参照示范案例，结合所学的旅游景区空间布局原则与方法，能够独立分析特定旅游景区空间布局的科学性与合理性，并判定旅游景区空间布局的模式。能对特定旅游景区进行空间布局。

实训要求：

• 全班分组，3~5人一组，任意选择一熟悉的旅游景区分析其空间布局是否合理并判断该景区空间布局所采用的模式；

• 各组对所选旅游景区进行旅游空间布局。

实训操作示范　→

嘉阳·桫椤湖旅游景区总体布局及空间功能划分

总体布局：两心一镇两廊、五区两环线（图6-32）。

➤ 两心：主入口旅游集散服务中心、次入口旅游集散服务中心。

➤ 一镇：芭沟矿山文化古镇。

➤ 两廊：嘉阳小火车体验长廊、芭马峡运业时空长廊。

➤ 五区：

——桫椤湖生态休闲度假区。

——"金蝉桃山"果园观光暨休闲度假区。

——"寨上茶园"特色农业观光休闲区。

——"天池幽谷"油料农业观光休闲区。

——"茉莉香都"精品农业观光休闲区。

➢ 两环线：主游览环线、次游览环线。

五大功能区布局（图6-33）：

➢ 国家5A级旅游景区创建核心区。

➢ "金蝉桃山"果园观光暨休闲度假区。

➢ "寨上茶园"特色农业观光休闲区。

➢ "天池幽谷"油料农业观光休闲区。

➢ "茉莉香都"精品农业观光休闲区。

图6-32　嘉阳·桫椤湖旅游景区总体布局图

图6-33　嘉阳·桫椤湖旅游景区五大功能分区图

实训操作表格 8　旅游景区空间布局

旅游景区名称	
旅游景区地点	

A. 旅游景区原有空间布局评估（原有总体布局、功能分区评估）

B. 旅游景区空间布局规划设计
总体布局（布局原则、布局方法、布局模式、总体布局）
功能分区（功能划分、项目选址）
空间布局图

C. 主要成员					
责任	姓名	分工	责任	姓名	分工
组长			成员4		
副组长			成员5		
成员1			成员6		
成员2			成员7		
成员3			成员8		

填表人：	联系方式：	电话：	填表日期： 　年　月　日

第7章

旅游景区产品开发与项目设计

学习目标

知识目标：掌握旅游景区旅游产品的概念、类型。

了解旅游景区旅游产品开发的原则。

掌握旅游景区旅游产品开发的内容和措施。

掌握旅游项目的概念、分类方法。

了解旅游项目创意设计的方法。

掌握旅游项目设计原则、设计内容及主要程序。

了解旅游景区营销推广策略方法。

能力目标：能够区分旅游产品和旅游项目。

能够进行旅游景区旅游产品开发和旅游项目设计。

初步学会旅游景区营销推广。

知识结构

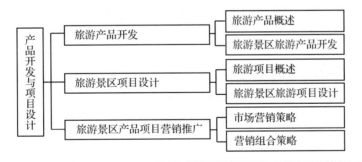

导入案例

嘉阳·桫椤湖旅游景区内自然风光和人文景观相得益彰，然而，旅游景区的旅游产品以小火车沿线田园观光产品、矿山文化观光产品和桫椤湖生态观光产品为主，产品开发缺乏丰度和深度，互动性和体验性不足，使旅游者停留时间较短，旅游发展缺乏长效动力。《嘉阳·桫椤湖旅游景区规划》提出以嘉阳小火车为代表的矿山文化体验旅游为核心吸引；以文化与生态度假为重点产品；构建"旅游+"产业高度融合、乡村旅游大发展的综合性旅游产业聚集区。

旅游产品是旅游景区规划的核心问题，作为规划人员，如何才能开发出特色突出、适应市场的旅游产品，设计出极具吸引力的旅游项目？

　　旅游规划的中心就是旅游产品，旅游规划就是旅游产品的设计与制作，除进行旅游资源的评估及其他配套设施的协调统筹外，更不能忽略的是考证产品是否能适应市场的需求。设计出来的旅游产品需要相应的旅游项目支撑，因此，旅游产品开发的内容与措施及旅游项目设计的内容与程序都是需要旅游规划人员去掌握的。

7.1　旅游产品开发

　　旅游规划的一个重要目的就是要努力让旅游景区保持吸引力，延长其发展稳定期，防止衰弱期的到来，或者在衰弱期到来之前未雨绸缪，进行旅游产品的开发，实现更新换代，以使旅游开发进入一个新的发展阶段。由此可以看出，旅游产品是旅游业发展的基础条件，而如何针对市场，利用旅游吸引物开发出具有吸引力的旅游产品是旅游开发的研究重点。

7.1.1　旅游产品概述

　　旅游资源针对不同的客户或潜在客户，或者说针对不同的旅游市场是异质的，因此，只有通过旅游产品的规划开发，才能使旅游资源转化成被市场接受的旅游吸引物，形成一项具有竞争力的旅游产品。

7.1.1.1　旅游产品概念

　　旅游产品是以旅游吸引物为核心，以系列旅游基础设施为支撑，产品经营者向旅游者提供的、用以满足其旅游活动需求的全部实物与劳务服务的总和。旅游产品是以服务的形式表现出来的，以服务为核心的各项要素构成的综合体。

　　旅游者所购回的旅游产品并非一件具体的实物，而是一次完整的旅游经历和体验，是对旅游产品的"感知"和"记忆"，获得的是精神满足。在此过程中，旅游者享有消费各项服务的权利，但是对酒店、交通、旅游景点所提供的硬件设施没有所有权，仅拥有暂时使用权。

7.1.1.2　旅游产品特征

1）综合性

　　旅游产品的综合性主要表现在两个方面：第一，旅游产品是由食、住、行、游、购、娱等多项产品和服务组合而成的混合性产品，既满足旅游者的精神需求也满足旅游者的物质需求；第二，旅游产品的综合性还表现在组成旅游产品所涉及的部门和行业众多，其中包括直接向旅游者提供产品和服务的饭店业、交通运输部门、娱乐场所、通信部门、海关部门等，还包括间接向旅游者提供产品和服务的农业、林业、牧业、渔业、纺织业、建筑业、钢铁业、公安、卫生、消防、教育等行业和部门，可以说是涉及了接待国国民经济的方方面面。

2）无形性

旅游产品的无形性特点主要表现在三个方面：第一，旅游产品和购买其他制造类产品不同，不能通过直接观察产品的外形、颜色、数量等方面来决定是否购买，只能凭借旅游者的需求来购买旅游产品，这样就容易给不法旅游景区带来可乘之机，他们往往利用旅游者的需求来大作虚假宣传文章，诱使旅游者上当受骗；第二，旅游者购买旅游产品后，旅游景区为其提供的服务是无形的；第三，旅游者返回后其获得的经历是无形的。

3）不可转移性

旅游产品的不可转移性特点主要体现在两个方面：第一，旅游服务所凭借的旅游吸引物和旅游设施无法从旅游目的地运输到旅游客源地供旅游者消费，只能提高信息传递效率，让旅游者了解旅游目的地相关情况，才可能促使旅游者将该旅游目的地作为出行备选地；第二，旅游产品售出后其所有权并没有发生转移，转移的只是产品的暂时使用权。

4）生产与消费同步性

旅游产品的生产表现为旅游服务的提供。由于旅游产品的不可转移性，只有当旅游者到达旅游目的地，旅游服务的提供才会发生，当旅游者接受旅游服务时，其消费才会开始；当旅游者离开旅游目的地时，旅游活动结束，旅游者的购买行为、消费过程结束，旅游产品的生产者、经营者也就结束旅游服务的提供。

5）不可存储性

由于旅游服务和旅游消费者在时空上的统一性，因此，当没有旅游者购买和消费时，以服务为核心的旅游产品就不会产生出来，也就无法像其他制造类产品一样，在暂时销售不出去的时候可以存贮起来，留待有市场的时候才销售。这个特性就形成了旅游景区经营中的特殊现象，很多旅游景区经常根据需要实行浮动价格，力图使损失降到最低。

6）脆弱性

脆弱性是指旅游产品价值的实现要受到多方面因素的作用和影响，在这些因素中，如果某一个因素的条件不具备，就会影响到旅游产品交换全过程，导致其全部价值不能实现。比如，旅游产品内部各组成部分之间的比例关系、旅游者流动性、旅游活动的季节性等因素对旅游产品价值实现影响很大；目的地国家或地区各种政治、经济、社会及自然因素的影响。这些因素同样是旅游业难以控制的。

7.1.1.3 旅游产品构成

旅游产品的综合性决定了它是包含了多项要素的特殊产品的。旅游者在旅游活动中的消费内容包括住宿、餐饮、交通、游览、娱乐、购物等事项。其中住宿、饮食是向旅游者提供旅游过程中所需的生活条件；游览与娱乐是旅游者旅游活动的主要目的；交通是实现旅游位移的手段；购物与其他活动服务是旅游活动的延伸。

1）旅游吸引物

旅游吸引物主要指旅游资源或旅游景区，是吸引旅游者离开常住地进行旅游活动的任何实物、现象与劳务。旅游者购买并消费某种旅游产品的主要目的就是游览和体验该旅游吸引物。

旅游吸引物对旅游者是否购买旅游产品起着决定性的作用,是旅游产品设计的基础条件。旅游吸引物可以是物质实体,也可以是各种自然或社会文化现象,还可以是具有影响力的事件,同样可以是智力、劳务等抽象的内容。

2)旅游服务设施

旅游服务设施是实现旅游者空间位移的保证,是向旅游者提供服务活动的物质条件,直接影响旅游者的旅游活动能否顺利实现,也影响到旅游服务质量的高低。虽然旅游服务设施不能决定旅游者对旅游目的地的选择,但它也是旅游者选择旅游产品的另一个需要考虑的要素。旅游服务设施包括旅游活动过程中所需要的住宿、餐饮、交通、购物、娱乐等设施,各项设施的表现形式多种多样,同类设施的表现形式、档次、功能、规模、组合又各不相同,旅游者可以根据自己的喜好、购买力、时间进行选择。

3)旅游服务

旅游服务是指旅游经营者为满足旅游者旅游需求所提供的旅游全过程的必要服务总和。旅游服务是旅游产品的核心,旅游者所购买的旅游产品,除餐饮和旅游生活中消耗的物质外,大部分是进行接待服务和导游服务的消费,所谓旅游基础设施、自然物只是旅游服务的载体。根据旅游经营者所提供的服务形式,旅游服务可以分为接待服务、管理服务、导游服务和产品销售服务等。

7.1.1.4　旅游产品类型

旅游产品的分类,根据不同的方法和标准,有很多种划分方法。在实际操作中,要根据需要进行划分。

1)按旅游的目的划分

不同旅游者出游目的和动机不一,根据旅游者出游目的,大致可以划分为如下类型的旅游产品:

(1)观光旅游产品。观光旅游产品是指旅游者以观赏和游览自然风光、名胜古迹等为主要目的的旅游产品。

(2)度假旅游产品。度假旅游产品是指旅游者利用公休假期或奖励假期而进行度假和消遣所购买的旅游产品。

(3)专项旅游产品。专项旅游产品是指旅游者以某项主题或专题作为自己的核心旅游活动的旅游产品。

(4)休闲旅游产品。休闲旅游产品是指旅游者以休闲活动为主的旅游产品,详见表7-1。

表7-1　按旅游的目的划分的旅游产品分类表

产品类型	细分产品
观光旅游产品	自然观光产品:地表类、水域类、生物类 人文观光产品:历史遗迹、现代观光、人造景观和观光农业
度假旅游产品	海滨海岛、温泉疗养、乡村旅游、内陆湖泊、城市旅游、山地度假、野营度假、森林度假和高山雪原度假

续表

产品类型	细分产品
专项旅游产品	商务会展型旅游（一般商务、政务、会议、会展、奖励）；文化型旅游（一般文化、遗产、博物馆、艺术欣赏、摄影、民俗、怀旧、祭祖、宗教、文学和影视、红色旅游）；康体健身型旅游（一般体育、水上运动、滑雪、漂流、高尔夫、军事、温泉、体育赛事、医疗、疗养保健）；刺激型旅游（探险、探秘、沙漠、海底、登山、火山、漂流、太空、极限运动、狩猎、惊险游艺、斗兽）；业务型旅游（修学、教育、校园、工业、观光农业、学艺、科考）；主题公园旅游（情景模拟、游乐、观光、主题和风情体验）；节事旅游（文化类、体育类、商贸类、民俗类、宗教类和自然景观类）
休闲旅游产品	自然旅游、绿色旅游、乡村旅游、农业旅游

嘉阳·桫椤湖旅游景区旅游产品体系

产品体系覆盖由观光旅游产业、休闲度假与文化体验产业、文化创意产业、观光农业、手工业及旅游商品加工业等组成的多元产业体系，如图7-1所示。

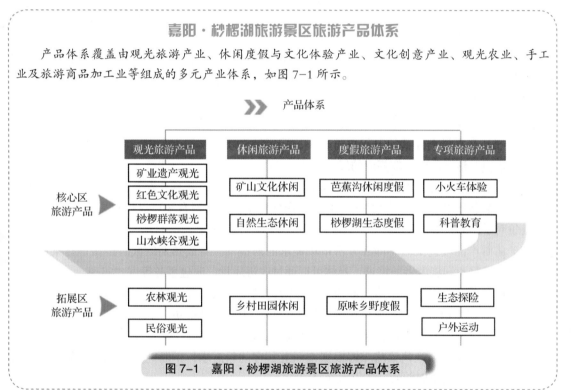

图7-1 嘉阳·桫椤湖旅游景区旅游产品体系

2）其他分类方法

旅游产品还可以按国界划分为国际旅游和国内旅游；按旅游方式可以划分为徒步旅游、水上旅游、航空旅游、汽车旅游、火车旅游等；按旅游活动位移可以划分为近距离旅游、中距离旅游、远程旅游；按旅游经济档次可以划分为豪华旅游、经济旅游、自助旅游；按旅游活动日数可以划分为一日游、二日游、多日游。

7.1.1.5 旅游产品生命周期

旅游市场上的旅游产品层出不穷，也不断有旅游产品退出市场，从投入到退出，时间有长有短，但总体来说，都遵循了旅游产品生命周期规律。

1）定义

旅游产品生命周期是指旅游产品从投入市场，经过成长、成熟过程，最后被淘汰（更新）的过程。一般包括投入期、成长期、成熟期、衰退期四个阶段，各个阶段具有不同的特点。

（1）投入期。投入期是指旅游产品投放市场的初级阶段。这一时期，旅游景区投资额大，销售额低，利润几乎不存在，甚至亏损。具体表现为新的旅游项目、旅游酒店、旅游娱乐设施的建成，新的旅游线路开通等。

（2）成长期。这一时期，旅游景点、旅游设施已具备一定的规模，旅游产品基本定型并形成自己的特色，迅速为市场所接受。这时需求量和销售额迅速上升，生产成本大幅下降，利润迅速增长。市场上开始出现竞争者，旅游产品的模仿和抄袭现象较普遍。

（3）成熟期。成熟期是指旅游产品销售增长趋于和缓稳定的时期。此时，旅游产品已经被大多数潜在客户所接受。为了对抗竞争，保护自己的产品，用于营销的费用日益增长，利润增长稳定或下降。此时产品差异化成为竞争的核心。

（4）衰退期。处于衰退期的旅游产品销售量迅速减少，利润跌落。在这一阶段，市场上出现了新的旅游产品，逐步取代了旧的旅游产品。市场竞争突出表现为价格竞争，价格不断下降，竞争者不断退出竞争的舞台。

2）延长旅游产品生命周期的经营策略

旅游产品在市场上存活的时间有长有短，那要如何才能延长生命周期，让这项旅游产品创造更多的价值？这就需要采取相应的经营策略。

（1）旅游市场改进策略。即为成熟期的产品寻找新顾客，并且开发新的市场。具体实现方式有开发产品新用途，寻找新的细分市场；利用促销手段刺激现有客户提高购买该产品的频率；争夺竞争对手的客户等。

（2）旅游产品改进策略。即在分析市场需求的前提下，对成熟期的旅游产品进行某些方面的改进，以满足不同旅游者的需求。具体可以通过改进质量、改进服务等方式实现。

（3）市场营销组合改进策略。即通过对旅游产品、价格、分销渠道和促销四个因素进行调整、变革，以刺激销售量。如提供更多的服务项目，为产品开辟更多的新分销渠道，采用多种促销手段，或在价格上加以调整等，进而达到吸引更多旅游者的目的。

（4）旅游产品更新换代策略。即根据市场上顾客的新需求，不断地实现旅游产品的更新换代。这是延长产品生命周期的一条根本途径。

总之，以上分析说明，旅游产品生命周期存在的四个阶段是产品生命周期的最一般、最典型的表现。但不同旅游产品的生命周期会呈现不同的特点，并非所有旅游产品都必须经历四个阶段。无论旅游产品有什么样的市场周期，作为经营者必须认真研究其各个阶段的特点，以利于采取不同的营销组合策略。

7.1.2 旅游景区旅游产品开发

旅游产品的规划设计对于旅游目的地的开发成败与否有决定性的影响，因此，旅游产品开发至关重要。

7.1.2.1 旅游景区旅游产品开发理念

由于旅游产品是对旅游资源的利用与整合，为了旅游的可持续发展，因此，在进行旅游产品设计时一定要遵循一些基本理念。

1）大旅游、大开发理念

此理念包含大旅游资源观、大旅游产品观、大旅游区域观、大旅游产业观、大旅游协作观、大旅游形象观等多层含义，它强调对旅游资源、旅游产品、旅游产业、旅游形象及其他相关地域因素进行综合开发、整体协调和配套。尤其是大旅游产品观，强调从各类服务到各类活动，从各类旅游吸引物到旅游相关设施，从接待设施到整个目的地，都是旅游产品的组成部分，每个环节都不容忽视。若要开发大旅游产品，除常规旅游吸引物外，还要开发城市旅游产品，拓展社会旅游产品，推动服务产品的完善和延伸。

2）市场化、景区化理念

旅游业发展于市场经济环境下，其产品开发就必须牢固树立市场化理念，以旅游市场需求作为旅游产品开发的出发点。如果没有依托市场需求，盲目进行旅游产品开发，只会造成对旅游资源和社会财富的浪费及生态环境的破坏。坚持以市场为导向，就是要在充分的市场调研与分析基础上，进行科学的旅游市场定位，进而确定目标市场的主体和重点并针对市场需求，对各类预设产品进行筛选、加工或再造，从而设计、开发和组合成适销对路的旅游产品。

随着旅游业的发展，旅游景区在旅游产品开发中的作用和地位日益突出。作为旅游产品的生产者与销售者，旅游景区理所当然应成为旅游产品开发工作的主体。这与计划经济时期政府主导旅游产品开发的情况非常不同。必须树立旅游产品景区化开发理念，充分考虑旅游景区营利的核心目标，考虑规划设计的旅游产品是否能够营利，是否能够吸引投资者的目光，是否具有较强的可操作性，还要考虑旅游景区能否保证足量的人力、物力、财力乃至智力的投入，能否保障旅游产品的顺利开发等。只有多方面考虑，才能保证旅游产品开发的成功。

3）特色化、品牌化理念

特色是旅游产品生命力之所在，它往往体现于一定的主题。品牌是旅游产品的名片和通行证，往往具有良好的、较高的形象认知度。特色化、品牌化发展已成为当今旅游产品开发的潮流，也必然是未来发展的趋势。当前，旅游市场上的旅游产品日益丰富，市场竞争也日益激烈，旅游者的旅行经验也日益丰富。在此情况下，旅游者对于产品特色、主题及产品品牌的关注和选择已成为大众旅游消费的重要影响因素。为增强一个地方或一个旅游景区旅游产品的市场竞争力以提高其旅游经济效益，必须抓住旅游特色，强化产品主题，打造旅游精品。为此，在旅游产品开发过程中既要注重以市场为导向，以资源为基础，更要以产品特色化、品牌化为目标，科学地进行旅游产品的设计和开发。要深入分析市场上现有同类型旅游产品的特点与特性，结合自身优势尽可能地增大与它们之间的差异；特别要注意在旅游产品设计中注入文化因素，文化是旅游产品的灵魂，只有丰富与提升旅游地文化内涵，才能突出垄断性和独有性的"卖点"；要充分考虑旅游产品的品位、质量及规模，重点开发具有影响力的拳头产品和名牌产品，打造旅游产品旗舰；要以重点产品、龙头产品为依托，策划、塑造特色鲜明、美丽诱人的旅游品牌和形象，引导旅游目的地的发展。

嘉阳·桫椤湖旅游景区旅游产品结构

　　根据现场调查及对嘉阳·桫椤湖旅游景区客源市场的需求分析，确定旅游景区旅游产品结构为"品牌产品引领、核心产品支撑、重点产品突破、配套产品辅助"的梯形结构。客源市场的需求分析，确定旅游景区旅游产品结构为"品牌产品引领、核心产品支撑、重点产品突破、配套产品辅助"的梯形结构，如图7-2所示。

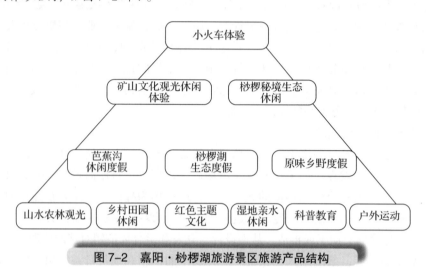

图7-2　嘉阳·桫椤湖旅游景区旅游产品结构

　　品牌产品引领：即小火车体验产品。小火车体验产品作为旅游景区知名度最高的旅游产品，对国内外市场都有巨大的吸引力，规划对该产品进行升级和拓展，以便吸引更多的国内外旅游者、争取更大的市场份额。

　　核心产品支撑：核心资源变核心产品。依托旅游景区双绝资源——"工业遗产活化石、植物活化石"，打造旅游景区核心产品——矿山文化观光休闲产品、桫椤秘境生态休闲产品，强力占据大众观光游市场、聚集人气。

　　重点产品突破：以芭蕉沟休闲度假、桫椤湖生态度假、原味乡野度假为代表的度假产品是旅游景区的重点旅游产品，通过重点产品打造，突破当前旅游景区"发展纵深短，留不住人"的现状瓶颈，使其旅游产品从观光型向复合型旅游产品转化。

　　配套产品辅助：主要为农业观光休闲产品、红色文化主题产品、湿地亲水休闲产品、户外运动探险产品等，是品牌产品、核心产品和重点产品的有力补充。

4）绿色化、生态化理念

　　当今社会，人们的环保意识越来越强烈，回归自然、向往绿色的生态旅游也已成为当今世界旅游发展的主流趋势。因此，自然生态型旅游产品日益盛行，市场前景十分广阔，而且这种旅游产品的投资相对较少，重游率高，效益显著，并能产生良好的生态和社会效益。文化旅游产品的开发也日益强调以良好的生态环境为烘托，以迎合旅游者越来越高的生态环境要求。旅游设施及服务产品对绿色环保的要求也越来越高，并日益成为一种趋势和潮流。新能源汽车、环保材料、生态停车场、生态厕所、生态能源、绿色饮食、绿色酒店、绿色装修、绿色消费等日益普及和推广，为此，在各项旅游产品开发中一定要贯彻绿色化、生态化理念。

5）多层次、多样化理念

从旅游功能来看，旅游产品可以划分为基础型产品、提高型产品和发展型产品三个内部存在递进关系的层次。其中，基础层次的旅游产品是旅游业进行深度发展和开发的基础，没有基础层次的繁荣与成熟，一个地区乃至一个国家都无法形成规模旅游和特色旅游。提高层次和发展层次的旅游产品是增强旅游吸引力、促使旅游者多次来访和重复消费的保障，也最能体现出旅游产品的质量和特色。

旅游景区应该努力以多样化、多功能、多档次的旅游产品促进旅游收益的全面提升，既要重视旅游产品的基础层次——观光型产品的开发建设，同时，强调其提高层次和发展层次——表演式、体验式、参与式旅游产品的开发，改变过去单一的产品结构，构建观光产品、度假产品、专项产品、组合性产品等互补发展的综合旅游产品体系和旅游目的地体系；同时，要考虑旅游产品的档次结构，以适应高、中、低档不同消费水平旅游者的需要。

6）整合创新理念

旅游产业发展到今天，大多数地方都有了一定的旅游产品基础。旅游市场的竞争日益激烈，如何提高旅游产品开发的收益成为旅游规划与开发的重要任务。为了充分发挥现有产品的潜力和挖掘新资源、开发新产品、创造新效益，旅游产品的开发必须随时跟踪分析和预测旅游产品的市场生命周期，根据不同时期旅游市场的变化和旅游需求，及时推出新的旅游产品，不断改造和完善旧的旅游产品，从而保持旅游业的持续发展。为此，必须树立旧的旅游产品整合优化、新的产品创新开发并重的开发规划理念。

产品整合优化就是指对已经开发的旅游产品进行目的地层面的结构整合、素质提升、环境营造、要素配套、服务提高和整体形象包装，使之由粗放开发、粗放经营向精品化、集约化发展，塑造高级别、重量级的旅游产品。对现有产品进行优化调整，推动旅游目的地产品体系的结构优化与升级。

创新开发是丰富和充实旅游产品体系最常用的方法，即通过新项目的策划和建设形成新的旅游产品，开拓新的客源市场，从而实现旅游产品体系的综合吸引力、竞争力及其整体效益的提升。创新开发的途径有多种，可以是形式创新，可以是主题创新，也可以是技术手段创新，还可以是服务创新，或品牌形象创新。对传统旅游目的地而言，根据旅游产品时尚周期的指导，抓住旅游者的消费心理，把握未来消费时尚与潮流，前瞻性地推出全新的旅游产品，以创新带动需求、引导消费，就能在激烈的市场竞争中先声夺人。

7）综合效益理念

旅游业是一项经济产业，因此，必须始终把提高经济效益作为旅游产品开发的主要目标；同时，旅游业又是一项文化事业，要求在讲求经济效益的同时，还必须讲求社会效益和环境效益，重视旅游产品开发的总体效果，谋求综合效益的稳步提升。首先，要对规划开发的旅游产品及项目进行充分的可行性论证，以有效保障其开发的经济效益；其次，旅游产品开发必须考虑到当地的社会经济发展水平，考虑到地方的政治、文化及风俗习惯，考虑到原住居民的心理承受能力，设计健康文明的旅游活动，以促进地方精神文明的发展；最后，一定不能破坏当地生态环境，应充分考虑环境承载力，力求以开发促进环境保护和改善，以环境保护和改善提高开发的综合效益，实现旅游与生态的和谐发展。在实际工作中，旅游景区在开发旅游产品时，往往多以经济效益为核心。这就需要通过经济技术和政策法规的力量加以调控，规划设计者就在其中承担着重要作用；而对政府而言，旅游产品开发注重综合效益、整体效益，有时甚至偏重于社会效益和生态效益，如一些大型形象类旅游项目及一些城市休闲类项目就属此类，规划设计者也不能忽视其在地方旅游业发展中的重要作用。

7.1.2.2　旅游景区旅游产品开发途径

旅游产品的开发途径有以下几个：

1）综合导向

我国在旅游产品开发模式方面，主要有传统的资源导向（拥有什么样的资源，就开发相应的产品）、市场导向（旅游市场需要什么，就开发什么产品）、资源—市场双导向（拥有什么资源，市场需要什么产品，就开发那些又有资源、又有市场的产品）、形象导向（产品或项目，以达到推广、塑造目的地形象以赢得市场的目的）等几种不同的开发模式。

现在，随着旅游市场规模化、大众化和细分化、差异化的发展态势，更多的旅游目的地开始趋向于资源—市场—形象综合导向型的产品开发模式。即旅游产品开发既要考虑旅游资源的情况，也要考虑市场需求的特点，还要从塑造旅游目的地形象角度出发，综合考虑旅游目的地的资源开发、市场定位、产品与项目策划、形象塑造与推广等内容，最终确定开发哪些系列的旅游产品，开发哪些重点产品或项目，重点策划哪些活动、打造哪些品牌，树立什么样的旅游目的地形象等，由此完成旅游规划与开发的核心内容。

2）三维开发

旅游产品体系的开发可以按照空间、时间和类型三个维度进行：

（1）时间维度。即按不同的时间进行产品开发或组合，分别开发旺季淡季不同、春夏秋冬四季不同、节假日工作日不同、一日游多日游不同的旅游产品。

（2）空间维度。即按不同的空间尺度进行开发，包括区域内部的产品开发或组合、跨区域线路产品的开发组合，以及根据近、中、远程市场或其他空间市场的不同需求进行的旅游产品开发或组合，如专门针对本地、近地市场开发休闲游乐类旅游产品，专门针对中远程市场开发文化观光、民俗体验旅游产品等。

（3）类型维度。即按不同的旅游资源类型、不同的旅游产品类型（不同的主题特色或不同的功能等）、不同类型的目标市场等进行不同的产品开发或组合。主要有以下三种组合策略：

①市场型组合策略是针对某一特定的旅游市场而提供其所需的旅游产品。如专门以青年市场为目标，开发运动、探险、刺激、修学等适合青年口味的产品。此类旅游产品针对性强，但由于目标市场单一，市场规模有限，其销售会受到一定的限制。

②产品型组合策略是指以某一种类型的旅游产品来满足多个目标旅游市场的同一类需求。如重点开发观光旅游产品或生态旅游产品来满足各种各样的旅游者。一般来说，这类产品开发和经营成本较低，利润率较高且易于管理，同时也有利于做精做细，树立鲜明的旅游形象。但是，采取这种策略会由于旅游产品类型单一而增大旅游经营风险。

③市场—产品型组合策略是指开发和经营多种旅游产品并推向多个不同的旅游客源市场。采用此种策略开发旅游产品，可以满足不同客源市场的需要，扩大旅游市场份额或市场占有率，减少旅游产品经营风险等，但同时也增大了旅游开发与经营成本，要求旅游地或旅游景区具备较强的经济实力。

试一试：以 5~7 人为一组，综合分析嘉阳·桫椤湖旅游景区的旅游资源，按照时间维度设计出一日游、二日游旅游产品。

3）跟踪趋势

旅游产品的发展趋势代表了今后旅游产品开发的方向，因此，要成功开发旅游产品必须随时关注国内外旅游产品的发展趋势。当前，为了适应现代旅游消费的需求，旅游业的发展已逐渐向挖掘文化内涵的方向转化，旅游经营方式和旅游产品形式也正在发生明显的转变。概括而言，现代旅游产品的发展趋势主要有：传统观光型向专题专项型转变；被动式向主动式、自助式转变；静态陈列型向动态参与型、体验型、刺激型转变；单一主题旅游向多元化、个性化旅游转变。

4）创意构思

随着当前旅游产品市场竞争的日趋激烈，构思和开发创意性的旅游项目成为旅游产品开发与规划取胜的秘诀。旅游产品创意设计与构思不是偶然的发现或灵感的火花，而是在真正掌握了该区域旅游资源特色的基础上，通过不断地刺激思维获得的。除常规的市场—项目—资源排比法（根据旅游资源、工作经验建立旅游项目库，根据市场进行项目筛选）外，通常还采用以下构思方法：

（1）创意激励法。即组成创意小组，在消除个体和群体之间对创新思维的抑制因素，加强群体间知识、经验、灵感的互相激励和启发基础上，经过多次讨论、创想、比较、筛选来构思旅游项目的方法。

（2）时空搜寻法。即从空间轴、时间轴两个向量上搜寻与本地区位、市场和资源条件的最佳交叉点的方法。利用此方法的成功案例是深圳的锦绣中华、中国民俗村、世界之窗等创意项目。

（3）专业知识综合法。即以某学科或某一领域的专业技术和科研成果为线索，通过浓缩、拓展、综合再现等途径，塑造和提升旅游地吸引力的方法。各种人文科学、自然科学和工程技术科学领域内的专业知识可以给构思者带来富有震撼力和启迪性的创造性构思源泉。此方法的重点在于正确把握符合当地条件、顺应市场需求的科学技术主线，并将之转化为形象生动、参与性强、寓教于乐、环境优美的物化形式，如热带植物园、海洋馆、姓氏文化园等就是采用此种方法进行的创意项目。

7.2 旅游景区项目设计

旅游项目是旅游景区旅游产品的重要组成部分，一个旅游产品往往由好几个旅游项目共同组成，大的旅游项目有时也会服务于多个旅游产品。因此，旅游项目设计成功与否，决定了旅游产品是否具有吸引力与竞争力。

7.2.1　旅游项目概述

旅游项目并非简单的旅游资源，而是将已经存在的旅游资源经过人为的改造和设计，使其独特魅力展现出来，使其成为旅游吸引物。

7.2.1.1　旅游项目概念

旅游规划与开发中旅游项目是一个内涵十分广泛的概念，可以将旅游项目界定为：以旅游资源为基础开发的，以旅游者和旅游地居民为吸引对象，为其提供休闲服务、具有持续性吸引力，以实现经济、社会、生态环境效益为目标的旅游吸引物。

结合概念分析，旅游项目的主要特征有：第一，旅游项目应该为旅游者提供消遣以度过闲暇时间；第二，旅游项目的吸引力应该长久，并且其吸引对象不仅是旅游者，而且当地居民也应该是旅游项目的吸引对象；第三，旅游项目需要一定的管理，并在经营下创造经济效益。

7.2.1.2　旅游项目分类

基于不同的研究目的和观察角度，旅游项目可以分为多种类型，但是在旅游规划与开发中较为常见的是主体分类法和环境分类法。此外，旅游项目还有很多其他的分类方法。

1）主体分类法

所谓主体分类法是以旅游者的个人特征作为分类标准对旅游项目进行类型划分的方法。一般而言，作为分类标准的旅游者特征有旅游者的旅游目的、年龄、职业、组织形式、消费方式、旅游时间、旅游距离等，见表7-2。

表7-2　旅游项目主体分类法

分类方法	旅游项目类型
主导性质	观光旅游、度假旅游、生态旅游、专项旅游
主体职业	学生、无职业者、体力劳动者、脑力劳动者、退休人员
主体年龄	儿童、青少年、成人、老人
主体组织	单身旅游、情侣旅游、居家旅游、群体旅游、自主旅游、组团旅游
消费方式	高消费、低消费、包价消费、奖励旅游
时间	一日游、周末旅游、短期旅游、工作旅游
旅游距离	近郊旅游、远郊旅游、中程旅游、远程旅游、国际旅游

2）环境分类法

环境分类法是以旅游项目所依托的环境作为标准而对旅游项目进行分类的方法，见表7-3。

表7-3　旅游项目环境分类法

分类方法	旅游项目类型	细分
地球圈层	大气圈	宇宙、天象
	水圈	海水、淡水
	岩石圈	山岳、平原、岩洞
	生物圈	植物、动物
	智力圈	文化、科技、历史、生活

分类方法	旅游项目类型	细分
自然环境	自然地区	自然保护区、海岸旅游区、荒漠旅游区、山岳旅游区、湖川旅游区、溶洞泉瀑旅游区
	过渡地区	平原水乡旅游区、风情民俗旅游区、旅游度假区
人居环境	人类聚居地	历史遗迹区、旅游城镇旅游区、现代城镇旅游区

3）其他分类方法

除上述两种分类方法外，旅游项目还有其他分类方法，如按照旅游活动发生的空间，可将旅游项目分成室内旅游项目、城区旅游项目、乡郊旅游项目、区域旅游项目、国内旅游项目、国际旅游项目、洲际旅游项目、星际旅游项目。按照旅游活动的状态，可以分为主动旅游项目和被动旅游项目。按照组织目的，可以分成科学教育旅游项目、商务旅游项目、考察旅游项目、修养旅游项目、体育旅游项目及宗教旅游项目等。按照旅游活动的主题和内容，可以分成自然生态旅游项目、历史旅游项目、文化旅游项目、科技旅游项目等。

从旅游业构成的六要素角度，我们也可以对旅游项目进行分类，即交通类旅游项目、餐饮类旅游项目、住宿类旅游项目、购物类旅游项目、观光类旅游项目及娱乐类旅游项目。在上述旅游项目分类的基础上，我们可以将现有的旅游项目加以收集、分类，汇总形成一个项目库（表7-4），从而为旅游项目创意设计工作提供充足的信息资源。

表7-4　按照旅游六要素分类构建的旅游项目库

1000 交通类旅游项目	
1100 人力旅行	1400 动力旅行
1101 步行	1401 飞艇
1102 越野步行	1402 热气球
1103 自行车	1403 飞机
1104 划船	1404 直升飞机
1105 竹筏木筏皮艇	1405 水上飞机
1106 水底观光走廊	1406 蒸汽船
1107 坑道	1407 游艇
1108 栈道	1408 游轮
1109 人力桥	1409 飞翔船
1200 兽力旅行	1410 太阳能船
1201 大象	1411 气垫船
1202 骆驼	1412 潜水艇
1203 马、驴、骡	1413 水下观光船
1204 牛马车	1414 汽车
1205 其他兽力车	1415 电车喷气汽车
1206 兽力雪橇	1416 太阳能车
1300 自然力旅行	1417 摩托车
1301 滑翔	1418 火车
1302 滑翔跳伞	1419 轻轨
1303 帆船	1420 小火车
1304 漂流	1421 其他动力旅行器
1305 溜索、荡索	1422 索道缆车
	1423 自行爬山车
	1424 升降梯

2000 餐饮类旅游项目	
2100 冷餐会	2500 自助餐
2101 地方酒席	2501 舒适
2102 异地风情酒席	2502 烧烤
2103 异国风情酒席	2503 水煮
2200 风味小吃	2600 方便食品
2201 浸制	2601 冲泡食品
2202 手工	2602 轻便食品
2203 烧烤	2603 宇航食品
2204 烘烤	2604 保鲜食品
2205 腌制	2605 自热食品
2300 酒吧茶肆	2606 饮品
2301 酒吧	2700 野炊
2302 咖啡馆、茶馆	2701 烧烤
2303 饮水机	2702 水煮
2304 自动售货机	2703 蒸煮
2400 快餐	2800 野餐
2401 现卖堂吃	2801 阳伞野餐
2402 现做堂吃	2802 桌凳野餐
2403 即时外卖	2803 席地野餐
	2804 随行野餐

3000 住宿类旅游项目	
3100 市镇旅馆	3300 机动卧室
3101 星级旅馆	3301 火车卧室
3102 青年旅馆	3302 汽车卧室
3103 公寓	3303 轮船卧室
3104 别墅	3400 乡土风情旅馆
3105 汽车旅馆	3401 穴居土著旅馆
3200 度假村	3402 巢穴土著旅馆
3201 山地度假村	3403 生土建筑旅馆
3202 山上度假村	3404 竹木建筑旅馆
3203 宇宙度假村	3405 毡包旅馆
3204 其他风情度假村	3406 渔民船局旅馆
3205 一般度假村	3500 野营
	3501 穴居野营
	3502 帐篷野营
	3503 露营

4000 购物类旅游项目	
4100 旅游用品	4200 旅游纪念品
4101 鞋帽手套雨具	4201 自然产物
4102 服装	4202 工艺品
4103 食品	4300 土特产
4104 摄影录像器材	4301 特产食品
4105 野营装备	4302 特产日用品
4106 垂钓及水上运动装备	4303 特产生产工具
4107 其他旅游用品	4304 其他特产
	4400 特价商品
	4401 各类特价商品

续表

5000 观光游览类旅游项目	
5100 天象景观	5405 草原
5101 风云雨雪	5406 其他生物景观
5102 日月星辰	5500 历史文化
5103 佛光	5501 社会经济文化遗址
5104 海市蜃楼	5502 军事遗迹
5105 彩虹	5503 古城和古城遗迹
5106 极光	5504 长城
5107 陨石	5505 宫廷建筑
5200 地象景观	5506 宗教建筑
5201 山岳	5507 陵墓陵园
5202 典型地质构造	5508 石窟
5203 化石点	5509 古代工程
5204 自然灾变遗迹	5510 牌坊山门
5205 岩溶地貌	5511 石刻碑记
5206 风蚀地貌	5512 雕塑
5207 其他蚀余景观	5513 各类园林
5300 水象景观	5600 风俗民情
5301 江河	5601 特色村镇
5302 湖泊	5602 乡土建筑
5303 海岸	5603 民俗街区
5304 瀑布	5604 节庆
5305 溪涧	5605 集会
5306 冷泉、热泉	5607 风俗礼仪
5307 现代冰川	5700 科教
5308 冰雪	5701 科技设施
5400 生物景观	5702 科幻设施
5401 野生动物栖息地	5703 科技城
5402 树木	5704 考古博物馆
5403 古树名木	5705 影视基地
5404 奇花奇草	5706 研修实习基地
6000 娱乐类旅游项目	
6100 自然娱乐	6205 多人自行车
6101 冲浪	6206 跳跳自行车
6102 潜水	6207 滑车
6103 帆板	6208 滑板
6104 帆船	6209 划船
6105 跳伞	6210 水上自行车
6106 激流或波浪娱乐	6211 脚踏轨道车
6107 滑沙、滑草	6212 波浪车道
6108 滑雪、滑冰	6213 越野自行车
6109 风筝	6214 雪橇
6110 其他自然力娱乐	6215 武术气功
6200 器械与健身娱乐	6216 体操健身
6201 摇曳、旋转	6217 健美减肥
6202 攀滑溜索	6218 游泳
6203 搬运装挂	6219 人造波游泳
6204 跳弹跨越	6300 动物娱乐

6301 动物驯养喂养	6701 迷宫
6302 驯兽表演	6702 猜谜
6303 斗鸡斗牛	6703 棋牌
6304 放生	6704 越野智力比赛
6400 动力娱乐	6705 电子游戏
6401 汽车拖曳跳伞	6706 虚拟现实
6402 快艇拖曳跳伞	6707 其他智力游戏
6403 汽车越野	6800 生产娱乐
6404 赛车	6801 狩猎
6405 汽车练习	6802 诱捕
6406 摩托车	6803 网捕
6407 水上摩托艇	6804 渔猎
6408 摩托艇	6805 垂钓
6409 碰碰船	6806 放牧及饲养
6410 碰碰车	6807 农林种植收获
6411 游艇	6808 采掘
6412 翻滚车	6809 食品加工
6413 月球车	6810 纺织
6500 理疗	6811 锤炼打制
6501 避暑	6812 建造制作
6502 避寒	6900 体育竞技与军事娱乐
6503 冲击振动理疗	6901 彩弹实战
6504 潮湿法理疗	6902 射击
6505 推拿气功	6903 射箭
6506 针灸	6904 相扑
6507 药膳	6905 击剑
6508 理疗浴	6906 军事娱乐
6509 沙浴	6907 其他军体竞技
6510 温泉浴	6908 赛艇
6511 矿泉浴	6909 赛马
6512 负氧离子浴	6910 保龄球
6513 森林浴	6911 草地保龄球
6514 氧吧	6912 体育竞技观演
6515 桑拿浴	6913 高尔夫
6516 蒸气浴	6914 网球
6517 冰水浴	6915 足球
6600 文化观赏娱乐	6916 篮球
6601 文化艺术馆	6917 排球
6602 音乐	6918 沙地排球
6603 电影	6919 乒乓球
6604 球幕电影	6920 羽毛球
6605 戏剧	6921 手球
6606 茶馆书场	6922 马球
6607 电视	6923 门球
6608 舞会	6924 垒球
6609 卡拉 OK	6925 棒球
6610 各种沙龙聚会	6926 曲棍球
6611 节庆活动	6927 冰球
6612 宗教活动	6928 水球
6613 风俗礼仪	6929 桌球
6700 智力娱乐	6930 其他体育竞技活动

资料来源: https://max.book118.com/html/2016/0919/55117272.shtm

7.2.2　旅游景区旅游项目设计

旅游项目的设计成功与否直接决定了旅游目的地是否具有竞争力，因此，在进行旅游项目设计时一定要把握住设计的原则，掌握设计的方法及设计的内容和程序。

7.2.2.1　旅游景区旅游项目设计原则

1）创新性原则

在旅游景区现有赋存旅游资源的条件下，通过功能或者表现形式上的创新来促进旅游项目的升级，使其不断适应旅游市场的发展。创新性原则可以概括为一句话："人无我有，人有我新，人新我转。"这也是旅游项目开发设计的总体原则。

"人无我有"，即从旅游项目的外观、功能、内涵等方面来看，旅游项目都属于全新的类型，其他旅游地从来没有出现过。这种旅游项目创意设计属于纯粹意义上的创新，也是创新的最高层次。

"人有我新"的原则是指"在其他旅游地项目创意设计的基础上前进一小步"。这一小步就成为该项目创意设计的创新之处。"人有我新"的主要设计手法就是在现有的旅游项目的基础上做一些针对本地资源特色和目标市场的优化调整，如对旅游项目功能的拓展、对旅游项目形式的创新等。这种创新在旅游项目创意设计中应该算是第二个层次，即改造型的创新。

"人新我转"是对创新性的再次强调。"人新我转"的含义是指当一个旅游项目在别的旅游地已经存在，并且在目前的条件之下，当本旅游景区无法通过创新措施使得旅游项目超过其他旅游地时，旅游景区应该主动地放弃这种旅游项目，寻找新的市场空间，开发出新的旅游项目。

2）因地制宜的原则

旅游景区由于地理、经济、社会、文化环境等的构成条件不同，必然会存在显著的地区差异，进行旅游项目的创意设计时，只有在充分研究了解旅游地各种资源条件的基础上，才能因地制宜地开发设计出具有鲜明地域特色的旅游项目。

3）可行性的原则

旅游项目设计方案必须要付诸实施才能产生相应的效益和影响力，因此，旅游项目创新要建立在切实可行的基础之上，即旅游项目要具备较强的可操作性和经济上的可行性。

4）超前性的原则

旅游项目的创意设计需要超前性，即对未来旅游市场变化趋势进行预测，把握未来旅游者需求的变化方向与趋势，设计出适度超前的旅游项目，以迎合市场需求。

5）一致性的原则

旅游项目是吸引旅游者的主要资源，是区域旅游功能的主要载体，因此，旅游项目的创意设计要与区域旅游的功能定位一致，推进区域旅游形象的建设和推广，同时，还要注意短期效益和长期效益的一致性，局部利益和整体利益的一致性，经济、社会、生态环境效益相统一。

嘉阳·桫椤湖旅游景区重点项目建设——黄村井矿山博物馆

现状：黄村井地下空间对于矿山文化科普展示较为全面，但缺乏现代化、深层次体验内容，且黄村井地上空间建筑破败，有大片空地可做工业特色旅游周边产业开发，空间利用不足，缺乏入口氛围。

打造目标：充分利用黄村井地上空间，依托现有竖井，将矿山博物馆搬迁至此处，结合井上、井下一体化展示系统，打造立体式矿山文化综合展示区。

总体分为三大展示区：

博物馆展示区：分为室内、室外展示区，在现有博物馆陈列的基础上，引入现代声光电等多媒体展现技术，构建现代化互动性的博物馆；室外则模拟展示相关机械、设备及生产作业，并配套主题餐饮等设施。

黄村井矿井展示区：强化声光电等现代多媒体技术应用，丰富井下的观赏性和趣味性。利用地下特殊空间，设置矿洞探秘、小剧场、矿洞餐厅等多样化的休闲娱乐空间。提升改造黄村井出口的井架风貌，作为垂直电梯出口。

矿山作业体验区：设置可供旅游者操作的挖掘机、开采机等矿山机械设备，如图 7-3 所示。

图 7-3　嘉阳黄村井矿山博物馆

7.2.2.2　旅游景区旅游项目设计的方法

旅游景区旅游项目设计的方法可以有以下几个：

1）头脑风暴法

头脑风暴法是指采用会议的形式，集中征询专家对某问题的意见和看法，把与会专家对该问题的分析和意见有条理地组织起来，最终由组织者做出统一的结论，然后在这个基础上，找出各种问题的症结所在，提出针对具体旅游区的旅游项目设计创意。

使用这种方法应该要注意：组织者要充分地说明策划的主题，提供充足的信息，创造自由的空间，让各位专家能够充分表达自己的想法。因此，参加会议的专家地位应大致相当，以免产生权威效应，从而影响另一部分专家创造性思维的发挥。专家人数不应过多，一般 5~12 人比较合适。会议的时间也应该适中，时间过长，容易偏离策划方案的主题，时间太短，策划者很难获取充分的信息。这种创意设计方法的组织者要具备很强的组织能力、民主作风与指导艺术，能够抓住策划的主题，调节讨论气氛，调动专家的兴奋点，从而更好地利用专家们的智慧和知识。

头脑风暴法的优点是能获取广泛的信息和创意，相互启发、集思广益，在大脑中掀起思考的风暴，从而启发策划人的思维，获得优秀的策划构思。缺点在于邀请的专家人数受到一定的限制，挑选不恰当，容易导致策划的失败，而且还会因某些专家出于担心自己地位及名誉的影响，不敢或不愿当众说出与其他人相异的观点。

> **试一试**：任选一熟悉的旅游景区，以 5~7 人为一个小组，分小组运用头脑风暴法对该旅游景区进行旅游项目构想？

2）德尔菲法

德尔菲法是指采用函询的方式或电话、网络的方式，反复地咨询专家们的建议，再由策划人做出统计，由组织者将所获专家意见进行整理总结，然后将总结后的观点针对上述专家进行第二轮征询，直至得出比较统一的结论。

德尔菲法的优点是专家们互不见面，不会产生权威压力，因此，可以自由地、充分地发表自己的意见；缺点在于相对缺乏客观标准，主要凭专家判断，再者由于咨询次数较多，反馈时间较长，有的专家可能因工作忙或其他原因而中途退出，影响策划的准确性。

3）资源——市场双筛法

这种方法的具体步骤如下：

（1）把所有能想到的各种项目进行分类排列。

（2）策划组按资源条件的制约因素删除不可行的项目。

（3）策划组按市场需求对项目进行第一遍选择。

（4）将上述结果进行汇总整理，再按项目间的相关性进行第二次选择。

（5）汇总整理后，再将整理结果作再一轮的投票，并对资源、经济、管理因素作进一步的讨论和比较，直到最后选定合适的项目组群。

4）移植策划法

移植策划法是指将其他项目的特点和功能合理地移植过来，达到创造的目的。其比较常见的主要有创意移植法和项目移植法两类。

（1）创意移植法。创意移植法是指将他人的项目构思创意移植到自己旅游景区的项目。结合自己旅游景区项目的主题和实际情况，进行新的构思创意。

（2）项目移植法。项目移植法也可称为项目仿效法，其基本内涵则是直接将别人在外地成功运作的项目移植到自己所策划的旅游景区中。

7.2.2.3 旅游景区旅游项目设计的内容

旅游项目的设计不仅是对项目内容的描述，还包括风格、位置、占地面积、项目的实施与管理等内容。

1）旅游项目的名称

项目名称是旅游者接受到关于该项目的第一信息，因此，旅游项目名称的设计成功与否，关系到项目在第一时间内能否对于旅游者产生强烈的吸引力。有创意的项目名称能够激发旅游者对该项目的浓厚兴趣，如"幽谷灵猴""万佛朝宗"等都能够引发旅游者的无限联想和向往。

2）旅游项目的风格

旅游项目设计的主要内容之一就是要指明旅游项目的特色或者风格，用文字或简要的图示描述出来，为下一步创意设计工作提供依据和指导。在风格限制方面，可以规定下列内容：

（1）旅游项目中主要建筑物的规模、外观、形状、颜色和材料。

（2）旅游项目中建筑物内部装修的风格，如建筑内部的分隔、装修和装饰材料。

（3）与旅游项目相关的旅游辅助设施和旅游服务的设计内容，如旅游项目的路标、垃圾桶、购物店、停车场、洗手间及旅游餐厅提供的服务的标准和方式等。

嘉阳·杪椤湖旅游景区重点项目建设——马庙码头

抗日战争文化码头

现状：马庙码头规模过小，不足以承担旅游集散功能，规划拓展其空间。

恢复古煤炭运输装置及老运煤船，展示抗战时期码头运输景观，通过抗日战争标语漫画、抗日战争设施小品景观等强化文化氛围，如图7-4所示。

修缮抗战护矿碉楼并对码头周边建筑进行风貌整治，采用川南传统建筑风格，打造临水老街。

完善咨询服务点、3A级旅游厕所、停车场等旅游服务设施建设，如图7-5所示。

图7-4 马庙码头

图7-5 碉楼示意图

3）旅游项目选址

规划中要明确给出每个设计出的旅游项目的大概占地面积及其建设的大致地理位置。这两个内容必须具体到实际中可以在空间进行定点的程度，具体如下：

（1）旅游项目的具体地理范围。

（2）旅游项目中建筑的整体布局及各个建筑物的位置、建筑物之间的距离。

（3）旅游项目中所提供的开放空间的大小和布局。

4）旅游项目体系

在旅游项目的创意设计中，要明确表明什么是该旅游项目的主导产品或主导品牌，什么是该旅游项目的支撑项目和品牌等，具体可以分为：

（1）规定旅游项目所能提供的产品类型。

（2）确定主导产品或活动。

5）旅游项目管理

除对旅游项目的开发和建设提供指导外，优秀的项目策划者还会对该项目的经营和管理提供相关的建议，因此，旅游项目的创意设计应该针对该旅游项目的工程建设管理、服务质量管理、日常经营管理及经营成本管理等问题提供一系列的解决方案。

7.2.2.4 景区旅游项目设计的程序

在实际工作中，旅游项目设计一般可以分为以下几个步骤：

1）分析旅游景区的环境

旅游景区环境分析是进行旅游项目设计的首要步骤。环境分析实际上是搜集旅游景区的各种信息和资料的过程，具体而言，就是对旅游景区的内部环境和外部环境进行调查和研究。内部环境的分析主要是对旅游景区所占有的资源，包括自然资源、人力资源、财力资源和物力资源等的分析，外部环境的分析主要是针对各类旅游项目的市场竞争环境和发展态势的分析。

2）分析旅游景区的资源特色

旅游项目的内涵和形式要以当地资源特色为基础，这就需要项目设计者在旅游资源调查过程中，对旅游景区的旅游资源进行详细分析，并总结出不同旅游功能分区的资源特色，以此作为各功能分区旅游项目设计的基调。

3）旅游项目的初步构想

在进行旅游项目的创意设计时，项目设计者在前期要提出关于旅游项目设计的大致思路。旅游项目构思是指人们将某种潜在的需要和欲望用功能性的语句来加以刻画和描述。这种初步构思可以自创，也可以借用其他旅游地的旅游项目作为原型，但是，此时的构思只是项目策划的方向和概念，并未定型，也不一定具有可行性。

4）旅游项目构思的评价

经过一番分析和思考之后，项目设计者已经拥有了许多基本上成型的关于旅游项目的构思。此时，规划人员需要从市场需求规模、项目的生命力、项目建设和营运成本等角度对已有的项目构思进行评估。通过这种方式，可以将那些成功概率较小的旅游项目构思淘汰，而保留那些成功概率比较大的构思。

5）旅游项目的详细设计

旅游项目的详细设计是对认定为可行的项目策划构思加以完善和进一步具体化，不仅要从总体上对旅游项目的创意进行不断的完善，还要求旅游项目的设计者也要从小处着眼，将较为抽象的旅游项目的构思转变成独具地方特色的、深受旅游者喜爱的旅游项目。

6）项目策划书的撰写

在上述工作完成后，项目设计者应着手编写项目策划书。项目策划书包含的基本要素如下：

（1）策划项目的名称、策划的目的、主要构思等。

（2）策划的目标、原则和指导思想。

（3）策划方案的内容及详细说明，如选址、风格、项目体系、项目管理建议等。

（4）策划的预算、计划（人力、物力、费用）。

（5）策划实施需要注意的事项。

撰写项目策划书要注意以下五个方面：一是文字简明扼要；二是逻辑性强，时序合理；三是主题鲜明；四是应具有可操作性；五是要尽量运用图表、模型等工具来全面展示项目策划的理念和内容。

项目策划书案例示范：嘉阳小火车体验长廊

（一）基本现状与存在问题

当前，旅游者乘坐小火车直线往返，交通组织有待优化。且小火车沿线景观质量不高，长15.4千米的小火车沿线只有3处景观节点（蜜蜂岩、菜籽坝、亮水沱），亮点不足。

（二）规划衔接与统筹

衔接《嘉阳小火车旅游区整体提升方案》，尊重"全线列车与分段列车在主要站点间来回摆渡"的理念，提升旅游者承载量；尊重"传统蒸汽车头＋创意蒸汽车头"的车头和车厢风格理念，提高体验舒适度；赞同设置多个"主题列车"形式，提高旅游者兴趣度。

在此基础上，对小火车沿线的旅游业态与景观体系进行完善与提升。

（三）开发思路

合理调度：优化当前小火车往返单一的交通组织，设置全线及分段列车，实现分段运行、分段体验。

节点打造：沿线依据不同主题设置多个景观节点，打造小火车体验的兴奋点。建设一条小火车体验与乡村田园观光相结合的体验线、交通廊与乡村画廊相结合的生态长廊，如图7-6所示。

生态提升：以生态化提升为主。避免城市化及社区化的景观建设，保持原有人文与环境风貌；沿线绿化树种避免采用城市树种，而以本地乡土树种为主。

图7-6 小火车体验长廊

（四）重点项目建设

1. 小火车沿线生态景观带

对于生态景观带规划，结合小火车沿线现有景观及产业特色，采取"分段式、多维化打造"手法，建设跃进站—两河口段、两河口—蜜蜂岩段、蜜蜂岩—菜子坝站段、菜子坝站—仙人脚站段、仙人脚站—焦坝站段、焦坝站—芭沟隧道段、芭沟站—黄村井站七大不同景观主题、不同季节段的景观廊道，如图7-7所示。

图7-7 小火车沿线重点项目

分段式打造：结合现有的竹子、油菜花、桐子花、芭蕉等种植结构，分段采取以竹、花、芭蕉等为主题的景观带，同时，注重打造四季时令性绿化景观。

多维化打造：除主题化分段打造外，利用地形立体化打造小火车沿线景观。例如，梯田、坡道等。

2. 景观田园观景点

重点打造段家湾处梯田景观。引入彩稻等观赏品种，提升现有梯田景观并改造修缮现有观景平台，重新整治周边破败建筑，结合当地文化特色，统一风格，改造成融特色民宿、露天茶室等形式的休闲观景平台，如图7-8所示。

图7-8 景观田园示意图

3. 湿地花海观景点

重点打造菜籽坝处花海景观。突破当前油菜花季节限制，引入春菊、夏菊、秋菊、冬菊等可四季观花的新奇品种，确保一年四季有景可赏，如图7-9所示。

图7-9 湿地花海景观示意图

4. 小火车营地

——蒸汽小火车博物馆、小火车检修车间、小火车主题营地

焦坝地势平坦，适合开展集中式娱乐体验项目。规划在此设置以小火车体验为主题的体验性公园，将蜜蜂岩蒸汽小火车博物馆搬迁至此，并设置小火车检修车间、小火车主题营地，打造集蒸汽小火车观光、迷你小火车体验、小火车检修展示体验、托马斯火车玩具展览、小火车主题度假休闲于一体的、集中展示的小火车营地，如图7-10所示。

图7-10 小火车营地示意图

7.3 旅游景区产品项目营销推广

旅游景区产品项目设计出来都是为了吸引旅游者和旅游地居民，想要吸引旅游者，首先第一步是要让旅游者知道、了解产品相关信息，然后再通过各种途径吸引消费者，所以营销推广非常重要。

7.3.1 旅游景区市场营销策略概述

市场营销是在创造、沟通、传播和交换产品中，为顾客、客户、合作伙伴及整个社会带来价值的一系列活动、过程和体系。

7.3.1.1 旅游景区营销中的 4P 理论

旅游景区的市场营销根本问题在于解决好产品（Product）、价格（Price）、渠道（Place）、促销（Promotion）4 个基本要素：

1）产品

它是旅游景区营销战略中的首要因素。旅游景区必须营销旅游市场所需要的旅游产品，景区才能求得生存和发展。旅游市场营销组合中产品是最重要的因素。

2）价格

旅游产品的买卖过程也是市场经济的活动过程，必须按照市场规律、经济原则实行等价交换。掌握旅游产品价格的形成过程与产品定价的方法，灵活运用各种定价策略是旅游景区进行市场营销活动的主要手段。

3）渠道

市场营销渠道的选择是旅游景区的重要决策之一。旅游产业逐渐呈现规模发展态势，因此，营销渠道及与之相适应的配销系统的建立是必要的。不能忽略的是，网络经济的发展，使得旅游者和营销者之间可以更直接和快捷地建立营销渠道，甚至省略了以往传统的营销渠道和环节，这就要求我们的营销队伍、营销体系完整、高效，体系统一、办公环境的网络化智能化程度高。

4）促销

旅游景区市场营销不仅是开发迎合市场的旅游产品并制订出合乎市场需求的价格占领市场，还必须与现实的、潜在的旅游者进行沟通，承担起沟通与促销的职责。保证沟通信息有效的关键是沟通的内容、对象和频率。旅游景区必须同关联旅游景区、旅游者及各类上下游旅游景区、行业协会、政府相关部门，甚至旅游景区内部员工进行彻底的沟通。各个群体的沟通均给旅游景区以反馈。旅游景区制订销售计划、培训营销人员、设计优秀的广告、开展各种促销活动，就是市场营销沟通组合—促销组合运作的内容。促销组合由广告、销售促进、推广、人员销售四个工具构成。

7.3.1.2　景区营销中的 4C 理论

1990 年，美国的劳特朋教授提出了 4C 理论，即客户（Customer）、成本（Cost）、便利性（Convenience）、沟通（Communications）：把产品搁置一边，赶紧研究旅游者的需求与欲望，不要再卖你所生产的产品，而要卖别人想购买的产品；暂时忘掉定价策略，快去了解旅游者满足其欲望所想付出的成本；忘掉通路策略，应当思考如何给旅游者方便以购得商品；最后忘掉销售促进，20 世纪 90 年代正确的词汇是沟通。

1）顾客

旅游景区开发了新的旅游产品，选定了新的旅游项目，不要急于考虑推销给客户，而是要先了解自己的客户需要什么样的旅游产品，再去为他们寻找到最适合的推介。

2）成本

了解你的客户的内在需要后，先不要考虑用什么样的价格策略去提高投资回报率。而要先计算提供给客户的产品需要付出多大的成本，然后结合了解到的客户想为这次旅游付出的成本，决定价格策略和利润目标。

3）便利性

忘掉固定的销售渠道，选择更能让旅游者接近的销售方式，使旅游者轻松满意。

4）沟通

最后忘掉促销，用服务和产品与客户沟通，使客户得到充分的真实的信息，做出满意的决策，最终建立客户与旅游景区的高度忠诚关系。

7.3.2　旅游景区旅游产品项目营销组合策略

市场营销策略是企业以客户需要为出发点，根据经验获得客户需求量及购买力的信息、商业界的期望值，有计划地组织各项经营活动，通过相互协调一致策略，为客户提供满意的商品和服务而实现企业目标的过程。

7.3.2.1　产品策略

旅游景区产品是借助一定的资源、设施向旅游者提供的有形产品和无形服务的总和，是一种服务性的产品。开发出来的旅游产品要能够满足旅游者的基本需求，并随着产品的销售和使用而给旅游者带来方便性和附加利益。此外，还需要遵循旅游景区旅游产品寿命周期，在不同的时期采用不同的营销策略。

嘉阳·桫椤湖旅游景区旅游产品组合战略

就是针对不同旅游群体需求的产品组合：

一是以矿山工业文明为主的文化体验与桫椤秘境休闲度假产品组合。

二是核心区内的观光休闲产品与拓展区的乡村旅游产品组合。

三是针对家庭与散客、机构与团队不同群体的休闲度假产品组合。

7.3.2.2 价格策略

价格策略是指企业通过对顾客需求的估量和成本分析，选择一种能吸引顾客、实现市场营销组合的策略。

1）旅游景区旅游产品定价目标

（1）利润最大化目标。指在市场竞争条件下，旅游景区在预定时间内实现最大利润或最小亏损，利润最大化是旅游景区最基本、最首要的目标。以最小的成本获取最大的利润。只有当产品在市场上具有绝对优势时，才能更好地实行高价，采取利润最大化目标。

（2）投资回报最大化目标。旅游景区为了能够在一定时期内收回一定的投资回报而制订的旅游产品定价目标。在旅游产品成本的基础上，加上预期水平的投资回报。首先要预估旅游产品的总成本、销售量、投资回收期、投资收益率是多少等。

（3）维持旅游景区生存的目标。是旅游景区的一种短期目标，旅游活动容易受到外界的影响，旅游产品市场也同样敏感，当旅游景区处于激烈的市场竞争、旅游淡季等不利的市场环境中时，为维持旅游景区的生存而采取的一种定价目标。一般是以低价进入市场，但是前提是必须保证能收回成本，等市场态势好转时，再提高旅游产品价格。

（4）追随定价目标。以旅游产品市场上具有影响力的竞争者的价格为依据，然后根据自己旅游产品的质量和特点来制订稍高、等于或稍低于竞争者的旅游产品价格。

（5）扩大旅游产品销售量目标。以牺牲眼前利益换取长远利益的定价目标，为了最大限度地增加旅游产品销售量，而使旅游产品低价投入市场的目标。

需要注意：低价不能低质；低价销售可能会带来竞争对手价格的变动，因此，要及时找好应对措施，避免不正当的市场竞争。

2）旅游景区旅游产品定价方法

（1）成本导向定价法。指旅游景区以生产经营成本为基础，制订旅游产品价格的方法，适合于需求及竞争状况相对稳定的旅游产品定价。

①成本加成定价法：

$$单位产品价格 = 单位产品成本 \times （1+ 加成率）$$

②目标收益定价法：

$$产品价格 = （总成本 + 目标利润）/ 预期销售量$$

（2）需求导向定价法。

①需求差别定价法：又称价格区别对待法，这种方法主要根据产品的需求强度和需求弹性的差别来制订产品的价格，需求差异定价法的具体形式在现实生活中具有多样化的特点。

②理解价值定价法：是指以旅游者对产品价值的理解和认识程度作为依据来制订产品价格的。

（3）竞争导向定价法。

①率先定价法：是一种主动竞争的定价方法，一般为产品独具特色或实力雄厚的旅游景区所采用。

②追随价格领导者定价法：是一种根据旅游市场中同类产品的平均价格水平，或以竞争对手的价格为基础的定价方法。

③排他性定价法：这种定价法是指以较低的旅游价格排挤竞争对手，争夺市场份额的定价方法。

3）旅游景区旅游产品定价策略

（1）旅游新产品定价策略。

①撇脂定价策略：是一种高价格策略，即在新产品进入市场初期，以超出产品的实际价值较多的价格出售，以获取较高的利润。

②渗透定价策略：是一种低价策略，利用旅游者求实惠、求价廉的心理，在新产品进入市场初期，将其价格定在预期价格之下，以较低价格进行促销。

③满意定价策略：是一种折中策略，它是介于以上两种策略之间的一种价格策略，即根据旅游者在购买旅游产品中所期望支付的价格，来制订新产品的价格。

（2）心理定价策略。

①整数定价策略：是旅游景区把旅游产品的价格定在整数上的一种策略，这种定价策略，可以凸显旅游产品本身的价值，容易使旅游者产生一分钱一分货的购买意识，有助于旅游景区进行市场竞争和提高经济效益。

②尾数定价策略：也称为非整数定价策略，即利用旅游者数字认知的心理，尽可能在价格上不进位，保留零头尾数，给旅游者造成此价格是经精确计算得出的最低价格和旅游景区成本计算精确、作风严谨的印象，促使旅游者购买。

③吉利数字定价策略：旅游景区利用旅游者对某些数字的发音联想和偏好制订价格，满足旅游者心理需要并在无形中提升旅游者的满意度，如使用数字8、6、9，将价格定为288、158。

（3）差异定价策略。

①地点差异定价策略：旅游产品的不可转移性决定了不同位置的产品所体现出的产品价值是不相同的，如酒店客房的方位、朝向等，营销人员可以利用价格对此进行调节，以平衡市场供求。

②时间差异定价策略：人们在不同季节、不同日期，甚至不同的钟点，对商品和劳务的需求程度有明显的区别。可以针对不同的季节制订不同的价格。

③产品服务差异定价策略：那些带有明显优势、特色突出、效用显著的服务或产品往往产生比其他具有同样成本的产品更为旺盛的需求，如名厨烹制的餐饮菜肴、优秀导游的讲解及具有浓郁特色的新颖的旅游新商品等，价格相应会有所提高，人们对此也能接受。

④旅游者差异定价策略：由于旅游者在职业、年龄、阶层等客观因素和对产品需求的主观紧迫程度方面普遍存在差异，旅游者的经济收入水平的不等，导致他们对旅游产品的价格敏感程度也大不相同。一般情况下，低收入旅游者市场上产品价格的变动较为敏感。

（4）促销定价策略。

①特殊事件的促销定价策略：旅游景区在某些季节和节日，或为配合旅游景区在某一地区的促销活动，特意降低产品价格，以吸引旅游者，旅游景区采取这种方法一般需要有广告宣传和其他促销手段的运用并把握好的产品销售的市场时机。

②关系定价策略：是一种针对旅游景区与旅游者之间有长期持续交换关系的定价策略，这种策略重视与旅游者保持长期稳定的良好关系，力求使旅游者成为旅游景区的长久客源。

7.3.2.3　渠道策略

1）旅游景区旅游产品营销渠道概念

旅游景区营销渠道又称分销渠道，是指旅游景区在其使用权转移过程中从生产领域进入消费领域的途径，也就是旅游景区产品从旅游生产景区向旅游者转移过程中所经过的各个环节连接起来而形成的通道。

2）旅游景区旅游产品营销渠道类型

（1）直接销售渠道。旅游景区将旅游产品直接销售给旅游者，形成的就是直接销售渠道。通常情况下，对旅游景区周边的近程市场、机关企事业单位，旅游景区往往选择直接销售渠道。

（2）间接销售渠道。间接销售渠道是指旅游景区通过代理商、批发商、零售商等中间环节向旅游者销售景区产品，如图7-11所示。

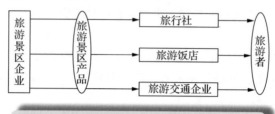

图7-11 旅游景区旅游产品间接销售渠道

7.3.2.4 促销策略

旅游景区产品的促销，是指旅游景区通过各种不同的传播方式和渠道，向旅游者和中间商介绍旅游景区产品信息，促使他们购买这些产品的策略和方法。

1）广告促销

主要指报纸、杂志、电视、广播等传统媒体和新媒体广告宣传促销。电视、广播是最有影响力、最成功的广告宣传媒介。图文并茂、直观、传播速度快，将信息传递给众多的潜在客户，同时，也在旅游景点及旅游线路上设置商品宣传牌、灯箱、广告招贴画等，针对旅游者的宣传，形式直观，基本信息突出，让旅游者有耳目一新之感。新媒体的广泛应用也给旅游景区宣传营销带来了不一样的体验。

试一试：搜集两个旅游景区新媒体宣传营销的成功案例，并进行课堂分享。

2）公关营销

公关营销的开展旨在建立和加深旅游者与客户对旅游景区的良好印象，借此来吸引更多的旅游者到旅游景区游览的活动。基本公关活动类型包括与新闻媒体对话的宣传型公关、社会型公关、服务型公关、交际型公关、咨询型公关，同时，也可以策划影响面广、力度大、趣味性强的大型公关活动，形成良好的社会效应。公关促销应重点把握以下几个方面：

新闻报道、节庆活动、专题活动、公益活动、特种事件促销、旅行尝试。

嘉阳·桫椤湖旅游景区节庆活动策划

节庆活动是旅游营销过程中重要的手段与方式，不仅受众面广泛，且具有报道的持续时间长、游客参与性强、旅游效益明显等优点。

根据旅游景区的具体情况，以"一大论坛、两大节庆、多项主题活动"为思路，使旅游景区全年都有吸引眼球的节事活动，淡化季节对旅游景区人流量的影响。

1. 一大论坛——世界矿业文明论坛

联合国际国内知名矿业开采公司、勘探机构、机械和设备公司、矿业协会、教育科研机构等，定期举办世界矿业文明论坛。近期可依托芭蕉沟矿山文化小镇等旅游接待设施、远期可通过建设矿业会展中心，争取将嘉阳·桫椤湖旅游景区打造成为这一论坛的永久性会址。

2. 两大节庆——嘉阳蒸汽小火车旅游节、茉莉花文化节

嘉阳蒸汽小火车旅游节：于每年3~4月举办嘉阳蒸汽小火车旅游节，通过配套文化演艺、摄影大赛、时空穿越、矿井探秘等多项活动，塑造成旅游景区的一大品牌。

犍为茉莉花文化节：依托犍为县一年一度的茉莉花文化节，进行联合营销。

3. 多项主题活动

依托旅游景区内丰富的人文和自然资源，可分年度、分时段开展桫椤消夏避暑、桫椤谷探险、嘉阳记忆、金蝉养生等多项主题活动，强化旅游景区市场影响力，丰富旅游景区产品体系。

3）直接营销

旅游景区通常直接委派销售人员向旅游者或中间代理商销售产品。

4）销售促进

销售促进也叫营业推广，是指旅游景区在特定时间与空间范围内，通过购买馈赠、优惠折扣、交易补贴、经销竞赛等方式，对旅游者、旅游中间商、销售人员开展促销活动，使潜在的旅游者产生立即购买或批量购买的行为。

（1）针对潜在旅游者的营业推广方式。如儿童节对学生免票或赠送礼物、重阳节对老年人免费等。

（2）针对中间商的营业推广方式。批量折扣、业务会议、现金折扣、联营促销和提供宣传画册等。

（3）针对销售人员的营业推广方式。推销额提成、推销佣金、推销竞赛、销售集会。

5）网络促销

（1）利用互联网提供多种服务，如网络调查、电子邮件、微博、电子刊物等进行形式多样的旅游调查活动及促销活动。

（2）将互联网与旅游线路柔性设计体系、旅游产品柔性制造系统相组合，促进旅游产品定制营销的发展，充分体现和满足个性化旅游的需要，在信息化支持系统下实现旅游产品"量身定做"的"一人一线一价"的新型旅游模式。

（3）利用互联网和日益推广与完善的网上银行进行旅游产品的网上交易。

总而言之，旅游景区旅游产品促销方式多样，各自有各自的特点要求、使用的具体途径，详见表7-5。

表7-5　旅游景区产品促销策略

传播方式	特点与要求	具体途径
广告	花费高，要有创意、新奇、具有亲和力	客源地报纸、旅游刊物、休闲杂志；广播电视；交通要道树立大幅广告、灯箱广告
公共关系	费用低、可信度高、需要长期培养	宣传性公关，赞助性公关：参加公益活动，重大社会活动，危机性公关：针对旅游景区品牌危机进行的宣传与挽救活动
直接营销	目标明确、真诚沟通、重视旅游者的反馈	参加旅游交易会、推介会；对旅行社、党政机关、工会、学校、大中型旅游景区、社会团体登门拜访；对重点客户直接电话销售或发送电子邮件

传播方式	特点与要求	具体途径
销售促进	有新意、重品质、形式多样化、激发旅游者的兴趣	赠送免费礼品、海报、宣传册等；开展优惠促销；举办形式多样的旅游节庆活动与主题宣传活动；邀请名人担任形象大使
互联网	快捷高效、方便查询、资料翔实、真实可靠	建立旅游景区官方旅游网站；在门户网站和各大旅游专业网站、热点旅游论坛上发布旅游景区信息、重视搜索引擎查询；发展旅游电子商务和网上预定功能

本章小结

　　旅游产品是以旅游吸引物为核心，以系列旅游基础设施为支撑，产品经营者向旅游者提供的、用以满足其旅游活动需求的全部实物与劳务服务的总和。旅游产品的开发首先要了解旅游产品的特征、构成、类型、生命周期等基础知识，在此基础之上把握住旅游产品开发的理念及开发途径。

　　旅游项目是以旅游资源为基础开发的，以旅游者和旅游地居民为吸引对象，为其提供休闲服务、具有持续性吸引力，以实现经济、社会、生态环境效益为目标的旅游吸引物。基于不同的研究目的和观察角度，旅游项目可以分为多种类型，但是在旅游规划与开发中较为常见的是主体分类法和环境分类法。旅游项目的设计要在创新性的原则、因地制宜的原则、可行性的原则、超前性的原则和一致性的原则的基础上，运用头脑风暴法、德尔菲法、资源—市场双筛法、移植策划法等方法进行旅游项目设计。在实际工作中，旅游项目设计一般可以分为分析旅游景区的环境、分析旅游景区的资源特色、旅游项目的初步构想、旅游项目构思的评价、旅游项目的详细设计、项目策划书的撰写几个步骤。

　　旅游景区的市场营销根本问题在于解决好 4 个基本要素：产品、价格、渠道、促销，故旅游景区要结合市场需求及其旅游形象，合理地运用好旅游产品项目营销组合策略，逐步扩大市场影响力，提高市场份额。

复习思考

一、单选题

1. (　　) 是指采用函询的方式或电话、网络的方式，反复地咨询专家们的建议，然后由策划人做出统计。

　　A. 头脑风暴法　　　　　　　　　　B. 德尔菲法
　　C. 资源—市场双筛法　　　　　　　D. 移植策划法

2. 旅游景点、旅游设施已具备一定的规模，旅游产品基本定型并形成自己的特色，迅速为市场所接受，这是旅游产品生命周期中哪个时期的特征 (　　)。

　　A. 投入期　　　　B. 成长期　　　　C. 成熟期　　　　D. 衰退期

3.旅游景区通过报纸、杂志、电视、广播等传统媒体和新媒体宣传促销属于哪种促销策略（　　　）。

　　A.广告促销　　　　　　　B.公关营销　　　　　　C.直接营销　　　　　　D.销售促进

4.旅游产品由（　　　）、旅游服务设施和旅游服务构成。

　　A.旅游交通　　　　　　　B.旅游吸引物　　　　　C.餐饮设施　　　　　　D.住宿设施

5.户外徒步属于（　　　）。

　　A.观光旅游产品　　　B.度假旅游产品　　　C.专项旅游产品　　　D.体验旅游产品

二、多选题

1.旅游产品特征有哪些（　　　）。

　　A.综合性　　　　　　B.无形性　　　　　　C.不可转移性

　　D.生产与消费的同步性　　　　　　　　　E.不可存储性、脆弱性

2.旅游产品由哪些元素构成（　　　）。

　　A.旅游吸引物　　　B.旅游服务　　　　C.旅游者　　　　　D.旅游服务设施

　　E.旅游经营者

3.按旅游的目的划分，旅游产品分为（　　　）。

　　A.观光旅游产品　　　B.自助旅游产品　　　C.生态旅游产品　　　D.专项旅游产品

　　E.度假旅游产品

4.旅游景区营销中的4C策略包括（　　　）。

　　A.成本　　　　　　　B.便利性　　　　　　C.沟通　　　　　　　D.产品

　　E.客户

三、名词解释

旅游产品　　旅游项目

四、简答题

1.简述旅游产品生命周期各个阶段各自具有什么特点？

2.简述旅游景区旅游产品开发理念有哪些？

3.旅游景区旅游项目设计的内容包括哪些？

五、材料分析题

嘉阳·犍为湖旅游景区正在为申报5A旅游景区紧锣密鼓地筹备着，在委托中景旅联（北京）国际旅游规划设计院编制的《嘉阳.犍为湖旅游景区总体规划》中，结合资源现状和市场需求，规划有以下旅游产品：矿产遗产观光、矿山文化休闲、芭蕉沟休闲度假、小火车体验、红色文化观光、犍为群落观光、自然生态休闲、犍为湖生态度假、科普教育、山水峡谷观光、农业观光、乡村田园休闲、原味乡野度假、生态探险、民俗观光、户外运动等。

请按旅游目的不同，将上述旅游产品进行分类。

实训操作

实训任务：旅游项目设计实训。

实训目的：参照示范案例，在充分分析旅游景区的资源、市场等前提下，结合所学的旅游项目设计方法，设计原则，能够进行旅游项目策划。

实训要求：

• 全班分组，5~7人一组，任意选择一熟悉的旅游景区进行旅游项目设计；

• 根据前期资源分析、市场分析、功能分区等情况，对各功能区进行重点项目设计；

• 要求阐述项目设想并配置意向图。

实训操作示范

桫椤湖生态休闲度假区重点建设项目

1. 马庙码头——抗日战争文化码头

现状马庙码头规模过小，不足以承担旅游集散功能，规划拓展其空间。

恢复古煤炭运输装置及老运煤船，展示抗日战争时期码头运输景观，通过抗日战争标语漫画、抗日战争设施小品景观等强化文化氛围。

修缮抗战护矿碉楼并对码头周边建筑进行风貌整治，采用川南传统建筑风格，打造临水老街。

完善咨询服务点、3A级旅游厕所、停车场等旅游服务设施建设。

2. 大马码头——湿地科普码头

作为桫椤湖国家湿地公园，当前对湿地的展示、科普不足，因此，规划建设湿地生态科普园，依托大马码头，建设科普廊、观鸟亭等设施，强化湿地的生态观光、科普教育功能。

完善大小游船停靠码头、综合旅游停车场等服务设施建设。

3. 桫椤湖水上游线

采用传统画舫、现代快艇、休闲竹筏等多样化、特色化的水上交通形式，打造特色水上旅游观光休闲线路。

4. 马蹄湾观景点

马蹄湾为当前桫椤湖景观视觉效果最美段，因此，在马蹄湾对面、视觉效果最佳处建设观景台，并配套生态游步道、服务咨询点、停车场、旅游厕所等服务设施。

⋯⋯⋯⋯⋯⋯各项目示意图（略）

实训操作表格 9　旅游景区项目策划

旅游景区名称	
旅游景区地点	

A. 旅游景区原有产品及项目评估

B. 旅游景区项目创意设计
分区项目设计（项目名称、策划的目的、项目选址、项目风格、项目体系、主要构思、项目管理、示意图等内容）

C. 主要成员

责任	姓名	分工	责任	姓名	分工
组长			成员 4		
副组长			成员 5		
成员 1			成员 6		
成员 2			成员 7		
成员 3			成员 8		

填表人：	联系方式：	电话：	填表日期： 　年　月　日

第8章

旅游景区旅游设施规划

●

学习目标 →

知识目标：了解旅游基础设施的种类和体系。

熟悉旅游基础设施的主要规划内容和一般措施。

了解旅游服务设施的构成体系和类型。

熟悉旅游服务设施的规划要点和一般方法。

能力目标：能够初步将相关理论应用于实践，进行简单的旅游设施规划。

知识结构 →

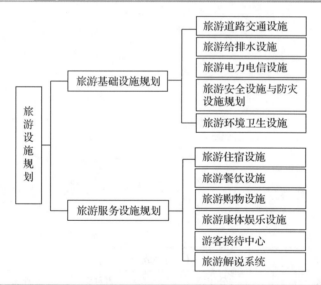

导入案例 →

嘉阳·桫椤湖旅游景区交通现状

嘉阳·桫椤湖旅游景区路网体系尚不完善，公路等级较低，通行能力有限。进出口一条线，没有形成科学合理的环线，游线组织亟待优化。水星寨等部分景点道路通达能力差。

（一）外部交通现状

进出口一：犍为县北出口—石溪镇—跃进站，为目前景区主要进出口。犍为北高速出口至石溪镇为县级公路，距离10千米，紧邻岷江，道路狭窄，道路拓展改善有限；石溪镇至嘉阳矿区（跃进）为普通公路，且拉煤货运车辆、当地居民车辆往来多，存在一定安全隐患。

进出口二：塘坝—马庙，双向二车道，四级乡村公路。

进出口三：乐宜高速犍为南出口至大马，桫椤旅游大道连接，二级公路。

（二）内部交通现状

路网体系欠优、道路等级较低、人车混杂严重、停车空间不足、难以形成环线。

为更好地打造该旅游景区，应该如何解决上述提到的问题呢？

旅游设施是旅游者在旅游目的地或旅游景区开展食、住、行、游、购、娱各项旅游活动所必须借助的建筑物、场地、设备及相关物质条件的总和。旅游设施包括两大类：旅游基础设施和旅游服务设施。旅游设施是旅游消费与旅游业发展不可或缺的前提和基础。

多年来，旅游目的地或旅游景区旅游产业的规划与开发一直聚焦在旅游产品上，旅游资源、旅游业态、旅游市场是研究的核心，很少有人关注旅游设施，导致多地旅游设施建设存在缺失，包括有效供给不足、均衡发展不力、信息化水平不高、体制机制掣肘、外部保障政策不足等问题。旅游设施需求增长与供给不足的矛盾日益突出，严重阻碍了旅游产业的发展，补齐短板任务艰巨。旅游设施建设已经成为当前旅游发展，乃至城镇化发展重要的基础性工作。国务院总理李克强在 2017 年政府工作报告中明确提出，要"完善旅游设施和服务，大力发展乡村、休闲、全域旅游"；同年，国家旅游局局长李金早在全国旅游工作会议上进一步指出："建设世界旅游强国，强国必先强基。没有基础设施和公共服务供给能力持续提升、软硬实力不断增强的经济社会发展基础，就不可能建成世界旅游强国"。

从近几年密集出台的政策看，旅游设施建设已经进入飞速发展阶段。在旅游设施属性层面，政策的分类更细，指向性与可操作性更强。在《"十三五"旅游业发展规划（国务院于 2016 年 12 月 7 日印发并实施）》与《"十三五"全国旅游公共服务规划（国家旅游局、旅办发〔2016〕345 号）》两个规划的总体指导下，专项性的旅游设施相关政策主要集中在交通运输设施、新型旅游设施、卫生设施、旅游信息化设施、旅游设施投融资、设施用地六个方面，这些政策将旅游基础设施建设提到了新的高度。其中，《"十三五"全国旅游公共服务规划》是旅游基础设施与公共服务设施建设的纲领性文件，系统性地对旅游公共服务进行了较为详细的要求。涉及旅游基础设施、旅游交通体系、公共信息服务体系、旅游休闲网络、旅游安全保障服务体系，以及重点建设的智慧旅游、厕所革命、旅游交通、旅游安全救援等多方面内容，覆盖了旅游基础设施与公共服务设施的主体推进结构。

全域旅游发展背景下，市场需求的变化对旅游设施也提出了更高的要求：需要开放式发展，打破各旅游景区及地域之间的分割，打造全域公共服务平台；需要更完善的旅游公共服务体系支撑；需要提供完善、便捷、有针对性的公共服务；需要以旅游体验为导向，打造公共产品和服务；需要紧跟新业态，打造公共服务体系的产品迭代发展。旅游设施规划要符合《风景名胜区管理通用标准》（GB/T34335—2017）、《风景名胜区总体规划标准》（GB/T50298—2018）、《旅游景区建设规范》（DB51/T979—2009）、《旅游景区质量等级的评定与划分》（修订版，正在批准）等国家标准。

8.1　旅游基础设施规划

旅游基础设施即公共基础设施，是指主要为当地居民生产生活而建造，旅游者开展旅游活动必须依赖的、但无须支付费用即可使用的公共设施。旅游基础设施规划就是对目的地或旅游景区公共基础设施进行的前瞻性的科学布局与合理安排，由此支撑旅游发展。旅游基础设施类型如表8-1所示：

表 8-1　旅游基础设施类型

旅游基础设施类型	一般公用事业设施	交通、通信、供电、给排水、供热、燃气
	生活所需基本设施	银行、医疗机构、商店、治安管理机构

8.1.1　旅游交通规划

旅游交通是指旅游者利用某种手段和途径，实现从一个地点到达另外一个地点的空间转移过程。旅游交通是旅游发展的前提条件，交通运输设施建设是旅游基础设施建设的重中之重和旅游开发建设的先导环节。旅游交通规划的基本原则是适度超前和重点突出，经济、环保，合理解决"进得去、散得开、出得来"的问题，提高可进入性，"处处皆景"，赋予旅游者美好的旅游交通体验。旅游交通设施包括交通道路网络、交通工具和配套设施。

交通道路：机动车道、游览步道、游览水道、索道、空中游道；

交通工具：汽车、电动游览车、船舶、火车、自行车、皮筏、缆车等（图8-1、表8-2）。

手摇轨道车　　　脚踏轨道车　　　铁路电动自行车

图 8-1　嘉阳·桫椤湖旅游景区特色交通规划

表 8-2　旅游交通工具类型

交通工具类型	主流交通工具（主要外部交通）		汽车	火车	飞机	轮船
	非主流交通工具（主要内部交通）	机械类	缆车	观光客车	摩托、电动车	机动船（电瓶船、游艇）
		自然力类	帆船、漂流皮艇	滑翔机、热气球	滑雪板（车）	滑沙板（车）
		畜力类	各类坐骑（马、牛、羊、骆驼、骡、象等）	畜力车		
		人力类	自行车	人力车（三轮车、黄包车）	肩舆（滑竿、轿子）	人力船筏（独木舟、竹排、牛皮船、羊皮筏）
		索类	悬索	攀登索	荡索	

配套设施：停车场、码头、候车站台等。

旅游交通规划的内容通常包括外部交通规划、内部交通规划、交通配套设施规划。

8.1.1.1　旅游景区外部交通规划

外部交通又称"大交通"。旅游景区外部交通规划通常有两个任务，一是对外部交通的旅游开发分析和利用；二是对外部交通的建设从旅游开发角度提出规划或规划建议。旅游景区与所依托的城市（镇）间有旅游通道或旅游专线交通工具进行联系。旅游通道建设应符合相关的旅游道路建设规范，旅游景区外部交通标识应符合相关的旅游标识标牌建设规范。旅游景区外部交通规划内容见表 8-3。

表 8-3　旅游景区外部交通规划内容

交通方式	交通与区位条件分析			旅游交通规划		
	交通线路分析	接驳条件分析	与周边旅游地交通区位分析	200km以内	200~500km	超过500km
公路	线路等级	出入口便利性等	公路连接情况	●	◎	
铁路	线路等级	旅游区到站点距离与线路等级	有无铁路	◎	●	◎
航空	有或无	旅游区到机场距离与线路等级	是否依托同一机场			●
轮船	有或无	旅游区到码头距离与线路等级	是否依托同一码头		◎（内河为主）	◎（海运为主）

注：●主导选择；◎辅助选择

找一找：我国公路等级划分及其主要技术指标有哪些？

8.1.1.2　旅游景区内部交通规划

内部交通又称"小交通"。旅游景区内部交通规划的任务是规划旅游目的地内连接各旅游区、景区（点）的交通。主要交通方式为汽车和特种交通工具。具体为：游览线路尽量形成环行线路，线路选线应不对旅游区景观造成破坏，有利于旅游者观赏。旅游景区内道路分为步行道、车行道、特殊通道（图8-2）。道路设计突出旅游景区特色，与当地文化相结合。步行道：指仅供旅游者步行的道路，车辆不能进入，分为主要步行道、次要步行道、小径。人工铺装步行道采用具有旅游景区本地特色的生态性材料建设，如用木头、木板、竹板、鹅卵石等，在尽可能体现原生态的同时体现地方及民族特色。车行道：主要供旅游景区内机动车及非机动车辆行驶的道路。主要机动车道要实现人车分流，宽度不低于6m；次要车行道可以采用人车共用车道，宽度4~6m。停靠点：停车点和旅游码头位置要设置合理、安全，方便旅游者上下，与周围环境协调，并具有特色。内部交通规划内容见表8-4。

图8-2 绵竹市清平童话小镇内部交通

表8-4 旅游景区内部交通规划内容

交通道路	规划要点	规划内容	等级及技术要求		
			I	II	III
机动车道路	旅游景区公路一般不能规划成水泥路面	等级与长度，走向布局，建设类型（新修或改扩建），绿化美化	主干道 6~8m	次干道 4.5~6m	支道 3.5~4.5m
游步道	充分考虑观景效果，游道的建筑材料要与旅游区环境协调	等级与长度，选线游步道风格，铺面材质，绿化美化	主游道 1.5~3.0m	次游道 1.2~1.5m	游径 0.8~1.2m
停车场	《停车场规划设计规范》	等级与规模，铺面风格，绿化与美化，生态化	大型 300辆以上	中型 50~300辆	小型 50辆以下

停车场面积的预测

停车场面积=高峰游人数×乘车率×单位规模/停车场利用率×每台车容纳人数

某旅游景区预计日高峰游人数为15 000人次，其中30%乘坐小车进入，70%乘坐大车进入。小车每车乘坐2人，占用空间面积20m²，大车每车乘坐30人，占用空间面积40m²。如果其乘车率和停车场利用率分别为60%、80%，请测算该旅游景区停车场的面积。

乘车游人数：　　　　15 000×60%=9 000（人次）

大车面积：　　　　　9 000×70%×40/30=8 400（m²）

小车面积：　　　　　9 000×30%×20/2=27 000（m²）

停车场总面积：　　　（8 400+27 000）/80%=44 250（m²）

8.1.1.3　交通配套设施规划

主要内容有加油（气）站／充电桩规划、洗车场规划、维修站规划等（表8-5）。

表8-5　旅游景区交通配套设施规划内容

加油（气）站／充电桩规划	交通干线两旁、旅游者稀少的区域，切忌规划在旅游区的中心地区
洗车场规划	旅游区入口附近可与旅游区的停车场规划在一起
维修站规划	旅游区外距离旅游区不远的地方，旅游区入口处

想一想：如何进行旅游景区旅游线路或导览图设计？

8.1.2　旅游给排水设施规划

旅游给排水规划应根据旅游景区总体规划中旅游景区内部游览区、接待区、生活区、生产区统一安排的原则，确定旅游景区给排水方案，为给排水工程设计提供指导原则及基础资料。

8.1.2.1　旅游给水设施规划

给水规划的主要任务是估算旅游地用水量、选择水源、确定供水方式、制订净水方案、布置供水管网、确定加压站位置及数量、水源地保护等，满足旅游者的用水需求。

1）预测用水量

旅游景区用水量估算一般以旅游区用水高峰时的用水量为标准（表8-6）。

表8-6　旅游景区用水标准

生活用水量	住宿客人	床位数 × 单位用水标准，一般取 300~500L/ 床·日
	非住宿客人	人数 × 单位用水标准，一般取 10~30L/ 人·日
	居民、员工	人数 × 单位用水标准，一般取 150~250L/ 人·日
公建用水量		生活用水量的 40%
其他及不可估计用水量		生活用水量与公建用水量之和的 15%

旅游区总用水量：$S=\sum S_i$，由生活用水量（S_1）、公建用水量（S_2）、其他用水量（S_3）组成。

旅游景区用水量预测

某旅游景区近期床位数为 200 个，居民及员工为 1 000 人，预测其近期用水总量。

生活用水量	住宿客人	$S_1=200 \times 0.60=120$（m³/d）
	非住宿客人	人数太少，忽略不计
	居民及员工	$S_3=1\ 000 \times 0.2=200$（m³/d）
	合计	$S=120+0+200=320$（m³/d）
公建用水量		$320 \times 40\%=128$（m³/d）
其他用水量		（$320+128$）× 15%=67.2（m³/d）
旅游区总用水量		320+128+67.2=515.2（m³/d）

2）选择水源地

水源地应满足水源充沛、水质良好、取水方便的条件，一般可来自外部城镇水厂直接供水、旅游景区内部采水、直接供水与自采水相结合的方式。

3）确定取水方式

有条件的旅游景区可以选择自流方式，但有些旅游景区只能选择抽水方式，应设置相应取水设施（如一级泵站、修建水闸和堤坝等）。究竟采取哪种取水方式，应根据旅游区的情况，充分考虑地形、经济、环保等因素确定。

4）净水方案及制水能力规划

所有的水源，必须引入蓄水池，经过净化达到国家饮用水标准才能使用。必须制订详细的净水方案，设计自来水厂、清水库、输送净水的二级泵站等，制水能力要与预测的旅游区用水总量相一致。

5）输水管网及配水干管布局规划

旅游景区给水管网包括输水管渠和配水管网两大部分。水源的输送首先经过输水主干网从净化站输送到旅游景区，再由支干网连接到旅游景区内各分区，然后通过支管向各用水单位输送，最后通过用户管供给各类人员使用。

6）加压站位置及数量

很多蓄水池由于位置较低，很难向位置高的地方供水，必须加压。有些旅游景区在供水时需要多级加压，应规划出加压站的位置和数量。

7）水源地保护措施

对旅游景区水源地要规划相应的保护措施。在取水点周围半径 100 米内禁止停泊船只，禁止游泳及其他可能污染水源的活动；在水源地周围 1 000 米和下游 100 米范围内不得排入生活污水；不能在蓄水、供水的上游地区布置接待设施、生活设施等。

8.1.2.2　旅游排水设施规划

排水规划的主要任务是估算各规划期雨水、污水排放量，研究雨水排除方法、污水性质与处理方法、污水处理等级及分散或集中的污水处理设施位置，布置排水管网，并研究污水、污物综合利用的可能性。排水规划的一般要求是：明确排水方式；确定排水管网走向与方式；旅游景区的垃圾、废物要有专用盛器。

1）预测排水量

旅游景区排水量的预测，主要包括污水排放量预测和雨水排放量预测。污水排放一般以旅游景区的供水量为参照物，按其 80% 计算，雨水排放一般以年降水量为参照，具体计算公式为：

$$污水排水量 = 旅游区供水总量 \times 80\%$$

$$雨水排水量 = 年降水量 \times 汇水面积 \times 径流系数$$

旅游地一般植被丰富，土壤疏松，径流系数在 0.5 以下，植被较少的地方的径流系数也较大。

2）确定排水方式

分析旅游景区产生的污水类型，确定主要污水排放地点，确定排水方式。旅游景区的排水方式主要有雨污合流制和雨污分流制，究竟采用哪种排水方式，应根据旅游景区的具体情况而定。

3）确定排水管道的走向、管径

旅游景区地形一般较为复杂，旅游景区排水管的设计和布置要考虑诸多因素，例如雨水的汇水区域划分、管线的平面布局、明暗渠设计、管道敷设等。排水管径的大小应与排污量相一致，最小的污水管和雨水管的最小管径为 300 毫米，最小设计坡度为 0.002（塑料管）。

4）排污工程规划

旅游景区主要的排污工程包括污水处理设施和雨水排放设施。

（1）污水处理设施。

①污水处理厂（站）：污水处理厂（站）一般适用于大型旅游景区，可以是旅游景区自建，也可以将污水通过管道汇集后送往区域中心污水处理厂进行净化处理。

②公厕污水处理设施：公厕是旅游景区不可缺少的环卫设施，方便了旅游者也产生了污水。为了有效地处理公厕污水，旅游景区一般会在公厕下面设置污水净化处理系统，最普遍的形式就是化粪池。

③地埋式小型污水处理站：地埋式小型污水处理站适用于城市污水管网难以达到的旅游景区或小型景区。

④人工湿地污水处理设施：是一种将污水排放到湿地上，通过"土壤—植物"系统在物理、化学及生物学方面的自净能力和净化过程使其得到净化的污水处理工艺。

（2）雨水排放设施。雨水就近用明渠方式排入溪涧河沟，或进行截留蓄水。大多数旅游景区无须建设专门的雨水排放系统，以减少投资。对于不能自然排放或自然排放不畅的旅游景区，则需设立排水暗沟。在道路工程设施建设的同时，要预留足够的泄水通道。

8.1.3　旅游电力电信设施规划

旅游电力电信设施规划主要包括供电规划和邮电通信规划。

8.1.3.1　旅游电力（能源）设施规划

旅游景区电力规划的主要任务是确定电源，布置电力网，决定电力网的电压等级，变电所的数量、容量和位置，电力网的走向，电力负荷的分布及最大负荷等。根据旅游景区的供电现状及总体规划要求，为其提供不同的供电方案，进行技术经济比较并选定最佳方案。

1）用电现状分析

（1）供电方式分析——联网供电、分区供电、自成网络供电。

（2）供电线路走向——电源从什么地方接入、线路的走向等。

（3）变（配）电站情况——规划区域有无变（配）电站、功率、满足的用电负荷。

（4）线路敷设方式——地表还是地下。

（5）存在的主要问题。

2）用电量预测

（1）按旅游区酒店客房数量预测。

$$酒店总用电量 = 旅游区客房总数 \times 客房单位耗电量$$

我国每间客房日耗电量 3.5kW。

（2）按旅游区酒店建筑面积预测。

$$酒店总用电量 = 旅馆建筑面积 × 单位建筑面积用电指标$$

我国单位建筑面积用电量 20~25W/m²。

（3）综合预测。

$$总用电量 = 生活用电量＋公建用电量＋其他用电量$$

生活用电——住宿旅游者（2 000W/床·日），居民、工作人员（1 000W/人·日）；

公建用电——生活用电量的 200%；

其他用电——生活与公建用电量总和的 40%。

旅游区用电量综合预测法

某旅游区近期床位数为 200 个，中远期 500 个。根据旅游区实际，近期、中远期分别按每床 1 000W、1 300W 标准，预测其总用电量。

生活用电量	近期 =200×1 000=200（kW）
	中远期 =500×1 300=650（kW）
公建用电量	近期 =200kw×200%=400（kW）
	中远期 =650kw×200%=1 300（kW）
其他用电量	近期 =（200+400）×40%=240（kW）
	中远期 =（650+1 300）×40%=780（kW）
旅游区总用电量	近期 =200+400+240=840（kW）
	中远期 =650+1 300+780=2 730（kW）

3）电源工程

（1）若旅游景区有良好的风力、火力、太阳能等发电条件，应建设发电厂以节约日常开支。

（2）若从区域电网获取电源，则应建设变电站，最好再购置应急发电机。在旅游景区服务中心或重要部门单位应配置备用电源（柴油发电机等），提高供电可靠性。

（3）在能源利用方面，对于能源引入有线路较长、投资大，但负荷小的偏僻旅游景区，可以考虑当地的风能、太阳能、水能等自然能源条件，若能开发利用，则此类能源既清洁环保同时又解决了线路铺设问题。

（4）变电站位置、变电等级、容量，输配电系统电压等级、敷设方式等。

4）电力网线布置要求

（1）旅游景区的高压线路架设既要考虑不破坏旅游景区自然景观，要求尽力隐蔽，同时，又要使供电安全经济（图8-3）。

（2）在地形复杂、施工及交通运输不便并影响景观地段，要埋设电缆。

（3）在重要旅游景区、景点的敏感度区域可视范围内，为不影响景观环境气氛，供电线路均应设地下电缆。

（4）采用架空线与电力电缆相结合，并以架空线为主的网线布置方式。

图8-3 厦门市思明区电力电信设施设计

8.1.3.2 旅游电信（邮电通信）设施规划

旅游景区电信规划要求建立技术先进、质量良好、灵活性强、业务齐全的对内、对外的通信网络体系（表8-7）。国内与国际邮政、电信等建设线路不破坏风景林木，各接待中心要能发电报、通长途电话，邮寄包裹等。如是接待海外旅游者的还应有国际邮电业务，要建立旅游景区的对外通信网络，建立智慧旅游体系等（表8-8）。

1）通信网络规划

表8-7 旅游景区通信网络规划内容要求

有线电话规划	数量	以客房数为基础，每间客房设置1部电话；再加上其他场所和办公电话
		类型
		线路走向及敷设方式
	空间布局	在旅游者集中活动的场所，设置公用电话类型线路走向及敷设方式；在容易发生安全事故的地区，设置报警电话
无线电话规划		在旅游景区恰当的地方规划基站
		保证旅游区内移动信号无盲区
网络规划		接入方式 线路走向
		营运商 速率

2）智慧旅游体系规划

表8-8　旅游景区智慧旅游体系规划内容要求

旅游信息点	发布和提供旅游信息的场所和机构
内容、类型	有专人值守的亭房、柜台、窗口等
	触摸式多媒体、讲解器等
	旅游咨询电话
	无人看管的旅游信息资料发放点
	旅游电子商务网站、微信公众号等
设置场所	机场、车站、码头、游客中心、酒店、商业中心、娱乐场所、旅游景区内部、客源地

想一想：如何设计旅游公众号？

8.1.4　旅游安全设施与防灾设施规划

旅游安全与防灾是旅游景区健康发展的基本前提。

8.1.4.1　旅游安全设施规划

旅游安全系统是具有安全保障功能的系统，主要包括三个子系统：预防系统、应急救援系统和管理保障系统。

1）预防系统

（1）监控与预警系统。监控与预警系统包括监控系统和预警系统。监控系统是为了全面掌握旅游区的安全情况而设置的系统。预警系统是为了预防自然灾害、环境污染及旅游者超量而设置的系统。

（2）标识系统。标识系统主要是指对旅游途中标识牌的规划设计、安装和维护保养。它的最主要目的是引导旅游者安全有序地进行旅游活动。此外，标识系统在加大对旅游安全的宣传教育、增加人们对旅游活动过程中潜在危险的了解、提高旅游者的自我保护意识方面也有很大作用。

（3）交通保障系统。交通保障系统主要包括公路、游步道、客运索道、桥梁、停车场及其他交通方式的规划设计、建设和维护保养。

（4）安全设施系统。安全设施系统主要包括对山洪、海潮、水坝泄洪、雷电、地热的安全防护安排，对地表输电线、旅游消防设施、避雷设施等工程设施的规划设计、维护，以及对水上活动安全设施、攻击型野生动物防范设施、照明设施等的安排和维修保养。在建设安全设施系统时，要坚持以下几个原则：以保护旅游景区旅游者安全为主；不破坏生态系统；与旅游景区的旅游容量相适应。

2）应急救援体系

旅游区的应急救援体系是由旅游接待单位、旅游救援中心、保险、医疗、公安、武警、消防、通信、交通等多部门、多人员参与的社会联动系统。

主要涉及的部门包括：旅游景区（点）、旅游企业、旅游地、保险机构、新闻媒体、通信部门等。旅游地社会经济发展水平、医疗、卫生状况影响着所在区域的旅游景区旅游安全问题的数量、性质及救援工作的质量。

3）管理保障系统

能否建立一个健全的管理保障系统是构建旅游安全系统的关键。一个合理完善的管理保障系统不仅能保障旅游区的日常安全管理，还要在事故发生时采取及时有效的措施。管理保障系统包括旅游景区的安全管理机构、安全管理制度、安全政策法规体系等。三个系统相互作用、相互联系，共同组成一个有机系统，从而更好地为旅游安全提供保障。

8.1.4.2　旅游防灾设施规划

1）防洪排涝

根据防洪排涝标准完善防洪排涝设施建设，根据旅游区水量大小设计相应的洪水标准并按照相应的标准进行设防，保证旅游区游人生命和旅游设施安全。在洪泛区不得建造任何永久性建筑，主要道路标高不低于洪水水位。

对建设工程加强监督管理，促使建设单位按水保方案做好水土保持工作，有效减少水土流失。做好流域普查山洪灾害易发区（点），加强山洪防御的预案编制、监测预警和宣传教育。

2）工程地质灾害

对易发生滑坡地区，采取植树造林、水土保持等防治地质灾害发生的措施，加强地质灾害点检测和防灾预警预报工作，制订地质灾害应急救护预案，永久性建筑物应避开断层位置。规划要求对易灾体进行监测并组织人员对易灾体的治理进行相关的技术论证工作，根据论证结果，采取相应的工程治理。

3）森林防火和森林病虫害防治

健全森林防火机构，加强消防队伍技术培训，设置森林消防器材，满足森林防火需要；完善森林防火隔离体系，各旅游景区、主要景点周围种植不易燃树种为主的防火隔离带；重视宣传旅游者安全防火知识和应承担的法律责任，并依法实行严格的处罚措施。

加强旅游区内森林病虫害防治措施，设置生物灾害防治专管部门，定期定员对旅游景区实施全方位检测覆盖，定期排查，经常性地进行常见森林病虫害的喷洒防治，有效控制和消除森林病虫害的发生。

4）消防规划

结合旅游区分类分级保护规划，确定火灾风险评估等级和消防保护措施，设立消防站点，配备相应消防设备和执勤人员，同时，旅游地各项基础设施规划中充分考虑消防功能，以保障火灾预警及时、消防通行通畅、灭火供水充足和景观建筑安全。

8.1.5　旅游环境卫生设施规划

旅游景区的环境卫生设施可分为两类：一类是公共卫生设施，包括集中式垃圾箱、路边垃圾箱、公共厕所和排污设施等；另一类是专门卫生设备和工具，主要是卫生工作人员适用的卫生清扫工具，如垃圾运输车、垃圾清扫车及其他专用工具。

8.1.5.1　垃圾处理设施规划

1）垃圾箱布设

在旅游区内道路沿线、观景点等区域按照要求设置垃圾箱。在旅游者集中的接待区，垃圾箱按 50 米间距布设；在接待设施和娱乐设施较集中的区域，垃圾箱按 100 米间距布设；在登山游道和旅游者较少的探幽游道，垃圾箱按 200 米间距布设。垃圾箱的外观要求美观、适用并与周围环境相协调（图 8-4）。

图 8-4　嘉阳·桫椤湖旅游景区垃圾箱创意设计

2）垃圾转运站

垃圾转运站是重要的环卫基础设施之一，它的分布是否合理对区域内的卫生状况有重要的影响。根据旅游景区的所在地区的垃圾中转现状及选址，在旅游景区内合适的隐蔽处设立相应规模的垃圾中转站。各旅游服务点设隐蔽性垃圾收集点，定时收运，送至垃圾中转站统一进行收集处理，严禁随意倾倒垃圾。

3）垃圾卫生填埋场

为了卫生填埋场运行和管理的高效性，应统一布局大型的生活垃圾无害化卫生填埋场，或以区域为单位设置小型的卫生填埋场。

8.1.5.2　旅游厕所规划

根据旅游厕所新的国家标准《旅游厕所质量等级的划分与评定（GB/T18973—2016）》，旅游厕所等级划分为三个等级（A 级），新标准提倡简约、卫生、实用、环保，反对豪华。星级越高，标识厕所等级越高。按照建设性质，旅游厕所可分为独立型厕所、附属型厕所和临时性厕所。

（1）独立型厕所。独立型厕所是指单独设置，不与其他设施相连的旅游厕所。该类厕所可以防止被其他周围设施的活动干扰。

（2）附属型厕所。附属型厕所是设置于其他建筑中供旅游者使用的公共厕所。一般不适用于不拥挤的区域。

（3）临时性厕所。临时性厕所属于为满足临时需要而设立的旅游厕所，包括流动公厕、简易搭建的公共厕所等。

旅游厕所规划建设要点：

（1）基本要求是根据《旅游厕所质量等级的划分与评定》（GB/T 18973—2016）执行。

（2）数量充足，按接待人次 2% 左右设计入厕位数量。游步道步行 30 分钟距离设置厕所。

（3）位置相对隐蔽，但易于寻找，方便到达，并适于通风、排污。

（4）建筑造型与景观环境协调，与旅游区整体建筑风格相统一（图 8-5）。

（5）厕所的设置要考虑与休憩点、餐饮点、购物点、住宿点、加油站、游客中心等旅游服务设施的关系。

提倡使用新技术、新产品；造型景观化；建筑风格、色彩与环境协调。厕所内的各项设施和卫生管理指标应符合《旅游厕所质量等级的划分与评定》（GB/T 18973—2016）的相关星级评定要求。

在相对缺水的旅游景区内应对免冲式厕所、环保型厕所进行推广和普及。在污水处理率低、大量使用旱厕及粪便污水处理设施的旅游景区可设置粪便处理厂。就厕所的卫生处理技术而言，偏远无水景点可采用分集式生态环保旱厕或无动力无水处理厕所；有水源的景点可采用生态节水的厕所；水电充足时可建设星级厕所。

图 8-5 上海迪士尼乐园厕所及垃圾箱设计

8.1.5.3 环卫设备与工具

根据规划垃圾产生量确定相应的环卫车辆数量和环卫车辆停车场。环卫车辆停车场的用地指标按环卫车辆 150 平方米 / 辆计算。环卫清扫、保洁区每 0.8 万 ~1.2 万人设置一个环卫休息场所，占地一般为 120~170 平方米，也可结合转运站建设。设置环卫班房，供环卫工人休息、更衣及停放小型车辆、工具等。

8.1.5.4　环境卫生管理

可采取划片包干的方法，除专业环卫人员外，服务点值班人员、商业点经营人员必须同时负责各自区段和片区的卫生管理。采取严明的奖惩办法加强卫生管理。

旅游厕所革命

内涵：

旅游厕所革命是国家旅游局针对旅游景区厕所脏乱差的现象，发起的一场清理整治活动。根据规划，预计三年全国共新建厕所3.3万座，改扩建2.4万座。到2017年最终实现旅游景区、旅游线路沿线、交通集散点、旅游餐馆、旅游娱乐场所、休闲步行区等的厕所全部达到标准，并实现"数量充足、干净无味、实用免费、管理有效"要求。

背景：

经过多年建设，中国旅游公共服务设施有很大改观，但与旅游者要求和国际旅游标准还有很大差距，其中旅游厕所问题尤为突出，数量过少、质量低劣、分布不均、管理缺位。尽管有一批厕所有一定档次，但是大面积看，就是三个字"脏、乱、差"，因此，国家旅游局要在全国范围内发动一场旅游厕所建设管理大行动。

措施：

1. 将启动旅游厕所建设管理，大行动从2015年开始，国家旅游局将用三年时间，通过政策引导、资金补助、标准规范等手段持续推进。

2. 将务实推进旅游厕所建设，国家旅游局将制定出台《关于实施全国旅游厕所革命的意见》，加大政策扶持力度。

3. 连续三年召开专题会，总结评比和经验交流。各地要积极举办"厕所设计大赛"，推进旅游厕所革命的深入发展。

8.2　旅游服务设施规划

旅游服务设施是指主要为旅游者开展旅游活动而建造，当地居民可以减、免费使用，旅游者需要支付费用才可获得服务的设施设备。

良好的旅游服务设施是旅游地发展的基础。合理的旅游服务设施规划有利于优化旅游产品、保护生态环境、促进旅游区发展。目前，在学术界和旅游规划实践中，一般将旅游服务设施体系划分为游客接待服务中心、旅游餐饮设施、旅游住宿设施、旅游购物设施及商品开发、旅游康体娱乐设施、旅游解说系统等部分。

8.2.1 旅游住宿设施规划

旅游接待业主要以旅游饭店为基本设施并加上一定的辅助设施，形成旅游业中最重要的组成部分之一。接待业主要提供住宿和食品服务两个部门的经营，它们既为本地居民也为旅游者提供产品和服务项目。接待设施及服务的主要形式是饭店产品。旅游接待设施以旅游者的住宿设施为中心，入住前的预定信息服务，入住后的餐饮、娱乐、会议、金融服务、对外联系等则构成其关联产品。

住宿业是旅游产业的基础。霍洛韦（J C Holloway，1983）将住宿业结构划分为商业部类和准（非）商业部类两种。其中，商业部类和准（非）商业部类之下又分为提供服务类和自备餐饮类两种。另外，根据住宿设施提供服务的水平与提供设施和服务的广度，还可以将其区分为综合性旅游住宿设施、专业性旅游住宿设施和自助性旅游住宿设施三种类型，其中每种类型所包含的具体住宿设施所提供的服务水平也有差异。随着国内旅游业的持续快速发展，我国旅游住宿业也获得了快速发展，不仅住宿业单位数量不断增加，而且住宿设施类型也越来越多样化，不断满足不同类型、不同层次旅游者的需求（图8-6）。

旅游住宿设施规划内容包括规模预测、档次定位、类型定位、选址、建筑风格等。

图8-6 嘉阳·桫椤湖旅游景区民宿度假村规划

8.2.1.1 旅游住宿设施规模估算

旅游住宿规模的确定一般是根据旅游区发展规模，住宿设施总需求量主要受旅游地旅游者总量和停留时间影响，在具体确定住宿设施规模时要以旅游者对床位和客房的需求量为准。

旅游住宿床位规模计算的方法很多。《风景名胜区总体规划标准》（GB/T50298—2018）中的计算方法是：

床位数 =（平均停留天数 × 年住宿人数）/（年旅游人数 × 床位利用率）

$$C = \frac{R \times n}{T \times K} = \frac{R \times n/T}{K}$$

式中：C—— 住宿游人床位需要数；

　　　R—— 全年住宿游人总数；

　　　n—— 旅游者平均停留天数；

　　　T—— 旅游目的地全年可游的天数；

　　　K—— 全年床位平均利用率。

　　　$R \times n$—— 代表全年住宿需求床位的总量，

　　　$R \times n/T$—— 代表平均每天住宿需求床位数，其占应建设床位数量的比例为 K。

客房数 = 床位数 / 房间均住人数

房间均住人数不考虑星级1.5人；一、二星级1.7人；四、五星级1.2人计。

住宿设施数量预测

某旅游区预计全年接待旅游者200 000人次，其中有65%的在旅游区内住宿，平均过夜时间为1.5天。该旅游区全年开放时间为300天。

（1）65%的客房出租率测算该旅游区的床位数。

（2）每间客房平均住宿1.5人预测该旅游区房间数。

床位数（200 000 × 65% × 1.5）÷（300 × 65%）= 1 000（床位）

客房数 1 000 ÷ 1.5 ≈ 667（房间）

8.2.1.2　住宿设施类型确定

根据旅游地的功能特点，确定住宿设施的类型。如果为城市旅游地，一般建设普通型饭店；旅游地处于商务和贸易中心地带，可在邻近地段适当建造大型的豪华宾馆；海滨度假地与滑雪度假地，可在附近地带选择基地修建公寓和特色宾馆，或修建疗养院、度假村等，并可辅之以高尔夫球场、网球馆和马术场地及其他设施；山地型旅游地若离依托城市较远，则可以建造多功能宾馆，适当建设购物、娱乐和健身等设施及设置形式灵活的民居旅馆、野营地等。旅游住宿设施一般属于综合类接待设施，因此，在功能上除提供最基本的住宿外，还应提供餐饮、娱乐、购物、休闲、导游、票务等功能，以充分满足旅游者的需求（表8–9）。

表8–9　各类不同酒店的特点及布局选址归纳

酒店类型	特点	布局点
商务型酒店	便捷、豪华、大型、商务配套设施齐全	市商业中心、广场
度假酒店	优越、宽松、大型、舒适、康体设备	近郊、旅游景区
会议型酒店	便捷、舒适、大型，会议设施齐全	广场、车站、购物中心、体育中心
公寓式酒店	卫生、经济、配套	开放区、创业园等
快捷酒店	卫生、便捷、简洁、小型	交通站点
汽车酒店	卫生、小型、靠公路线，汽车服务	大型旅游景区边、公路旁

8.2.1.3　住宿设施布局总体要求

第一，重点区域集中布局。在客流量大、过夜旅游者集中的地区多安排一些，形成规模。

第二，稀少地区均衡布局。在现有住宿设施缺乏的地区，也要根据现在和将来客源的流量安排适量的住宿设施。

第三，需求导向，合理搭配。住宿的档次和类型要合理搭配，已能满足需求的不再新建，不能满足需求的要新建，档次不够的可新建或改造升级已有的住宿设施。

8.2.1.4　住宿设施的建筑风格设计

住宿设施的规划设计，目前国际上的趋势是不仅仅建造高层设施，而且越来越注重民族风格和特色风情，注重突出地方风俗传统。住宿设施的主题风格要与旅游地的自然环境和人文环境相融合，要在总体上对住宿设施的选址、建筑风格和质料提出设计的要求。

（1）选址应根据地形、地物条件，充分考虑气候、坡向、坡位、空气流通性和采光度等。住宿设施一般应建在向阳坡一侧，通风条件好、采光好、昼夜温差变化相对小的地段。

（2）建筑风格与当地的自然环境和人文环境相得益彰，要在住宿设施的功能、规模、体量、高度、色彩、材质等方面体现出人与自然的和谐性。一要具有地方特色，与当地的传统建筑风格相协调；二要富有个性，成为当地独树一帜的建筑物；三要与周边的自然环境相融合，不破坏旅游地自然生态环境的和谐。

（3）材质选取要尽可能节省原材料和能源，特别是山地、草原地区的绿色度假住宿地，应尽量使用风能、太阳能，自然采光、自然通风，使用循环水等，既减少经营成本，又保护资源和环境，符合旅游可持续发展的原则。

8.2.2　旅游餐饮设施规划

旅游餐饮设施可分为两大类，一是独立型餐饮设施，即相对于附属酒店（宾馆）的餐饮设施而言的，其特点为建筑面积大，如属大型的餐饮设施往往建筑面积在1 500平方米以上，一般的也要占地几百平方米，内容复杂。除公共部分外，还有生产、储存、杂务、锅炉、烟囱等，常常不易与风景景观取得协调。二是附属型餐饮设施，即附设于饭店（宾馆）的一些餐饮设施。其特点为餐饮服务往往是酒店（宾馆）收入的重要来源，在国外，餐饮服务收入常占饭店（宾馆）收入的50%左右。形式多样，如餐厅（中餐厅、西餐厅、穆斯林餐厅、日本餐厅、辣味餐厅、野味餐厅、快餐厅、自助餐厅等）、酒吧、咖啡厅、音乐茶座等。

旅游餐饮设施规划内容包括规模预测、餐饮选址、建筑风格等。

8.2.2.1　旅游餐饮设施规划设计要点

（1）选址要充分考虑旅游者在旅游景区活动特点，在人员集中、餐饮时间节点处规划餐饮点。

（2）在场地选择时要尽量考虑环境优美、舒适清新、视野开阔处设置餐饮点。

（3）注意餐饮点内外环境景观的营造（图8-7）。

（4）考虑有与停车场、购物点之间的空间联系和关系等。

（5）考虑整个旅游区不同类型餐饮供应的搭配关系。

图8-7　四川邛崃中国酒村特色餐厅

8.2.2.2　餐位预测

餐位数 =（日旅游者总数 × 入座率 × 入座次数）/（日均周转率 × 高峰系数）

入座率：通过调查和经验获得，一般为60%~80%

周转率：每日平均周转次数，餐厅2~4次，茶楼可达6次

高峰系数：高峰期旅游者数与平均数量的比率

> **餐位数量预测**
>
> 　　某旅游景区日平均接待旅游者5 000人，按入座率70%、入座次数2次计算，餐厅的日均周转率为3，高峰系数为1.5。预测该旅游区的餐位数。
>
> 　　餐位数 =（5 000×70%×2）/3×1.5 ≈ 1 556（个）

8.2.2.3　旅游餐饮设施布局

　　附属型餐饮设施常因宾馆饭店的选址和设计而定，而独立型餐饮设施的布局与规划有其自身的特点。旅游餐饮设施布局往往有三种情况：一是在接待区（即在游览线路起始点）；二是游览区（即在游览目的地）；三是在游览路线中间（即在途中）。依据国家《风景名胜区总体规划标准》（GB/T50298—2018），餐饮设施的选址有具体的要求（表8-10）。总之，无论是布局在游览起始点，还是布局在游览线路中间或游览目的地，都要遵循"既不破坏景观又方便游客"这一原则。

表8-10　餐饮设施等级选址要求

设施项目	服务部	旅游点	旅游村	旅游镇	旅游城	备注
饮食点	▲	▲	▲	▲	▲	冷热饮料、乳品、面包、糕点、糖果
饮食店	△	▲	▲	▲	▲	包括快餐、小吃、野餐烧烤点
一般餐厅	×	△	△	▲	▲	饭馆、饭铺、食堂
中级餐厅	×	×	△	△	▲	有停车位
高级餐厅	×	×	△	△	▲	有停车位

限定说明：禁止设置　×　　　可以设置　△　　　应该设置　▲

8.2.3 旅游购物设施规划

旅游购物设施是指为旅游者提供日常用品和旅游商品购买的商业网点，由基本购物设施和辅助购物设施组成。它既包括旅游景区内分散的购物网点，又包括购物设施较为集中、完善的商业服务中心。这些商业网点不仅能为旅游者提供一种典型的购物活动场所，而且可以为旅游者在购物中提供一种快乐和消遣，是一种休闲和消费的新空间。因此，一些现代意义上的购物商店或购物街已经不只是单纯的商品销售场所，而发展成集购物、休闲、餐饮、景观为一体化的多功能复合体，使旅游者在购物中休闲、在休闲中购物，有些甚至成为当地新的旅游吸引物。越来越多的资料显示，大型购物中心作为能够吸引旅游者的目的地，已经发展为一种新的旅游形式。

8.2.3.1 旅游购物网点密度的测算

依据商业布局理论，反映商业网点与人口数量对比关系的商业网点密度是分析商业网布局是否合理的一个重要指标。旅游购物网点密度是指平均每个购物网点所服务的人口数，其计算公式为：

旅游购物网点密度 = 供应人口数 / 购物网点数

旅游商店的设置要与旅游者的人口数量和分布相适应，所以旅游商店的设置和分布要考虑该区域的旅游业发展规模。一方面，应考虑目前的合理布局；另一方面，也要考虑旅游业的不断发展和商业现代化的要求，使商业网点的建设和旅游业的发展相协调。如果商业网点密度过小，不能适应旅游业发展和旅游者人数的要求，就会出现"购物难""娱乐难""吃饭难"等问题；相反，如果密度过大，则会造成供大于求、竞争激烈，甚至产生资源浪费等不良后果。

8.2.3.2 旅游购物设施布局

旅游商店的设置和布局要与旅游者的数量、分布和消费需求相适应，往往需要多种类型、多种形式的相互结合，形成旅游商业服务网。旅游购物设施要与旅游景区环境、文化协调一致（表8-11）。

表8-11 购物设施等级选址要求

设施项目	服务部	旅游点	旅游村	旅游镇	旅游城	备注
小卖铺、商亭	▲	▲	▲	▲	▲	
商摊、集市、墟场	×	×	△	▲	▲	集散有时、场地稳定
商店	×	×	△	▲	▲	包括商业步行街、买卖街
银行、金融	×	×	△	△	▲	储蓄所、银行
大型综合商场	×	×	△	△	▲	

限定说明：禁止设置 ×　　可以设置 △　　应该设置 ▲

选址策略：

1）购物设施选址的最佳位置

两个最佳位置：旅游景区前入口处和旅游景区前出口处。前入口处就是旅游景区检票入口处之前的附近位置，一般在旅游景区的有形分界线以外；前出口处就是旅游景区验票出口之前的附近位置，一般设在旅游景区内。

2）旅游景区购物设施的插入式布局

适合面积较大的旅游景区，例如大型主题公园。

3）旅游景区购物设施的组合式布局

山岳、水体等自然观光类旅游景区往往出口和入口合二为一，这类旅游景区的旅游购物设施主要分布在入口（出口）两侧，风景线上辅助插点布局；以朝圣为主的宗教类旅游景区适合前入口处和前出口处两点布局；博物馆、展览馆、工业旅游、农业旅游等观光类适宜在前出口处布局旅游购物设施。

8.2.3.3 旅游购物设施的主题与风格

旅游购物设施在主题选择上应符合旅游地的文化特点，突出地方文化特色。在商业设施的建筑造型、色彩、材质等方面，要强调与旅游地景观环境相协调（图8-8）；商业设施的设置不能阻碍旅游者游览，不能与旅游者抢占道路和观景空间；商业购物场所内应环境整洁、秩序良好，有供旅游者休息的场所。

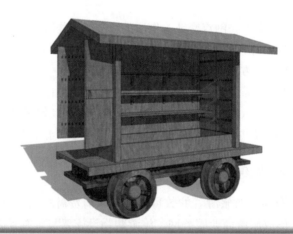

图8-8　嘉阳·桫椤湖旅游景区旅游购物设施创意设计——创意移动售卖亭

旅游购物设施的外观设计要做到设施景观化。购物设施景观化，要求其外形建设美观，有一定的艺术气息，能体现地方建筑特色。通过有地方特色的建筑外形设计，形成旅游地的一道独特风景，使其成为旅游地吸引物体系中的一个重要组成部分。

旅游购物设施的内部环境设计主要应注意设施内部装潢、色彩、照明、空气调节及适当的音响等这些构成购物设施内部环境的要素。具体来说，购物商店装饰色调适宜；陈列方式合理；室内照明均匀，光线柔和，亮度适宜；室内空气新鲜、流动通风，温度、湿度适宜；音响适当，声音景观化；有供旅游者休憩的场所等。与此同时，购物场所进行集中管理，环境整洁、秩序良好；无围追兜售、强买强卖现象。

8.2.4 旅游娱乐设施规划

旅游娱乐设施是旅游景区为提高旅游者兴致、满足旅游者娱乐需求、放松旅游者身心、增进旅游者身心健康而建立的建筑物和器材设备。旅游过程中的娱乐活动越来越受到旅游者的重视，娱乐氛围的营造是旅游区规划管理的重要内容。不同的客源市场对休闲娱乐的环境有不同要求，就用餐环境而言，美国旅游者喜欢 3D（Dine Drink Dance），即边吃、边喝、边跳舞；而欧洲旅游者追求浪漫情调，将酒、女人和喜悦完美地结合起来，即 3W（Wine Woman Wonder）；中国人表现的则是 3C（Cheers Chat Chow）特征，就是在敬酒、喧闹、用餐过程中制造热闹的场面。旅游娱乐设施建设体现了一个旅游地的开发深度。

旅游娱乐设施种类很多，涉及体育、文艺、保健、艺术等多个方面。根据娱乐活动的内容及功能，可以将其划分为歌舞、体育健身、游戏、知识和附属等类型（表8-12）。

表8-12　常规娱乐设施类型

大类	小类		特征及举例	
表演演示型	地方艺术类		法国"驯蟒舞女"、日本"茶道""花道"、吉卜赛歌舞	
	古代艺术类		唐乐舞、祭天乐阵、楚国编钟乐器演奏	
	风俗民情类		绣楼招亲、对歌求偶	
	动物活动类		赛马、斗牛、斗鸡、斗蟋蟀、动物算题	
游戏游艺型	游戏类		节日街头（广播场）舞蹈、苗族摆手舞、秧歌、竹竿舞	
	游艺类		匹特博枪战、踩气球、单足赛跑、猜谜语、卡拉 OK	
参与健身型	人与机械	人机一体	操纵式：滑翔、射击、赛车、热气球	
			受控式：过山车、疯狂老鼠、拖曳伞、摩天轮	
		人机分离	亲和式：翻斗乐（Fantasy）	
			对抗式：八卦冲霄楼	
	人与动植物	健身型	钓虾、钓鱼、骑马	
		体验型	观光茶园、观光果园、狩猎	
	人与自然	亲和型	滑水、滑草、游泳、温泉浴、潜水	
		征服型	攀岩、原木运动、迷宫、滑雪	
	人与人	健身型	高尔夫球、网球、桑拿	
		娱乐型	烧烤、手工艺品制作	

（资料来源：陈南江，1997）

旅游娱乐设施规划要注意以下几方面：

8.2.4.1　准确选定主题

旅游娱乐活动具有多样性特征，如何选择精准的娱乐活动类型进行开发是旅游娱乐设施规划的重要问题。众所周知，旅游娱乐项目是高投入的经济活动，同时，旅游娱乐项目又存在高度激烈的竞争，因此，对于娱乐主题和类型的选择关系到文化娱乐项目投资的成功与否。

在选择娱乐项目主题时要注意主题的独特性及娱乐项目主题与旅游区主题形象的一致性。只有娱乐项目与整个旅游大环境相适应才能吸引旅游者的目光，也只有具有特色的娱乐项目才能让旅游者感受异质文化的魅力。

8.2.4.2 合理空间布局

旅游娱乐项目是旅游区中的辅助部分，应成为旅游者休憩活动的有益补充。但是不同类型的娱乐项目有其特定的目标客源市场，在旅游地规划时不可能将所有的娱乐项目全部集中在一处，这样既不经济也不现实。因此，在旅游娱乐项目的定位选址上，应根据不同类型的旅游娱乐项目和不同的旅游线路进行安排。一般而言，如果是度假型旅游地，旅游者住地应该设置些歌舞类艺术表演或游戏类旅游文化娱乐项目；对于商务型的旅游地，则应侧重于规划清净的附属类旅游娱乐项目，如酒吧、书吧、咖啡吧等（表8-13）。

表8-13 娱乐设施等级选址要求

设施项目	服务部	旅游点	旅游村	旅游镇	旅游城	备注
文博展览	×	△	△	▲	▲	文化、图书、博物、科技、展览等馆
艺术表演	×	△	△	▲	▲	影剧院、音乐厅、杂技场、表演场
游戏娱乐	×	×	△	△	▲	游乐场、歌舞厅、俱乐部、活动中心
体育活动	×	×	△	△	△	室内外各类体育运动健身竞赛场地
其他游娱文体	×	×	×	△	△	其他游娱文体团体训练基地

限定说明：禁止设置 × 可以设置 △ 应该设置 ▲

8.2.4.3 规划要点

适度超前与因地制宜相结合。文化娱乐项目和设施设备的质量与档次要根据目标市场、旅游者规模、经营宗旨和方针等综合决定，使项目和设施设备既先进又适用，以提高其市场吸引力及竞争力。

特色选择与市场需求相结合。文化娱乐项目的种类很多，设施设备也有不同的品种、规模、型号和档次，在设计时必须进行充分的可行性研究，选择独具特色的项目及设施设备。在同一个旅游目的地内拥有较好市场的往往是那些富有个性、设施设备先进、服务质量优良的项目。

配套齐全与分期实施相结合。除基本的设施与环境外，还需要相关的配套服务项目和设施，以保证整个旅游消费过程愉快、顺利地进行。例如，康体游憩场所一般有收银处、会议室、员工休息室、电机房、空气调节房、洗衣房和储物室等配套设施。

必需的数量与必要的质量相匹配。所有文化娱乐项目在设计时都要求主要设施设备与配套设施设备在规格、档次、数量等各方面相适应。例如，健身房的主体建筑和各种健身器材的档次一致。桑拿浴室的面积与更衣箱的数量相匹配。

找一找：主题公园应如何选址？

旅游演艺的成功案例

《宋城千古情》——主题公园模式

在世人眼中，杭州宋城主题公园只是一个历史的"仿制品"，真正将其注入灵魂的是《宋城千古情》，这个与拉斯维加斯的"O"秀、巴黎"红磨坊"并称"世界三大名秀"的旅游演艺项目，是目前世界上年演出场次最多和观众接待量最大的剧场演出。宋城演艺通过"千古情"系列旅游演艺项目带动了整个主题公园的发展，被业内奉为运营经典。

成功要素一：根植本土文化，用文化串起全剧，带领旅游者在演出场景中加深对当地的历史文化的了解。"主题公园＋文化演艺"的宋城模式，无论是主题公园，还是演艺项目，都必须深挖文化，复原当地文化形象。在宋城集团董事局主席、"千古情"系列演艺作品总导演黄巧灵看来，千古情是一台符合市场、群众喜闻乐见、反映当地风土人情和历史文化的剧目，围绕文化演艺的主题公园则是一个大型预演厅。

成功要素二：以南宋时期杭州历史典故、民间传说为题材，融合歌舞、杂技、武术等艺术形式，通过最先进的声、光、电的科技手段将舞台效果完美呈现出来，加上"高、精、尖"艺术人才组建而成的特色演艺团队的精彩表演，极具视觉体验和心灵震撼。

成功要素三：从"旅游演艺产品"延伸到"演艺产业链"。从一个演艺项目到项目演出和项目延伸的有机结合，在产业开发上，以表演项目为龙头，建设文化休闲娱乐景观设施，完善餐饮、住宿、购物等配套服务，积极开发衍生产品，拓展经营范围，延伸产业链条，引领产业发展。

《印象·刘三姐》——实景模式

实景演艺项目是以知名的旅游地山水实景为背景打造的演艺项目，其主要特点是将当地的文化与山水旅游景点通过表演紧密结合。实景演出形成的旅游景区，不仅是看表演的地方，也是参观的地方，整个演艺包括演出场所形成一个独立的旅游景点，而且对文化有较为深度的挖掘和体现，具有代表性的有广西桂林实景山水歌舞剧《印象·刘三姐》。

成功要素一：两千米的漓江水域、十二座山峰，构成了《印象·刘三姐》世界上独一无二的天然剧场，身处其中，宽广的自然视野和超然的视听感受，你分不清看的是景，还是演出。这个以天然山水为背景的实景演出，用导演张艺谋的话说，就是"它是一场秀"，秀的是桂林山水、民俗风情，秀的是天人合一的境界。

成功要素二：超大规模的环境艺术灯光工程、独特的烟雾效果工程及隐藏式剧场音响，打造出恢宏、梦幻的视觉效果和听觉冲击。

……

随着旅游演艺业的不断成熟，越来越多的演艺项目开始寻求运营上的突破点，演艺＋博物馆、演艺＋餐饮、演艺＋节庆……这类演艺已经成为独立的旅游吸引物，不仅本身就是一个旅游景点，还能衍生出多个主题活动与产品，更能代言其所在地，成为地域名片，这是文化旅游演艺发展的高级阶段。以宋城演艺为例，其《千古情》系列演艺产品是整个产业链的核心环节，借助其在旅游演艺不可复制的竞争优势，宋城演艺开始向"演艺＋综艺＋影视剧"等文化产业链延伸。

8.2.5 旅游解说系统规划

解说系统是旅游目的地诸要素中十分重要的组成部分，是旅游目的地的教育功能、服务功能、使用功能得以发挥的必要基础，是管理者用来管理旅游者的关键工具。"解说系统"的含义，就是运用某种媒体和表达方式，使特定信息传播并到达信息接收者中间，帮助信息接受者了解相关事物的性质和特点，并达到服务和教育的基本功能。

通过有效的解说，旅游目的地达到使旅游者了解其重要性、意义和主要特征的目的。随着旅游业的日趋成熟，旅游者在旅游目的地的需求变得越来越丰富多样，旅游解说不仅在为旅游者提供良好的旅游经历方面发挥着有效的作用，而且也为旅游景区提供了一种有效的管理工具，帮助旅游目的地减少随着大量旅游者的涌入产生的对资源和当地社会的负面影响。此外，旅游解说还在环境保护主义者和资源开发利用主义者之间建立了沟通和平衡的桥梁，成为一种实现既保护又利用的双重目标的综合管理工具。

旅游解说系统规划案例

美国国家公园是世界上最早提出并实践解说规划的机构（Cooper，1991）。通过多年的积累，它对解说系统规划的编制形成了严格、规范的要求。每个公园都要向旅游者提供良好的解说服务和解说设施。解说系统规划编制的依据包括国家公园的法律、管理条例、公园管理规划、资源管理规划、解说条例等。编制时需要参照一定的标准，如旅游者的使用程度、旅游区资源的特征、公园管理的目标等。为了保证解说系统的质量，国家公园管理部门负有指导、监督、评价所有解说服务的责任。

美国国家公园的解说规划还设立了园外解说、环境解说和遗产解说功能。所谓园外解说就是在公园的边界以外建立宣传和说明系统，作为园内解说系统的补充，以增加公众对旅游景区景点的了解；环境解说的目的是向旅游者进行环境教育，一般在于介绍自然史和自然资源的知识，如生态系统、地质现象及与两者有关的人类活动；遗产解说的目的在于进行历史文化教育，包括增加旅游者对文化景观、历史建筑及与其相关的人类活动的了解。环境教育和遗产教育一般与当地学校的师生、社会教育机构、专业团体结合进行，对社会素质的提高具有重要作用。

8.2.5.1 旅游解说系统类型

按照为旅游者提供信息服务的方式来分类，旅游解说系统可以分为向导式解说系统和自导式解说系统两类。有的研究者将向导式解说称为动态解说系统，自导式解说称为静态解说系统。

1）向导式解说系统

亦称导游解说系统，以具有能动性的专门导游人员向旅游者进行主动的、动态的信息传导为主要表达方式。它的最大特点是双向沟通，能够回答旅游者提出的各种各样的问题，但它的可靠性和准确性不确定，主要由导游、讲解员的素质决定。

2）自导式解说系统

是由书面材料、标准公共信息图形符号、语音等无生命设施或设备向旅游者提供静态的、被动的信息服务。它有多种形式，包括牌示、解说手册、导游图、语音解说、录像带、幻灯片等，其中牌示是最主要的表达方式。自导式解说系统的优点是解说内容精炼、具有较强的科学性及旅游者选取信息的自主性，不足是不能双向交流，无法即时获取一些满足个性需要的信息，另外，受篇幅、容量限制，自导式解说系统提供的信息量有限。

旅游解说系统存在语言选择。对于外国旅游者经常到达的区域，外语解说尤为重要。旅游解说系统是对旅游者旅游行为的一种关怀，因此，一定要把旅游者的行为和心理研究放在重要的地位上，同时，它也是对旅游区空间的整理，对旅游区旅游活动的管理。旅游规划中的许多理念可以通过旅游解说系统的规划来体现，因而是旅游规划的重要组成部分。

8.2.5.2 区域解说系统的结构

就一个具体区域而言，旅游解说系统规划可以在空间范围上划分为以下几方面内容：

1）交通导引解说系统

现代城市是旅游目的地系统中极为重要的一环，随着立体交通的发展，城市道路交通变得错综复杂且快速繁忙，如果没有良好的交通导引系统，要实现交通畅通是不可能的，而在人口密度较小的自然风景区，旅游者对当地的交通环境十分陌生，如果没有良好的交通导引系统的帮助，就会迷失方向。因此，城市和旅游区都有必要设置完善的交通导引系统（图8-9）。

图8-9 都江堰市灌县古城交通导引解说系统

2）接待设施解说系统

包括旅游者入住和到访的各类宾馆、旅馆、餐饮设施、旅游购物等场所。要根据国家旅游行业标准的规定，采用统一规范的公共信息图形符号，以便向不同国籍的旅游者提供准确明了的服务信息。另外，上述设施的"解说"也包括加注外语。在旅游区物业管理上，要将"员工住宅请勿入内""小心路滑""小心您的财物"等标语贴于相应位置以告知旅游者，对附设设施的使用方法、位置等要进行说明，针对国外旅游者的旅游手册还须加入游览条例等内容。

3）景区解说系统

景区解说系统一般由软件部分（导游员、解说员、咨询服务等具有能动性的解说）和硬件部分（导游图、导游画册、牌示、录像带、幻灯片、语音解说、资料展示栏柜等多种表现形式）构成（图8-10）。

图8-10 都江堰旅游景区解说系统

4）游客中心解说系统

在旅游区入口、城市广场、交通站等场所，往往设有游客中心，其中建有休闲茶座、咖啡厅、问讯处、导游接洽室、厕所、礼品商店等设施，这些游客中心应向旅游者免费提供旅游印刷物，可供旅游者随身携带，更重要的是为自助游旅游者提供信息支持。

8.2.5.3　旅游标识系统规划设计

规划内容包括标识类型、标识牌风格、图案与内容、材料选取等。规划设计要点如下：

（1）力求类型和品种齐全。

（2）形态风格与内容统一，与环境相协调（图 8-11）。

（3）标识牌选点准确、易于被感知。

（4）选材要适应环境，不易腐烂，不对环境造成破坏或污染。

图 8-11　嘉阳·桫椤湖旅游景区指路牌创意设计

8.2.6　游客服务中心规划

游客服务中心是旅游景区（点）设立的为旅游者提供信息、咨询、游程安排、讲解、教育、休息等设施和服务功能的专门场所。游客中心具有集散、中介、交通和综合等多种服务功能，旅游者在此可以获得咨询、购物、住宿、餐饮、解说、医疗、管理等综合服务。游客服务中心为旅游活动提供全面系统的服务支撑。根据旅游景区的发展规模和空间布局，有些较大的旅游景区设置旅游服务中心、旅游服务次中心和旅游服务点三个级别的旅游服务中心体系，以提供及时、便捷、完善的服务。游客服务中心一般与停车场相连，负责内外交通的转换，即承接旅游者的安置、疏散、旅游景区内外的交通衔接，确保旅游景区交通畅通。

游客服务中心规划主要包括区位选址、外观设计、服务设施、服务质量等内容。

8.2.6.1　区位选址

游客服务中心选址合理与否，直接影响到其所承载的众多功能能否得到充分发挥。游客服务中心选址既要符合旅游景区规划的要求，也要视旅游景区规模和游客量而定。

游客服务中心一般应该设置于旅游者易于到达、便于集散的区域，如旅游景区前端有较大的活动空间的地带，便于旅游者集散、购票、咨询和换乘车辆等活动。如黄帝陵旅游景区的游客中心设置于旅游景区的主出入口处，紧邻210国道，有专用停车场，旅游者的进入十分方便；华清池旅游景区的游客服务中心设置于旅游景区的西门（望京门）内东20米处的沉香殿，是旅游者进入旅游景区的必经之地；秦始皇兵马俑博物馆的游客服务中心设置于检票入口的东南侧。

根据旅游景区规模大小及资源分布情况，游客服务中心可以单独设置，也可分级布设。游客服务中心的设置还应考虑水、电、能源、环保、抗灾等基础工程条件及选址的自然环境、交通情况和地势等。

8.2.6.2 外观设计

游客服务中心建筑外观除须具备醒目标识外，还应与周围环境相协调。边际建筑理论认为，游客服务中心具有典型的边际特征，其建筑色彩、体量、风格等应巧妙地融入自然环境中，保持与自然景观的协调一致性。与此同时，建筑形式要充分体现本土人文特色，与地域文化氛围相融合（图8-12），而新兴或科技型旅游景区在游客服务中心设计时，外观上可以表现出强烈的时代气息，运用现代化的设计手法。如玉龙雪山旅游景区游客服务中心采用了当地文化图腾的外观风格、秦始皇兵马俑博物馆游客服务中心采用与展厅建筑风格相一致的设计、大理南诏风情岛上的游客中心也从建筑外观和选材方面与周围环境协调，着重突出了游客服务中心与旅游景区整体景观和形象的和谐性。

图8-12 嘉阳·桫椤湖旅游景区游客服务中心现状图（左）及改造规划示意图（右）

8.2.6.3 功能设施

游客服务中心是旅游景区形象展示和对外管理的主要窗口，具有引导、服务、解说、集散及游憩五大传统功能。游客服务中心的功能设施可分为服务设施、管理设施、交通设施及基础设施四大类，其中服务设施最为重要，包括接待、信息、餐饮、住宿、购物、娱乐、医疗卫生和其他辅助设施。当然，根据不同旅游景区的实际情况，服务设施可以有所取舍，如餐饮、住宿设施等应根据旅游景区实际情况来设置。

一般来说，游客服务中心的服务设施应满足以下需求：

第一，功能完善。一般应提供交通集散、信息咨询、旅游景区宣传、旅游景区导游、商品购买、游憩休闲、住宿餐饮、商务等服务类型，并且在空间上的功能分区和动线组织较为合理。

第二，设备先进。游客服务中心的设施应完善而且较为先进，特别是在信息服务方面，互联网宽带接入、电子导游等设施应齐备。

第三，宣传资料齐备，有特色。游客中心作为旅游景区信息中心和营销中心，公众信息资料（如研究论著、科普读物、综合画册、音像制品、导游图和导游材料等）应特色突出、品种齐全、内容丰富、文字优美、制作精美、适时更新。

8.2.6.4　服务质量

游客服务中心除了有完善的设施、舒适的环境、特色的饮食外，还需要有良好的服务态度和热情、规范的服务。游客服务中心服务人员按照相关规范的要求配备齐全，做到业务熟练，服务热情，讲普通话。

游客服务中心还要按照相关要求提供智慧旅游设施，如电子触摸屏信息查询机并保证该机器信息的持续更新和正常使用。除此之外，旅游景区还应在游客中心处免费发放和提供各种语言版本的旅游景区对外宣传材料，方便旅游者取阅。根据游客服务中心的游憩休闲功能，还应该提供诸如视听中心、互联网浏览区、游客休息区等。当有儿童或残疾人等特殊旅游者时，游客服务中心还应该能够为其提供童车、轮椅和拐杖等服务，同时，还可以为旅游者提供系列便民服务，如医务中心、手机加油站、公用电话及邮政服务等。

本章小结 →

旅游设施规划包括旅游基础设施规划、旅游服务设施规划的内容。旅游设施规划的主要任务是确定设施的数量规模、设施类型及主题风格；项目设计以市场需求为前提，适度超前与因地制宜相结合；整体设计应具有个性及突出地方特色；容量设计要有一定的弹性，使用上应具有多功能性。

复习思考 →

一、单选题

1. 旅游基础设施不包括（　　）。

    A. 旅游交通设施　　　B. 银行　　　　　　C. 环境卫生设施　　　D. 旅游餐饮设施

2. 200~500km 范围陆路交通主要应该规划的交通方式是（　　）。

    A. 公路　　　　　　　B. 铁路　　　　　　C. 轮船　　　　　　　D. 航空

3. 度假酒店选址应该在（　　）。

    A. 商业中心　　　　　B. 城市广场　　　　C. 交通枢纽　　　　　D. 旅游景区

4. 旅游餐饮设施规划中，下列表述错误的是（　　）。

    A. 餐位数与日旅游者总数有关　　　　　B. 餐位数与入座率有关

    C. 餐位数与日均周转率有关　　　　　　D. 餐饮点不用考虑其内外环境景观的营造

5. 区域解说系统的结构不包含（　　）。

    A. 交通导引解说系统　　　　　　　　　B. 旅游景区解说系统

    C. 向导式解说系统　　　　　　　　　　D. 游客中心解说系统

二、多选题

1. 旅游服务设施体系包括（　　　）。

 A. 游客服务中心   B. 旅游餐饮设施

 C. 旅游购物设施   D. 旅游住宿设施

 E. 旅游康体娱乐设施   F. 旅游解说系统

2.《"十三五"全国旅游公共服务规划》是旅游基础设施与公共服务设施建设的纲领性文件，涵盖以下内容（　　　）。

 A. 旅游交通体系   B. 公共信息服务体系

 C. 旅游住宿设施   D. 智慧旅游

 E. 厕所革命   F. 旅游安全救援

3. 游客服务中心的功能有（　　　）。

 A. 为旅游者提供信息咨询   B. 游程安排与讲解

 C. 教育   D. 休息   E. 集散   F. 食宿

三、名词解释

旅游基础设施 旅游服务设施

四、简答题

1. 旅游交通设施规划的基本原则有哪些？

2. 游客服务中心的服务设施应满足哪些需求？

3. 旅游住宿设施规划的主要内容是什么？

4. 餐饮设施规划要点是什么？

5. 简述旅游购物设施的布局。

6. 简述旅游解说系统的主要类型。

五、论述题

1. 旅游娱乐设施的规划要点。

2. 旅游景区内部交通规划主要内容。

实训操作

实训任务：××乡村旅游景区旅游基础与服务设施调查与规划。

实训目的：结合所学基本知识，能够实地进行旅游基础与服务设施调查评价并重新进行旅游景区旅游服务设施规划。

实训要求：

• 全班分组，5~7人一组，任意选择一熟悉的旅游景区进行实地调查。

• 分工协作，撰写该旅游景区的旅游基础与服务设施现状分析报告；结合实际情况提出旅游基础与服务设施规划（包括规划意义、指导原则、思路、类型内容、数量、布局图示等）。

实训操作示范 →

嘉阳·桫椤湖旅游景区基础与服务设施规划

一、基础设施规划

（一）道路交通规划

1. 外部交通规划

采纳《嘉阳小火车—芭沟古镇—桫椤湖—清溪古镇环线旅游产业发展策划方案》中嘉阳·桫椤湖旅游景区"多进多出、快进快出"的交通组织方案，同时，结合规划的快速通道，完善旅游景区的外部交通体系。

（1）主进出口。乐宜高速同仁出口—跃进。乐宜高速在同仁开口，设置收费站下高速。既适应旅游对交通便捷的要求，同时带动石溪、泉水等乡镇的交通出行，也利于嘉阳集团四井的开发，还是未来旅游景区旅游者主要来源方向。规划乐宜高速同仁出口—跃进段为二级公路，景观大道。

（2）其余进出口。略。

2. 内部交通规划

主要通过车行道、步游道、水上交通、铁路交通构建旅游景区"自驾车 + 特色交通"的交通体系。

3. 停车场、停靠站点规划

（二）给水工程规划

1. 给水量预测

以规划的旅游住宿床位为基数，按照住宿旅游者每个床位平均日用水 500L/ 床·d，非住宿旅游者用水量为住宿旅游者用水量的 40%，其他用水量为住宿旅游者用水量的 50% 估算，不包括道路、园林绿化等用水，供水按照 0.3 万元 /m³。新增投资估算为 3 488.69 万元。

2. 给水工程规划

嘉阳·桫椤湖旅游景区面积大，景点分散，供水采取分片区独立供水系统，实行大分散、小集中的供水方式。对于规划的芭沟矿山文化古镇，由于游客量增大，加上滨水景观用水，必须有新的补充水源。建议从黄村井地下水进行补充，并以马家沟水库和亮水沱水库作为备用水源。

3. 水质要求

生活饮用水达到 GB5749—85 的规定。景观娱乐用水水质达到 GB12914—1991 的规定。

（三）排水及排污工程规划（排污工程规划、排水体制、污水量预测）

（四）电力工程规划（用电负荷预测、电网规划）

（五）邮政及电信设施规划（邮政系统规划、电信设施规划）

（六）环卫设施规划（垃圾桶、餐饮卫生、卫生宣传及环卫管理、垃圾收集点及处理站、旅游厕所）

二、旅游者服务与公共设施规划

（一）游客服务中心

规划位置：主入口旅游集散服务中心、次入口旅游集散服务中心、水星寨。

建设标准：主入口严格按照国家 5A 级旅游景区、次入口及水星寨按照国家 4A 级旅游景区的标准和要求进行设施的布置和完善。

主要设施：主要设施为游客中心、活动广场、停车场及 AAA 级旅游厕所。游客中心包括游客接待大厅，设咨询服务台、导游室、触摸屏、邮政、ATM 存 / 取款机、宣传资料台、无障碍设施、雨伞架等；同时，设立旅游商品展销区，医务室、警务室，管理办公室、投诉点、影视厅、VIP 休息室等。

（二）住宿设施规划（旅游住宿设施需求预测、住宿设施规划、住宿设施类型）

（三）医疗、安全与救援系统规划（医疗救护体系规划、安全防护和警示系统规划）

（四）智慧旅游系统规划（智慧旅游建设思路、智慧旅游建设规划）

实训操作表格 10　旅游景区基础与服务设施规划

旅游景区名称	
旅游景区地点	

A. 旅游景区基础与服务设施现状评估

B. 旅游景区基础设施规划（包括道路交通、给排水、电力电信、环境卫生、供热燃气等基础设施的规划意义、指导原则、思路、类型内容、数量、布局图示等）

C. 旅游景区服务设施规划（包括旅游景区住宿、餐饮、购物、康体娱乐、游客接待中心、解说系统等的规划意义、指导原则、思路、类型内容、数量、布局图示等）

D. 主要成员

责任	姓名	分工	责任	姓名	分工
组长			成员 4		
副组长			成员 5		
成员 1			成员 6		
成员 2			成员 7		
成员 3			成员 8		

填表人：	联系方式：	电话：	填表日期： 　年　月　日

嘉阳·桫椤湖旅游景区简介

  嘉阳·桫椤湖旅游景区位于四川省乐山市犍为县西北部，是国家 4A 级旅游景区，主要由嘉阳国家矿山公园、桫椤湖等组成，面积达 51.32 平方千米，横跨石溪镇、芭沟镇、马庙乡、同兴乡 4 个乡镇，地文景观、生物景观、人文景观分布其中。

  嘉阳·桫椤湖旅游景区拥有两个"活化石"，两个国家级公园。一是植物"活化石"桫椤树，其规模大、树形多、植株高，被中国野生植物保护协会授予"中国桫椤之乡"称号，被国家林业局授予国家湿地公园资格；二是工业革命"活化石"蒸汽小火车，以"轨距窄、弯道多、坡度陡、最原始手动操作"闻名于世，被国土资源部授予国家矿山公园资格。旅游景区空间组合好，由嘉阳矿山公园旅游景区、桫椤湖旅游景区、蜀南茉莉香都度假村共同形成了一条"不走回头路"的嘉阳·桫椤湖旅游环线，是典型的集生态观光、文化体验为一体的综合型旅游景区。

  嘉阳矿山公园旅游景区占地面积 38 平方千米，旅游景区内自然风光和人文景观相得益彰：园内有世界上唯一仍在运行的客运蒸汽窄轨小火车；有民国时期中英合资煤矿的矿业遗址黄村井；有中苏蜜月时期遗留的工业古镇芭蕉沟；有两旁覆盖有数万株国家一级保护植物桫椤树的芭马运煤古道。

  同兴桫椤湖位于犍为县同兴乡境内，距犍为县城 17 千米。其纵向流域 18 千米，水域面积 150 公顷，陆上面积达 20 多平方千米，与马边河下游水域旅游景区、同兴乡青龙峡、蒙自峡、板板桥原始桫椤林旅游景区（幅员面积 20 平方千米，遍生被誉为植物活化石的桫椤 20 多万株）相邻，2010 年 11 月被中国野生植物保护协会授予"中国桫椤之乡"称号。旅游景区内植被良好，处处危岩峭壁，瀑布飞泻，湖光山色，生态环境绝佳。清澈秀丽的桫椤湖中生长着大鲵、岩鲤、黄辣丁等 30 多种稀有鱼类。湖边白鹭翩飞，野鸭成群，偶尔可见鸳鸯戏水⋯⋯湖水清澈明丽，夹岸青山葱茏，群山倒映，白鹭戏水，渔舟唱晚，人如画中行，恍如世外桃源。在对桫椤林的实地勘查中，发现了国内罕见的 8 头桫椤以及树高 9 米的"桫椤王"，令人叹为观止。2015 年被国家林业局授予国家湿地公园资格，与紧邻的"工业革命活化石"嘉阳小火车一同被评为国家 4A 级景区。

  嘉阳·桫椤湖旅游景区自从 2011 年 10 月嘉阳·桫椤湖旅游环线打造、开通以来，在满足游客观光体验多样化需求的同时，提高了环线旅游景区游客接待能力，缓解了游客滞留现象。2015 年 1 月，嘉阳·桫椤湖旅游景区成功创建为国家 4A 级旅游景区。2016 年，中景旅联（北京）国际旅游规划设计院承担编制《嘉阳·桫椤湖旅游景区总体规划》及《嘉阳·桫椤湖旅游景区创建国家 5A 级旅游景区提升规划》。2016 年 12 月 30 日，四川省旅游景区质量等级评定办公室随机抽选省级 A 评专家，通过公开、公平、公正、客观的严格打分，最终通过了乐山市犍为县嘉阳·桫椤湖旅游景区创建国家 5A 级旅游景区的景观资源与景观质量省级初评。该规划方案于 2017 年 1 月 12 日也顺利通过四川省投资集团有限责任公司审查，得到了集团领导的高度认可，认为规划成果基础扎实、符合旅游景区未来旅游发展需求，为嘉阳·桫椤湖旅游景区创建国家

5A 级旅游景区提供了明确的建设方向。2017 年 1 月，嘉阳·桫椤湖旅游景区创建国家 5A 级旅游景区通过省级评审。

图 0-1　嘉阳·桫椤湖旅游景区

参考文献

［1］钟泓，韦家瑜. 景区规划原理与实务［M］. 北京：中国旅游出版社，2012.

［2］吴忠军. 旅游景区规划与开发［M］. 北京：高等教育出版社，2003.

［3］邱云美，王艳丽. 旅游规划与开发［M］. 上海：上海交通大学出版社，2016.

［4］马勇. 旅游规划与开发［M］. 北京：科学出版社，2004.

［5］吴必虎，俞曦. 旅游规划原理［M］. 北京：中国旅游出版社，2010.

［6］王庆生. 区域旅游开发与规划新论：基于案例的分析［M］. 北京：中国铁道出版社，2015.

［7］张胜华，李丙红. 景区规划与开发［M］. 北京：北京理工大学出版社，2011.

［8］陶慧，冯小霞. 旅游规划与开发：理论、实物与案例［M］. 北京：中国经济出版社，2014.

［9］马勇，李玺. 旅游景区规划与项目设计［M］. 北京：中国旅游出版社，2008.

［10］王庆生. 旅游规划与开发［M］. 2版. 北京：中国铁道出版社，2016.

［11］原群. 旅游规划与策划全真案例［M］. 北京：旅游教育出版社，2014.

［12］马勇，李玺. 旅游景区规划与项目开发［M］. 北京：中国旅游出版社，2008.

［13］陆林. 旅游规划原理［M］. 北京：高等教育出版社，2006.

［14］俞孔坚，李迪华，等. "反规划"途径［M］. 北京：中国建筑工业出版社，2005.

［15］吴必虎. 区域旅游规划原理［M］. 北京：中国旅游出版社，2001.

［16］郎富平. 旅游资源调查与评价［M］. 北京：中国旅游出版社，2011.

［17］骆高远. 旅游资源评价与开发［M］. 杭州：浙江科学技术出版社，2003.

［18］王昆欣. 旅游资源评价与开发［M］. 北京：清华大学出版社，2010.

［19］闻飞，朱国兴. 旅游资源开发与管理［M］. 合肥：合肥工业大学出版社，2009.

［20］罗颖. 旅游景区经营管理［M］. 北京：机械工业出版社，2012.

［21］陈兴中，方海川，汪明林. 旅游资源开发与规划［M］. 北京：科学出版社，2005.

［22］安贺新，史锦华，韩玉芬. 旅游市场营销学［M］. 2版. 北京：清华大学出版社，2016.

［23］杨益新. 旅游市场营销学［M］. 北京：清华大学出版社；北京交通大学出版社，2010.

［24］谢彦君，梁春媚. 旅游营销学［M］. 北京：中国旅游出版社，2008.

［25］吴健安. 市场营销学［M］. 4版. 北京：高等教育出版社，2011.

［26］曲颖，李天元. 旅游市场营销［M］. 2版. 北京：中国人民大学出版社，2018.

［27］李蕾蕾. 旅游目的地形象策划：理论与实务［M］. 广州：广东旅游出版社，2008.

［28］朱洪端. 基于系统论的城市旅游形象构建研究［J］. 旅游纵览（下半月），2015（3）：46-47.

［29］廖田人从. 绍兴市东湖风景区空间优化与业态创新研究［D］. 苏州：苏州科技大学，2018.

［30］张鸽. 辽宁省乡村旅游景观设计研究［D］. 哈尔滨：东北林业大学，2018.

［31］夏悦. 景城融合视角下的云南鸡足山城镇空间布局研究［D］. 西安：西安建筑科技大学，2018.

［32］李梦. 人文景观景区游客服务设施分布区域空间价值提升［D］. 乌鲁木齐:新疆大学,2018.

［33］汪宇峰. 协同视角下景郊型特色小镇规划策略研究［D］. 重庆:重庆大学,2018.

［34］刘旭. 张家界景区边缘旅游地空间开发优化研究［D］. 重庆:重庆大学,2018.

［35］刘慧. 甘肃庆阳天富亿生态民俗文化旅游村景观规划设计研究［D］. 兰州:西北师范大学,2018.

［36］周安然. 基于休闲学的高山草甸型景区规划模式构建［D］. 昆明:昆明理工大学,2017.

［37］韩碧君. 凤城市域旅游系统空间结构研究［D］. 沈阳:沈阳建筑大学,2017.

［38］解瑞红. 武汉花卉旅游空间布局及其评价［D］. 武汉:华中师范大学,2016.

［39］郑天翔,吴蓉,罗海媛,等. 景区地理尺度下游客时空分流研究进展与启示［J］. 旅游论坛,2016,9（2）:64-71.

［40］李想. 曲江旅游综合体空间结构与形成机制研究［D］. 西安:西安外国语大学,2015.

［41］肖雯静. 广东惠州西湖空间形态及其发展策略研究［D］. 广州:华南理工大学,2015.

［42］朱翠兰. 厦漳泉区域旅游目的地空间结构及优化研究［D］. 泉州:华侨大学,2014.

［43］杨雪莲. 苏州市乡村旅游综合体规划研究［D］. 苏州:苏州科技学院,2014.

［44］冯晓玉. 环准噶尔旅游产业带景区系统空间结构优化研究［D］. 石河子:石河子大学,2014.

［45］王峰. 西南边疆山区交通网络与旅游空间结构演化关联机制及效应研究［D］. 上海:华东师范大学,2014.

［46］王保淳. 旅游景区空间布局与服务设施规模规划研究［D］. 大连:大连理工大学,2014.

［47］刘帅. 旅游景区景前区的功能布局与建筑地域性表达的研究［D］. 昆明:昆明理工大学,2014.

［48］邹骅. 风景名胜区入口规划研究［D］. 合肥:安徽农业大学,2013.

［49］王培彦. 景区依托型旅游房地产空间布局研究［D］. 南京:南京大学,2013.

［50］赵磊,丁烨,杨宏浩. 浙江省旅游景区空间分布差异化研究［J］. 经济地理,2013,33（9）:177-183.

［51］申怀飞,郑敬刚,唐风沛,等. 河南省A级旅游景区空间分布特征分析［J］. 经济地理,2013,33（2）:179-183.

［52］王雯萱,谢双玉. 湖北省A级旅游景区的空间格局与优化［J］. 地域研究与开发,2012,31（2）:124-128.

［53］赵金金. 基于旅游流集散的韶山景区空间结构优化探析［D］. 湘潭:湘潭大学,2011.

［54］张学文. 常熟旅游景区（点）系统空间结构分析及其优化研究［D］. 南京:南京师范大学,2011.

［55］王毅品. 空间结构分析在旅游开发中的应用［D］. 兰州:西北师范大学,2010.

［56］王恒,李悦铮. 大连市旅游景区空间结构分析与优化［J］. 地域研究与开发,2010,29（1）:84-89.

［57］高元衡,王艳. 基于聚集分形的旅游景区空间结构演化研究——以桂林市为例［J］. 旅游学刊,2009,24（2）:52-58.

［58］杨财根. 基于休闲旅游的城郊森林公园旅游规划研究［D］. 南京:南京林业大学,2009.

［59］吕其伟. 太湖西山景区旅游商业设施布局研究［D］. 苏州: 苏州科技学院，2009.

［60］张欢欢. 滨海地区旅游空间结构优化研究［D］. 上海: 上海师范大学，2009.

［61］段洁. 景区内部点线系统的空间关系研究［D］. 石家庄: 河北师范大学，2009.

［62］王爱忠. 昆明市旅游空间结构及其优化研究［D］. 昆明: 云南师范大学，2007.

［63］樊信友. 区域旅游业空间布局研究［D］. 成都: 四川大学，2004.

［64］卞显红. 城市旅游空间结构及其空间规划布局研究［D］. 南京: 南京师范大学，2002.

［65］巨鹏. 旅游空间布局整合研究［D］. 济南: 山东师范大学，2002.

［66］刘丽梅，吕君. 内蒙古A级旅游景区空间结构研究［J］. 干旱区资源与环境，2016，30（11）：203-208.

［67］王硕，曾克峰，刘超. 甘肃省A级景区旅游空间结构分析［J］. 国土资源科技管理，2013，30（4）：88-93.

［68］王明利，陈能，黄昊. 中国5A级旅游景区空间分布结构研究［J］. 地理空间信息，2013，11（2）：101-103+11.

［69］梁希敏. 城郊型森林公园功能分析和空间布局特点研究［D］. 广州: 广州大学，2012.

［70］靳晓青. 我国观光休闲农业发展的空间布局和发展模式研究［D］. 石家庄: 河北师范大学，2011.

［71］陈艳芳. 基于高速公路的山东省旅游空间结构分析［D］. 济南: 山东师范大学，2009.

［72］刘少湃. 城市旅游景区的空间优化［J］. 城市问题，2007，（1）：41-45.

［73］谢明礼. 福建沿海地区旅游空间结构分析［D］. 福州: 福建师范大学，2004.

［74］陶慧，刘家明，虞虎，等. 旅游城镇化地区的空间重构模式——以马洋溪生态旅游区为例［J］. 地理研究，2017，36（6）：1123-1137.

［75］郭向阳，明庆忠，穆学青，等. 云南省高等级旅游景区空间结构特征及其时空演变［J］. 陕西师范大学学报（自然科学版），2017，45（2）：88-95.

［76］朱邦耀，宋玉祥，李国柱，等. 吉林省A级旅游景区空间分布结构特征与形成机制分析［J］. 资源开发与市场，2015，31（4）：477-479.

［77］谭卯英. 基于GIS的湖北武陵山区旅游空间结构整合优化研究［D］. 武汉: 华中师范大学，2014.

［78］赵建彤. 当代北京旅游空间研究［D］. 北京: 清华大学，2014.

［79］徐洪琼. 广西旅游景区空间结构分析［D］. 桂林: 广西师范学院，2013.

［80］从忆波. 中国A级旅游景区空间结构与可达性测度［D］. 兰州: 兰州大学，2013.

［81］吴晨. 黄山市旅游景区空间结构分析及优化研究［D］. 合肥: 安徽大学，2013.

［82］郭泉恩，钟业喜，李建新，等. 鄱阳湖生态经济区A级旅游景区空间结构研究［J］. 江西师范大学学报（自然科学版），2012，36（6）：646-652.

［83］徐菁，黄震方，靳诚. 南京市环城旅游景区类型及其空间结构特征分析［J］. 南京师大学报（自然科学版），2012，35（2）：125-130.

［84］刘正鼎. 呼和浩特市乡村旅游市场需求与空间布局研究［D］. 呼和浩特: 内蒙古师范大学，2012.

［85］朱晓东. 河南省旅游业空间布局演变研究［D］. 开封: 河南大学，2011.

［86］高勇善. 青岛市旅游业空间布局演变及其机理研究［D］. 青岛: 青岛大学，2009.

［87］耿丽娟. 商洛市旅游资源评价与空间结构研究［D］.西安:陕西师范大学,2009.

［88］李丽群. 金昌市域旅游空间结构优化研究［D］.兰州:西北师范大学,2007.

［89］陈培汉. 榆林市域旅游空间结构研究［D］.西安:西安建筑科技大学,2006.

［90］吕君,刘丽梅. 区域旅游开发的空间布局研究——以正蓝旗为例［J］.干旱区资源与环境,2005,（1）:91–95.

［91］陈怡梦. 旅游体验心理及其对旅游产品开发的几点思考［J］.科技风,2018,（36）:268+270.

［92］孙小龙,林璧属,郜捷. 旅游体验质量评价述评:研究进展、要素解读与展望［J］.人文地理,2018,33（1）:143–151.

［93］樊友猛,谢彦君. "体验"的内涵与旅游体验属性新探［J］.旅游学刊,2017,32（11）:16–25.

［94］薛燕. 我国旅游产品开发中存在的问题与对策研究［J］.中国市场,2017,（21）:278+280.

［95］商洪池,王鹏,黄君. 浅议旅游项目开发的环境影响及对策［J］.建筑与文化,2015,（10）:210–211.

［96］黄英. 高风险旅游项目安全事故产生原因探析［J］.中小企业管理与科技（下旬刊）,2014,（9）:151–152.

［97］王春丽. 城步苗族自治县旅游产品开发与重点旅游项目策划研究［D］.衡阳:南华大学,2014.

［98］段德罡,曹力尹. "可逆式"旅游规划模式研究——以丽江玉龙雪山裸美乐峡谷旅游规划为例［J］.规划师,2009,25（11）:59–66.

［99］施益强,陈玉慧,王永兴. 基于GIS技术的旅游景区规划探讨——以珠石峰景区规划为例［J］.海峡科学,2009,（2）:17–19.

［100］王静. 旅游景区规划中的旅游资源评价——以高平市开化寺旅游景区为例［J］.西安文理学院学报（社会科学版）,2008,（4）:58–61.

［101］吴宝昌. 旅游项目策划研究［D］.桂林:广西大学,2004.

［102］刘滨谊. 旅游规划三元论——中国现代旅游规划的定向·定性·定位·定型［J］.旅游学刊,2001,（5）:55–58.

［103］魏小安,陈维平,刘滨谊,等. 中国旅游业需要什么样的旅游规划——由当前旅游规划热引发的思考［J］.旅游学刊,2001,（2）:9–15.

［104］GB/T 18971—2003. 旅游规划通则［S］.中华人民共和国国家质量监督检验检疫总局、中国国家标准化管理委员会. 2003.

［105］GB/T 18972—2017. 旅游资源分类、调查与评价［S］.中华人民共和国国家质量监督检验检疫总局、中国国家标准化管理委员会. 2017.

［106］GB/T50298—2018. 风景名胜区总体规划标准［S］.中华人民共和国住房和城乡建设部. 2018.

［107］GB/T 18973—2016. 旅游厕所质量等级的划分与评定［S］.中华人民共和国国家质量监督检验检疫总局、中国国家标准化管理委员会. 2017.

［108］北京江山多娇规划院. 旅游主题形象定位与设计［DB/OL］. http://www.360doc.com/conte

nt/14/0113/20/10580899_345035667.shtml.

［109］旅游文化产业链. 旅游景区主题策划：突出景区的灵魂和主线 ［DB/OL］. http://www.sohu.com/a/139372904_202862.

［110］中景旅联（北京）国际旅游规划设计院. 嘉阳·桫椤湖景区旅游总体规划

［111］中景旅联（北京）国际旅游规划设计院 ［DB/OL］. http://zjlltour.com/

［112］嘉阳桫椤湖景区 ［DB/OL］. http://www.jyslh4a.com/portal.php

［113］区域与旅游规划空间网站 ［DB/OL］. http://www.plansky.net/

［114］中国旅游研究网 ［DB/OL］. http://www.cotsa.com/

［115］达沃斯巅峰 ［DB/OL］. http://www.davost.com/

［116］奇创旅游规划网 ［DB/OL］. http://www.2020china.com/

［117］绿维创景旅游策划 ［DB/OL］. http://www.lwcj.com/

［118］土人景观网 ［DB/OL］. http://www.turenscape.com/

［119］中山大学旅游发展与规划研究中心 ［DB/OL］. http://ctpr.sysu.edu.cn/

［120］中国旅游网 ［DB/OL］. http://www.cnta.com/index.asp

［121］中国旅游规划设计院 ［DB/OL］. http://www.ctpi.com.cn/main/home.asp